化学工业出版社"十四五"普通高等教育规划教材

JICHU HUAXUE SHIYAN

基础化学实验

杨善中　陆　杨　主编

第三版

化学工业出版社

·北京·

内 容 简 介

《基础化学实验》(第三版)分上下两篇和附录。上篇为基本常识与基本操作,包括化学实验的基本常识、化学实验的基本操作技术及误差理论与数据处理等内容。下篇为基础化学实验,共选编了 61 个具有代表性的基础化学实验项目。附录部分包括物理量的符号与单位、常用实验仪器及其操作规程、必要的常用数据。

《基础化学实验》(第三版)可用作高等学校应用化学、高分子材料科学与工程、化学工程与工艺、制药工程、生物工程、生物技术、食品科学与工程等专业基础化学实验课的教材,也可作为科研和实验人员的参考书。

图书在版编目(CIP)数据

基础化学实验 / 杨善中,陆杨主编. -- 3 版.

北京 : 化学工业出版社,2024. 12. -- (化学工业出版社"十四五"普通高等教育规划教材). -- ISBN 978-7-122-47133-8

Ⅰ. O6-3

中国国家版本馆 CIP 数据核字第 20245U832F 号

责任编辑:汪 靓　　　　　　　文字编辑:杨玉倩
责任校对:宋 玮　　　　　　　装帧设计:王晓宇

出版发行:化学工业出版社
　　　　　(北京市东城区青年湖南街 13 号　邮政编码 100011)
印　　装:北京云浩印刷有限责任公司
787mm×1092mm　1/16　印张 15½　字数 368 千字
2025 年 8 月北京第 3 版第 1 次印刷

购书咨询:010-64518888　　　　售后服务:010-64518899
网　　址:http://www.cip.com.cn
凡购买本书,如有缺损质量问题,本社销售中心负责调换。

定　　价:39.00 元

前　言

　　《基础化学实验》（第二版）自 2017 年 1 月出版至今，已经过去七年。在此期间，各学院相关专业的培养方案及课程教学大纲又进行了优化调整，对基础化学实验教学要求也有相应改变，因此有必要对本教材再次进行补充修订。

　　本次修订新增了 11 个实验项目（实验 51 至实验 61）。其中实验 51 由樊士璐编写，实验 52 至实验 54 由陆杨、薛敬哲、宋永红编写，实验 55 和实验 56 由王华林编写，实验 57 至实验 60 由吴晓静编写，实验 61 由王琪编写，段体兰参与实验 32 至实验 49，附录 1 及附录 2 的编写并组织实验老师对所有实验项目进行了复核。

　　《基础化学实验》（第三版）由杨善中、陆杨主编，教材编写出版得到了安徽省省级质量工程（一流教材）项目及合肥工业大学有关部门的资助和化学工业出版社的大力支持，再次表示衷心感谢。

　　限于编者水平，教材使用过程中，难免有不妥之处，敬请有关教师与读者批评指正。

编　者

2024 年 10 月于合肥工业大学

第一版前言

基础化学实验是我校基础化学实验中心为高分子材料、化工工艺、制药工程、应用化学、生物工程、生物技术、食品科学与工程等本科专业学生开设的一门重要基础实验课，其目的是培养学生掌握化学实验的基本知识、基本操作与基本技能。它与后续的综合化学实验、专业化学实验构成相关专业完整的化学实验教学体系。

本书共分上下两篇。上篇为基本常识与基本操作，包括化学实验的基本常识、化学实验的基本操作技术及误差理论与数据处理等内容。下篇为基础化学实验，全书共选编了 49 个具有代表性的基础性化学实验项目。附录部分包括物理量的符号与单位、常用实验仪器操作规程及必要的常用数据。

本书由合肥工业大学基础化学实验中心组织编写。担任主要编写工作的教师有：杨善中、王华林、吴晓静、鲁道荣。具体分工如下：王华林（下篇之实验 1～实验 9）；杨善中（上篇之第 1、2 章，下篇之实验 10～实验 17）；吴晓静（下篇之实验 18～实验 31）；鲁道荣（上篇之第 3 章，下篇之实验 32～实验 49，附录）。李学良、陆亚玲、朱云贵、翟林峰、窦焰、段体兰、庆卫星、何红波、刘文宏等教师也承担了部分章节的编写工作。全书由杨善中负责最后统稿并定稿。

本书的编写出版得到了合肥工业大学精品课程建设基金的资助。在本书编写过程中，何建波教授、杨保俊教授提出了许多建设性指导意见。董珍、路西凤协助打印、校对书稿并绘制了书中绝大部分插图。编者在此表示衷心感谢。

限于编者的学识水平与经验，书中难免存在不完善之处，欢迎专家和读者批评指正，以便今后不断完善。

编　者

2008 年 11 月于合肥

第二版前言

《基础化学实验》第一版自 2009 年出版后，作为我校各学院相关专业基础化学实验课程教材，已使用了八年之久。在此期间，各专业培养方案及课程教学大纲历经两轮调整，对教学内容的要求有了较大变化，因此编者根据最新的教学大纲要求对本书进行修订再版。

在实验内容方面，增加了综合化学实验项目，安排了旋转蒸发操作、色谱柱分离、有机物熔点测定、波谱分析等训练内容；在附录中增加了常见共沸混合物的性质。另外改正了第一版中的疏漏和不妥之处。

本书的修订工作由原编者承担，具体分工范围与第一版相同。四苯乙烯的合成与表征由魏海兵老师编写，新增附录内容由杨善中老师编写。2015 级硕士研究生王晓娟同学对四苯乙烯的合成与表征进行了实验复核。杨善中老师负责全书的统稿与定稿。

感谢化学系、基础化学实验中心的众多同事及使用本教材的历届学生，他们的教学实践及建议使本书得以不断完善。

《基础化学实验》（第二版）的修订再版得到合肥工业大学精品课程建设基金的资助和化学工业出版社的大力支持，在此表示衷心感谢。

限于编者水平，书中难免存在不妥之处，敬请批评指正。

编　者
2016 年 10 月于合肥工业大学

目 录

附录

参考文献

上篇　基本常识与基本操作

第1章　化学实验的基本常识

1.1　化学实验室的安全常识

化学实验室是一个潜在的危险场所，这绝非危言耸听。因为化学实验经常要使用易燃、易爆、有毒及腐蚀性化学药品，这些药品如果处置不当，就有可能导致着火、爆炸、烧（灼）伤、中毒等事故发生。此外，实验中，玻璃仪器、电气设备等操作不当，也可能造成事故。但是，事故并不是不可避免的，只要树立安全第一的思想，严格执行操作规程，就一定能有效地维护人身和实验室的安全，确保实验的顺利完成。

1.1.1　一般注意事项

① 实验前必须做好预习，深入了解所用药品、仪器的特性和注意事项；细致分析、理解实验内容；充分估计可能出现的问题，提出解决的办法及应急措施等。

② 实验应从小量开始。无论是熟悉的还是不熟悉的实验，第一次都必须从小量开始。从小量实验取得经验，在此基础上再进行较大量的实验，就会比较有把握，就可以避免可能发生的各种问题。此外，因为量小，即使发生意外，也不至于造成严重的事故。

③ 严格按照操作规程进行实验。实验开始前应仔细检查仪器是否完好无损，装配是否正确、稳妥。常压反应装置一定要和大气连通，切忌形成密闭体系，否则可能导致爆炸。加热要注意不同的热源及其相应的加热方式。蒸馏、回流时不要忘加沸石，冷凝管不要忘通冷凝水。低温操作要防止冻伤，高温操作要防止玻璃仪器炸裂等。

④ 实验过程中要经常检查仪器有无漏气、破损，各仪器连接处是否松动，反应进行得是否正常等。

⑤ 有可能发生危险的实验，不要在人多的实验室内进行，实验装置应加装防护屏，实验人员应戴防护眼镜、面罩和手套等防护用品。

⑥ 实验所用药品不得随意摆放、遗弃。对产生有害气体的实验，应安装相应的气体吸收装置，以免污染环境。

⑦ 易燃、易挥发物品，不得在敞口容器中存放、加热。

⑧ 实验结束后要及时洗手、洗脸。禁止在实验室内吸烟、喝水或吃零食。

1.1.2 事故的预防和处理

（1）防着火　着火是实验中常见的事故。为防止着火，实验中要注意以下几点。

① 实验室不得存放大量的易燃、易挥发化学药品，而应放在专设的危险药品橱内。

② 切勿用敞口容器存放、加热或蒸除易燃、易挥发化学药品。

③ 操作和处理易燃、易挥发化学药品时，应尽可能远离火源，最好在通风橱中进行。

④ 尽量不用明火直接加热，而应根据具体情况选用油浴、水浴或电热套等间接加热方式。

⑤ 回流或蒸馏液体时应加入几粒沸石，以防溶液因暴沸而冲出。若在加热后发现未加沸石，则应停止加热，待稍冷后再加。否则在过热溶液中加入沸石会导致液体突然沸腾，冲出瓶外而引起火灾。

⑥ 冷凝水要保持畅通，若冷凝管忘记通水，大量蒸气来不及冷凝而逸出，也易造成火灾。

⑦ 不得将易燃、易挥发废弃物倒入废弃物缸或垃圾桶中，应当专门回收处理。

（2）防爆炸　化学实验中，有两种情况可能导致爆炸事故。一是某些化学药品本身就容易爆炸。例如，过氧化物、芳香族多硝基化合物等，在受热或受到碰撞时，均会发生爆炸；乙醇和浓硝酸混在一起时，会产生极强烈的爆炸；许多低沸点易燃有机溶剂的蒸气和易燃气体在空气中的浓度达到某一极限（爆炸极限）时，一旦遇到明火即发生燃烧、爆炸。二是仪器安装不正确或操作不当时，也有可能引起爆炸。例如，蒸馏时体系被密闭、减压蒸馏时使用不耐压玻璃仪器（如锥形瓶）等，均可能发生爆炸。为防止爆炸事故的发生，要注意下列问题。

① 使用易燃、易爆气体（如氢气、乙炔等）时，要保持实验室内空气畅通，严禁明火，并应防止敲击、静电摩擦或电器开关等所产生的火花的出现。

② 量取低沸点易燃溶剂应远离火源；蒸馏低沸点易燃溶剂的装置要防止漏气，接引管、支管应与橡胶管相连，使余气通往水槽或室外。

③ 对于与空气以一定比例组成爆鸣气的低沸点易燃有机溶剂蒸气和易燃气体，要防止它们泄漏到空气中。

④ 常压操作时，应使装置与大气连通，切勿形成密闭体系。减压或加压操作时，要用耐压仪器。

⑤ 有些药品遇到氧化剂时会发生剧烈燃烧或爆炸，操作时要特别小心。存放药品时，应将氯酸钾、过氧化物、浓硝酸等强氧化剂和有机药品分开存放。

⑥ 有些实验可能生成有爆炸性的有机物（如硝化甘油等），操作时需要特别小心。有些有机物（如叠氮化物、干燥的重氮盐、硝酸酯、多硝基化合物等）具有爆炸性，使用时必须严格遵守操作规程，防止蒸干溶剂或震动。有些有机物（如醚、共轭烯烃等）久置后会生成易爆炸的过氧化合物，必须经特殊处理后才能使用。

（3）防中毒　大多数化学药品都有一定的毒性。例如，很多含氯有机物累积于人体内会引起肝硬化，经常接触苯可能会造成白血病等。为预防中毒，要注意做到以下几点。

① 实验中所用的剧毒物品应有专人负责发放，实行登记制度，并向使用者提出必须遵守的操作规程。

② 使用有毒药品时，应谨慎操作，妥善保管，不许乱放。尽量做到用多少领多少，未用完的有毒药品应及时、如数地交回保管人员。

③ 在反应过程中可能生成有毒或有腐蚀性气体的实验，应在通风橱内进行。实验过程中，不要把头伸进通风橱内。

④ 有些有毒物品会渗入皮肤，因此在接触有毒物品时，必须戴橡胶手套，操作后应立即洗手。切勿让有毒物品沾染伤口或触及皮肤等。

⑤ 实验后的有毒残渣，必须进行妥善而有效的处理，不准乱丢。使用后的器皿应及时清洗干净。

（4）**防触电**　使用电气设备时，应检查线路连接是否正确。电气设备内外要保持干燥，不能有水或其他溶剂。注意身体不要碰到电气设备的导电部位。电气的金属外壳都应接地。实验结束后应先切断电源，再将连接电源的插头拔下。

1.1.3　急救常识

（1）**着火**　一旦发生着火，应保持沉着冷静，不要惊慌失措。首先要立即熄灭附近所有火源，切断电源，并移走附近的易燃物品。然后根据火势的大小及易燃物品的性质采取适当的方法进行扑灭。少量溶剂着火，可任其烧完。火势较小时可用湿布或黄沙盖灭。火势较大时，则应使用灭火器扑灭。

常用的灭火器有二氧化碳灭火器、泡沫灭火器及干粉灭火器。

① 二氧化碳灭火器是化学实验室常用的一种灭火器。它的筒体内装有压缩的液态二氧化碳，使用时打开开关，即会喷出二氧化碳气体，可用于扑灭有机物品、电气设备及贵重仪器的着火。由于二氧化碳喷出时，温度骤降，如果手掌直接握在筒体上易被冻伤，因此使用时要小心。

② 泡沫灭火器的筒体内分别装有含发泡剂的碳酸氢钠溶液和硫酸铝溶液，使用时将筒体倒置，两种溶液即发生反应生成硫酸氢钠、氢氧化铝及大量二氧化碳。筒体内压力突然增大，即会喷出大量二氧化碳泡沫。因为喷出的大量泡沫会造成严重的污染，给善后工作带来较大麻烦，所以，除非大火（如储油罐起火），通常不用泡沫灭火器。

③ 干粉灭火器是化学实验室最常用的一种灭火器。筒体内装有碳酸氢钠、硬脂酸、云母粉、滑石粉混合配成的干粉，并装有液态二氧化碳作为喷射的动力。使用时，拔掉销钉，将出口对准着火点，喷出的干粉即覆盖在燃烧物上形成隔离层，同时受热发生部分分解，释放出不燃性气体，冲稀燃烧区的氧含量，以达到灭火的目的。干粉灭火器尤其适用于不宜用水浇灭的着火（如油浴和有机物着火）。

无论使用何种灭火器，都应从火的四周开始向中心扑灭。

如果是衣服着火，可打开附近的自来水开关用水冲淋熄灭或就近在地上打滚将火闷灭。切勿在实验室内乱跑，以免造成更大的火灾。烧伤严重者应立即送医院救治。

（2）**割伤**　化学实验主要使用玻璃仪器，由于玻璃属于易碎品，在洗涤、装配及拆卸玻璃仪器时都有可能发生割伤事故。

发生割伤后，首先要取出伤口中的玻璃碎片，再用蒸馏水或生理盐水洗净伤口，最后涂上红药水，用绷带包扎或敷上创可贴。若割破静（动）脉血管，大量出血时，应先掐紧主血管止血，再送往医院治疗。

（3）**烫伤**　被热水烫伤时，轻者在患处涂抹红花油，重者在患处涂抹烫伤膏后送医院治疗。

（4）烧（灼）伤 皮肤接触强酸、强碱等腐蚀性化学药品后均有可能被烧（灼）伤，因此在实验时要多加小心。万一被烧（灼）伤，应立即用大量的水冲洗，然后依据不同情况分别作进一步处理。

① 如果被酸烧伤，用3％～5％的碳酸氢钠溶液冲洗，再用水冲洗，拭干后涂抹烫伤膏。

② 如果被碱烧伤，用1％～2％的硼酸或醋酸溶液冲洗，再用水冲洗，拭干后涂抹烫伤膏。

③ 如果被溴灼伤，用酒精或2％的硫代硫酸钠溶液擦洗至无溴液存在为止，然后涂抹甘油或烫伤膏加以按摩。

（5）中毒 万一发生中毒事故，应针对具体情况采取相应的措施。

如果毒物溅入口中但还未咽下，应立即吐出，再用大量的水漱口。如果已经咽下，则应根据毒物的不同性质，采取不同的解毒方法，并立即送医院作进一步处理。

① 如果咽下强酸，先大量饮水，再服用氢氧化铝膏、鸡蛋清、牛奶。

② 如果咽下强碱，先大量饮水，再服用醋、酸果汁、鸡蛋清、牛奶。

无论是酸中毒还是碱中毒都不要服用呕吐剂。

如果皮肤接触到毒物，先用酒精擦洗，再用肥皂和大量的水冲洗。

如果吸入气体而中毒，应将中毒者移至室外通风良好的地方，解开衣领及纽扣。如果吸入少量氯气、溴气或氯化氢等气体，可用碳酸氢钠溶液漱口。

1.2 危险化学药品的使用与保存

化学实验经常使用各种各样的化学药品。而许多化学药品具有易燃、易爆和有毒等危险性质，如果在使用和保存过程中稍不注意，就会发生燃烧、爆炸和中毒事故。

危险化学药品种类很多，现将化学实验室常见的易燃、易爆和有毒的三类危险化学药品分述如下。

1.2.1 易燃化学药品

易燃化学药品包括可燃气体、易燃液体、易燃固体和自燃固体等四种。

（1）可燃气体 氨气、氢气、氧气、乙胺、氯乙烷、乙烯、硫化氢、甲烷、氯甲烷、二氧化硫等。

（2）易燃液体 石油醚、苯、甲苯、氯苯、二甲苯、二硫化碳、苯胺、乙醚、乙醛、丙酮、乙酸乙酯、甲醇、乙醇等。

（3）易燃固体 红磷、三硫化二磷、萘、镁、铝粉等。

（4）自燃固体 白磷等。

由上可见，大多数化学药品均为易燃物质，稍有不慎，即可酿成着火事故，故使用或保存时要特别注意下列各项。

① 实验室内不应存放大量易燃化学药品；少量存放时必须密封，绝对不可放在敞口容器内；必须存放阴凉处，远离热源、火源。

② 易燃化学药品不得用酒精灯等明火直接加热，而应用水浴、油浴或电热套等间接加热。

③ 加热易燃液体时，要防止出现暴沸及局部过热现象，容器内液体的体积不要超过容

器容积的 2/3，但也不要少于 1/3。加热过程中不得加入沸石或活性炭，以免液体暴沸冲出，引起烫伤或着火。

④ 蒸馏、回流易燃液体时，要注意检查冷凝管中的冷凝水是否充满夹套、干燥管是否阻塞不通、仪器连接处是否紧密，以防蒸气逸出着火。

⑤ 易燃物蒸气大多比空气重，能在实验台面或地面流动，故即使离火源较远，也有可能引起着火。因此，处理大量易燃、易挥发液体时，应在远离火源并通风良好的实验室内（最好在通风橱中）进行。

⑥ 使用过的易燃溶剂应当尽可能回收，不得倒入下水道或废液缸。

⑦ 某些自燃固体如白磷等必须保存在盛水的玻璃瓶中，再放入金属筒内；但不能直接放在金属筒内，以免腐蚀；自水中取出后，应立即使用，不要过久暴露于空气中。

1.2.2　易爆化学药品

许多放热反应一旦发生后，就以极快速度进行，同时产生大量热量和气体，从而引起剧烈爆炸。例如苦味酸（三硝基苯酚）爆炸时的化学反应式如下：

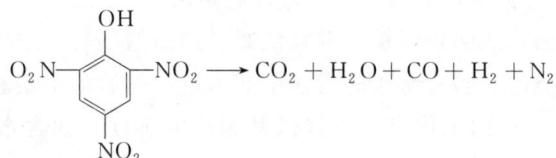

$$O_2N-\underset{NO_2}{\overset{OH}{\underset{|}{\bigcirc}}}-NO_2 \longrightarrow CO_2 + H_2O + CO + H_2 + N_2$$

1kg 的苦味酸可产生 675L 的气体和释放出 1000kcal（4184kJ）的热量，爆炸时的分解温度可达 3230℃，在此温度下的气体体积能在极短的时间内膨胀近 10000 倍，爆速可达 7100m/s。

某些气体混合物的混合比例达到一定范围时，遇到明火也会发生爆炸。如乙醚的蒸气与空气混合达到一定比例时，可因一极小的火花导致爆炸。乙炔与空气也可形成爆炸性混合物。

常用的易燃有机溶剂蒸气爆炸极限及常见的易燃气体爆炸极限分别如表 1.1 和表 1.2 所列。常见的易爆化学药品大多具有表 1.3 所列的结构特征。

表 1.1　常用的易燃有机溶剂蒸气爆炸极限

名称	沸点/℃	闪燃点/℃	爆炸范围(体积分数)/%
甲醇	64.96	11	6.72～36.50
乙醇	78.5	12	3.28～18.95
乙醚	34.51	−45	1.85～36.5
丙酮	56.2	−17.5	2.55～12.80
苯	80	−11	1.41～7.10

表 1.2　常见的易燃气体爆炸极限

气体		空气中的含量 (体积分数)/%	气体		空气中的含量 (体积分数)/%
氢气	H₂	4～74	甲烷	CH₄	4.5～13.1
一氧化碳	CO	12.50～74.20	乙炔	CH≡CH	2.5～80
氨	NH₃	15～27			

表 1.3 常见易爆化学药品的结构特征

结构特征	化学药品	结构特征	化学药品
—O—O—	臭氧、过氧化物	—N=N—	重氮及叠氮化合物
—O—Cl	氯酸盐、高氯酸盐	—N=C	雷酸盐
=N—Cl	氮的氯化物	—NO₂	硝基化合物(三硝基甲苯、苦味酸盐)
—N=O	亚硝基化合物	—C≡C—	乙炔化合物(乙炔金属盐)

单独自行爆炸的化学药品有:高氯酸铵、硝酸铵、浓高氯酸、雷酸汞、三硝基甲苯等。

混合发生爆炸的化学药品有:高氯酸+酒精或其他有机物;高锰酸钾+甘油或其他有机物;高锰酸钾+硫酸或硫;硝酸+镁或碘化氢;硝酸铵+酯类或其他有机物;硝酸铵+锌粉+水滴;硝酸盐+氯化亚锡;过氧化物+铝+水;硫+氧化汞;金属钠或钾+水。

在不能确定一种化学药品的危险性,且一时又查不到有关资料时,应做尽可能小量的燃烧、爆炸试验,以掌握它的特性,便于安全使用。

使用或保存易爆化学药品时必须注意以下几点。

① 有可能发生爆炸的实验,必须在特殊设计的防爆实验室进行。使用易爆化学药品时,必须做好个人防护,戴面罩或防护眼镜,并设法减少药品的用量或浓度,进行小量实验。对不了解易爆化学药品性能的实验,必须先设法了解清楚,然后动手实验,切忌蛮干。

② 某些易爆化学药品可加水保存,以降低其爆炸敏感度。如含水苦味酸要比无水苦味酸稳定得多。

③ 金属钠或钾等遇水易燃烧、爆炸,应存放在液体石蜡或煤油中,以隔绝空气。

④ 爆炸残渣必须妥善处理,不得随意丢弃。

1.2.3 有毒化学药品

化学实验接触的化学药品,或多或少都有一定的毒性。有的化学药品长期接触或接触过多,会引起急性中毒或慢性中毒,影响健康,使用时必须十分小心;个别化学药品甚至有剧毒,使用时必须特别谨慎。

(1) 有毒化学药品侵入人体的途径 有毒化学药品可通过三种途径侵入人体,实验时可针对性地采取不同的防护措施。

① 由呼吸道侵入 有毒化学药品经呼吸道侵入人体是最可能的途径。有毒气体或有毒药品蒸气通过人体的呼吸进入肺部,经血液循环而至全身,产生急性或慢性全身性中毒。故使用有毒化学药品的实验必须在通风橱内进行,并保持室内空气流畅。

② 由皮肤侵入 有毒化学药品如果污染了皮肤,则会通过皮肤渗透侵入人体,再经血液循环而使人中毒。能渗透皮肤的有毒化学药品大多是脂溶性的,因为脂溶性有毒化学药品能溶解于皮肤表面的脂肪层而侵入体内。如硝基化合物、氨基化合物和有机磷等,均可透过皮肤而造成中毒。某些非脂溶性的有毒化学药品(如氰化物)也能从皮肤破裂处侵入人体。氰化钾进入血液,往往能在瞬间导致死亡。所以进行化学实验时,注意不要使化学药品直接接触皮肤,皮肤有伤口时更须特别小心,必要时可戴防护手套。

③ 由消化道侵入 这种情况不多见。为防止中毒,任何化学药品不得用口尝味,不要用实验工具煮食,不要在实验室内用食,实验结束后必须洗手。

（2）有毒化学药品种类

① 有毒气体　溴气、氯气、氟气、氰化氢、氟化氢、溴化氢、氯化氢、二氧化硫、硫化氢、光气、氨气、一氧化碳等均为窒息性或刺激性气体。使用上述气体或进行有上述气体产生的实验，必须在通风橱中进行，并设法吸收有毒气体以减少环境污染。如遇大量有毒气体逸至室内，应立即关闭气体发生装置，迅速停止实验，尽快离开现场。

② 强酸和强碱　硝酸、硫酸、盐酸、氢氧化钠、氢氧化钾、氨水等均刺激皮肤，有腐蚀作用，造成化学烧伤。吸入强酸烟雾，会刺激呼吸道，使用时要更加小心。

③ 无机化学药品

a. 氰化物及氰化氢　毒性极强，致毒作用极快，空气中氰化氢含量达万分之三时，即可在数分钟内致人死亡。使用时必须特别注意以下几点。

（ⅰ）氰化物必须密封保存，否则会发生下列反应产生剧毒的氰化氢。

空气中：

$$KCN + H_2O + CO_2 \longrightarrow KHCO_3 + HCN$$

或

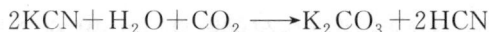
$$2KCN + H_2O + CO_2 \longrightarrow K_2CO_3 + 2HCN$$

潮湿空气中：

$$KCN + H_2O \longrightarrow KOH + HCN$$

酸性液体中：

$$KCN + HCl \longrightarrow KCl + HCN$$

（ⅱ）要有严格的领用保管制度，取用时必须戴口罩、防护眼镜及防护手套。手上有伤口时不得进行使用氰化物的实验。

（ⅲ）研碎氰化物时，必须用有盖研钵，在通风橱内进行（不抽风）。

（ⅳ）氰化物实验中使用过的仪器、桌面均应及时收拾，用水冲净；手及脸也要仔细洗净；实验服可能受污染，必须及时换洗。

（ⅴ）氰化物可通过与亚铁盐在碱性介质中作用，生成亚铁氰酸盐予以销毁：

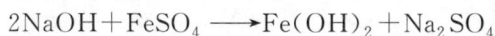
$$2NaOH + FeSO_4 \longrightarrow Fe(OH)_2 + Na_2SO_4$$
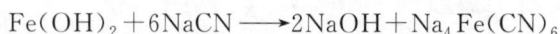
$$Fe(OH)_2 + 6NaCN \longrightarrow 2NaOH + Na_4Fe(CN)_6$$

b. 汞　室温下即能蒸发，毒性极强，能导致急性中毒或慢性中毒。汞取用时必须在通风橱内进行；如果不慎泼洒，可用水泵减压收集，尽可能收集完全，无法收集的细粒，可用硫黄粉、锌粉或三氯化铁溶液清除。

c. 溴　液溴可致皮肤灼伤；溴蒸气刺激黏膜，甚至可使眼睛失明。溴取用时必须在通风橱中进行。盛溴的玻璃瓶应密封后放在金属罐中，放置在妥当的地方，以免撞倒或打破；如不慎泼洒或打破，应立即用细砂掩盖。

d. 金属钠、钾　遇水即发生燃烧爆炸，使用时必须小心。钠、钾应保存在液体石蜡或煤油中，装入铁罐中盖好，放在干燥处。钠、钾不能放在纸上称取，必须放在液体石蜡或煤油中称取。

e. 白磷　极毒。千万不要用手直接取用，否则会引起严重且持久的烫伤。

④ 有机化学药品

a. 有机溶剂　有机溶剂均为脂溶性液体，对皮肤黏膜有刺激作用，对神经系统有损害作用。实验时应尽可能选用毒性较低的有机溶剂（如石油醚、醚、丙酮、甲苯、二甲苯）以代替二硫化碳、苯和卤代烷类。大多数有机溶剂蒸气易燃，使用时应注意防火。

　　b. 苯胺及其衍生物　吸入或皮肤吸收苯胺及其衍生物均可导致中毒，进而引起贫血，且影响持久。

　　c. 芳香族硝基化合物　所含硝基越多毒性越大。芳香族硝基化合物中氯原子增加，毒性也会增大。芳香族硝基化合物能迅速被皮肤吸收，中毒后引起难治性贫血及黄疸病，刺激皮肤引起湿疹。

　　d. 苯酚　能够烧伤皮肤，引起坏死或皮炎，皮肤被沾染后应立即用温水及稀酒精冲洗。

　　e. 生物碱　大多数具有强烈毒性，皮肤也可吸收，少量即可导致中毒甚至死亡。

　　f. 致癌物　许多烷基化试剂，如硫酸二甲酯、对甲苯磺酸甲酯、N-甲基-N-亚硝基脲、亚硝基二甲胺、偶氮乙烷以及一些丙烯酸酯类等；某些芳胺类，如 2-乙酰氨基芴、4-乙酰氨基联苯、2-乙酰氨基苯酚、β-萘胺、4-二甲氨基偶氮苯等；部分稠环芳烃，如 3,4-苯并芘、1,2,5,6-二苯并蒽和 9,10-二甲基-1,2-苯并蒽等，都有致癌作用，其中 9,10-二甲基-1,2-苯并蒽属于强致癌物。

1.3　化学实验的常用仪器和设备

　　化学实验室常用的仪器、设备有：玻璃仪器、金属工具、电气设备及其他设备。熟悉这些仪器、设备及其使用方法，对保证实验的顺利完成是十分必要的，现分别介绍如下。

1.3.1　玻璃仪器

　　化学实验常用的玻璃仪器可分为普通玻璃仪器及标准磨口仪器两大类。

　　普通玻璃仪器有烧杯、锥形瓶、吸滤瓶、玻璃漏斗、布氏漏斗、量筒等，如图 1.1 所示。

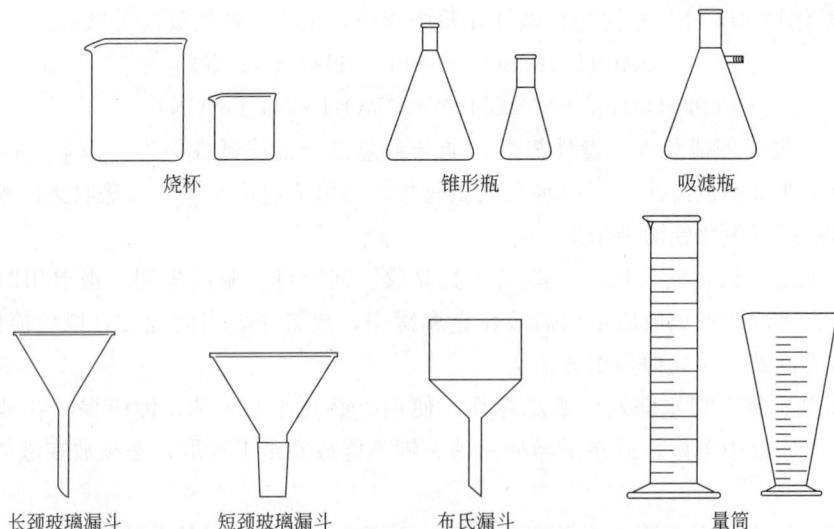

烧杯　　　　　　锥形瓶　　　　　　吸滤瓶

长颈玻璃漏斗　　短颈玻璃漏斗　　　布氏漏斗　　　　量筒

图 1.1　普通玻璃仪器

　　标准磨口仪器有圆底烧瓶、三口烧瓶、分液漏斗、滴液漏斗、冷凝管、蒸馏头、接引管等，如图 1.2 所示。

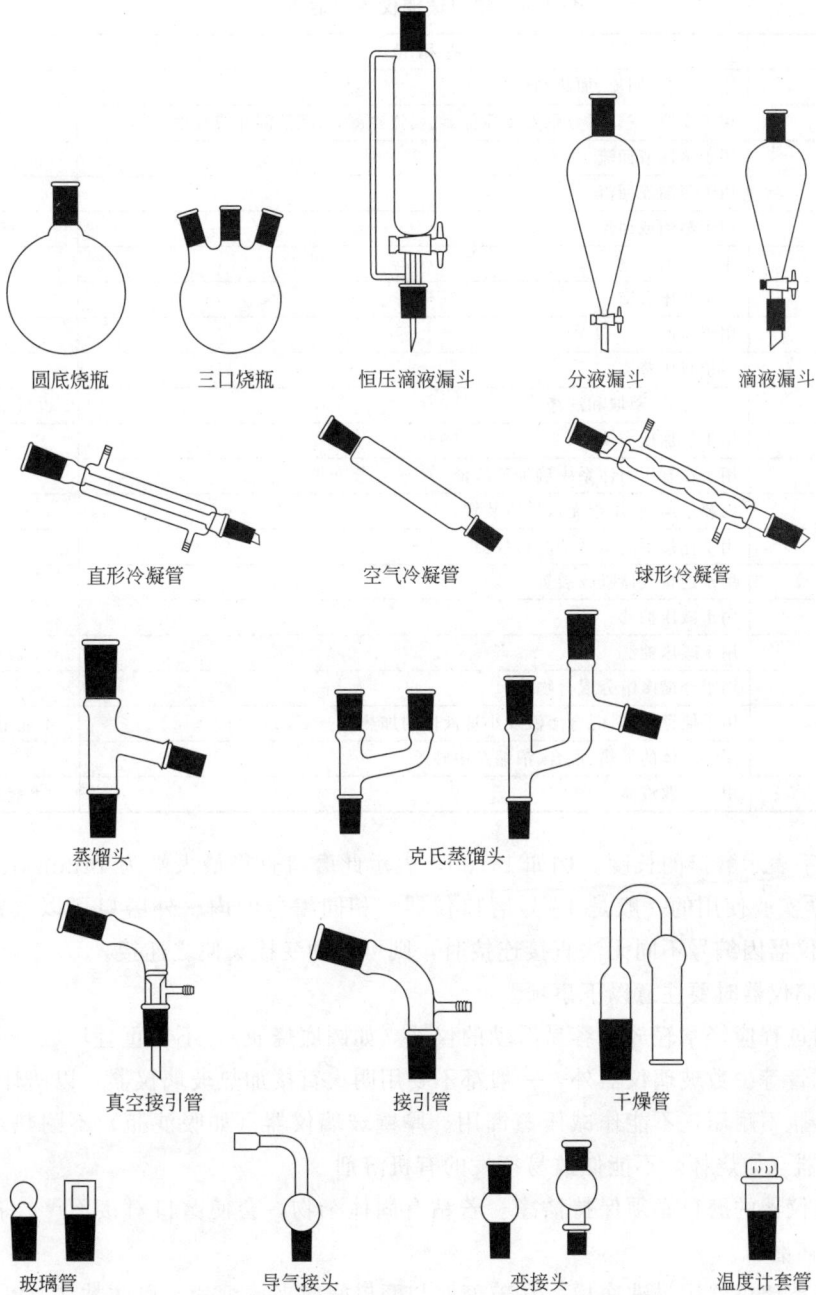

圆底烧瓶　　三口烧瓶　　恒压滴液漏斗　　分液漏斗　　滴液漏斗

直形冷凝管　　　　空气冷凝管　　　　球形冷凝管

蒸馏头　　　　　克氏蒸馏头

真空接引管　　　　接引管　　　　干燥管

玻璃管　　　导气接头　　　变接头　　　温度计套管

图 1.2　标准磨口仪器

常用玻璃仪器的适用范围见表 1.4。

标准磨口仪器是具有标准磨口或磨塞的玻璃仪器，由于按国际通用技术标准制造，具有标准化、系列化和通用化的特点。相同编号的标准磨口仪器之间可以互相连接，既可免去选配塞子及钻孔等麻烦，又能避免反应物或产物被软木塞（或橡胶塞）污染，所以使用起来既省时方便又严密安全。

标准磨口仪器口径的大小通常用数字编号来表示，常用的有 10、14、19、24、29、34、40、50 等多种。该数字是指磨口最大端直径（mm）的整数值。有时也用两个数字来表示，

表 1.4 常用玻璃仪器的适用范围

仪器名称	适用范围	备注
圆底烧瓶	用于反应、回流、加热和蒸馏	
三口烧瓶	用于反应,三口可分别安装搅拌器、回流冷凝管、滴液漏斗或温度计等	
球形冷凝管	用于蒸馏或回流	140℃以下
直形冷凝管	用于蒸馏或回流	140℃以下
空气冷凝管	用于蒸馏或回流	150℃以上
蒸馏头	用于蒸馏	
克氏蒸馏头	用于减压蒸馏	
接引管	用于蒸馏	
真空接引管	用于减压蒸馏	
分液漏斗	用于分液、萃取和洗涤	也可用于滴加液体
滴液漏斗	用于滴加反应液	
恒压滴液漏斗	用于在有压力体系中滴加反应液	
干燥管	内装干燥剂,用于无水反应装置	
变接头	用于连接不同型号的磨口仪器	
导气接头	用于连接气体吸收装置	
布氏漏斗	用于减压抽滤	瓷质
吸滤瓶	用于减压抽滤	不能用明火加热
刺形分馏柱	用于分馏多组分混合物	
锥形瓶	用于储存液体、混合溶液及小量液体的加热	不能用于减压蒸馏
烧杯	用于液体的加热、混合、浓缩及中转等	
量筒	用于量取液体	不能用明火加热

则另一个数字表示磨口的长度。例如 14/30,表示此磨口直径最大端为 14mm,磨口长度为 30mm。化学实验使用的一般是 19 号磨口仪器。相同编号的内、外磨口可以紧密连接。有时两个磨口仪器因编号不同无法直接连接时,则可借助变接头使之连接。

使用玻璃仪器时要注意以下事项。

① 使用过程应轻拿轻放。容易滑动的仪器（如圆底烧瓶）,不要重叠堆放,以免打破。

② 除试管等少数玻璃仪器外,一般都不要用明火直接加热玻璃仪器,以防炸裂。

③ 锥形瓶不耐压,不能作减压蒸馏用。厚壁玻璃仪器（如吸滤瓶）不耐热,故不能加热。广口容器（如烧杯）不能储放易挥发的有机溶剂。

④ 磨口仪器的磨口必须保持洁净。若粘有固体杂物,会使磨口对接不严;若有硬质杂物,更会损坏磨口。

⑤ 具塞玻璃仪器用过洗净后,在玻璃塞与磨口间应夹放纸片,以防粘住。

⑥ 一般用途的磨口无需涂润滑剂,以免污染反应物或产物。但反应中使用强碱时,则要涂润滑剂,以免磨口连接处因碱腐蚀粘牢而无法拆开。减压蒸馏时,磨口连接处应涂真空脂,以保证装置密封良好。

⑦ 玻璃仪器用完后应及时拆卸洗净。特别是磨口仪器若放置时间太久,磨口连接处就会粘牢,很难拆开。如果发生这种情况,可用热水煮或用电吹风吹热磨口四周,再用木槌轻敲塞子,使之松开。

⑧ 安装玻璃仪器时,应注意做到正确、整齐、稳妥。

⑨ 温度计不能作搅拌棒用,以免水银球破裂而流出毒性极大的汞;也不能用来测量超

过刻度范围的温度。温度计使用后，要先缓慢冷却至室温，再冲洗，不能用冷水冲洗热的温度计，以免炸裂。

1.3.2　金属工具

化学实验常用的金属工具有铁架台、烧瓶夹、冷凝管夹（又叫万能夹）、铁圈、三脚架、水浴锅、镊子、剪刀、锉刀、打孔器、水蒸气发生器、酒精喷灯、不锈钢刮铲、升降台等。这些金属工具应该放在实验室规定的地方。要保持它们的清洁干燥，注意防潮防锈。

1.3.3　电气设备

实验室有很多电气设备，使用时要注意安全，并保持这些设备的清洁，不要把实验药品洒到电气设备上。

（1）电吹风　实验室使用的电吹风应能吹冷风和热风，主要用于玻璃仪器的快速干燥，平时应放置干燥处，注意防潮、防腐。

（2）气流烘干器　气流烘干器是一种用于快速烘干仪器的设备，如图 1.3 所示。使用时，将仪器洗干净后，甩掉多余的水分，然后将仪器套在烘干器的多孔金属管上。注意随时调节热空气的温度。气流烘干器不要长时间加热，以免烧坏电机和电热丝。

（3）电热套　它是一种用玻璃纤维包裹着电热丝织成半圆形的内套，外加金属外壳，中间填有保温材料的加热设备。电热套根据内套直径的大小可分为 50mL、100mL、150mL、200mL、250mL 等规格，最大可达 3000mL。由于它不是明火加热，因此使用比较安全。又由于它的结构是半圆形的，在加热过程中烧瓶处于热气流包围中，故加热效率较高。此外加热温度可通过调压变压器控制，最高加热温度可达 400℃左右，因此电热套是化学实验中一种简便、安全的加热设备，特别适用于加热和蒸馏易燃有机物。使用时要注意电热套的大小应与烧瓶的大小相匹配，还要注意不要将实验药品洒到电热套中，以免加热时药品挥发，污染环境或着火；同时应避免电热丝被腐蚀而过早熔断。实验结束后应将电热套放在干燥处，防止内部吸潮后降低绝缘性能。

（4）旋转蒸发仪　旋转蒸发仪是浓缩溶液、回收溶剂的理想装置。由于使用方便，它近年来在化学实验中被广泛使用。旋转蒸发仪由可旋转（由电机带动）的蒸发器（一般用圆底烧瓶）、冷凝管和接收瓶组成（图 1.4），可在常压或减压下操作，可一次或分批进料。由于

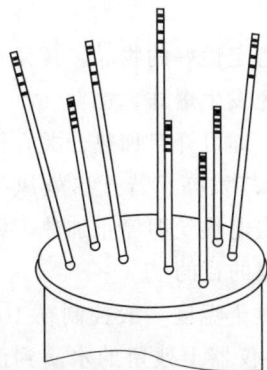

图 1.3　气流烘干器

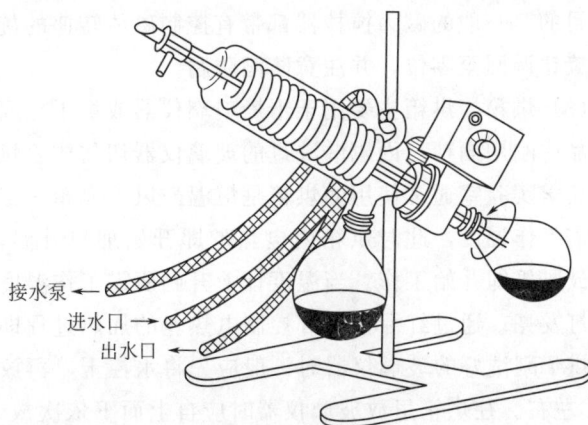

接水泵 ←
进水口 →
出水口 →

图 1.4　旋转蒸发仪

蒸发器的不断旋转，可免加沸石而不会暴沸。同时蒸发器旋转时，会使料液的蒸发面积大大增加，从而加快蒸发速度。

使用旋转蒸发仪时应注意以下两点。

① 减压蒸发时，如果温度高、真空度低，蒸发器内液体有可能暴沸。此时应及时转动插管开关，通入冷空气降低真空度。对于不同的料液，应找出合适的温度与真空度，以实现平稳的蒸发。

② 停止蒸发时，应先停止加热，再切断电源，最后停止抽真空。如果烧瓶取不下来，可趁热用木槌轻轻敲打，以便取下。

（5）调压变压器 调压变压器是调节电源电压的一种装置，可分为两类。一类可与电热套等加热设备相连，用于调节加热温度；另一类可与电动搅拌器等搅拌设备相连，用于调节搅拌速度。也可将两种功能集中在一台仪器上，使用更加方便。使用调压变压器时应注意以下几点。

① 先将调压变压器调至零位，再接通电源。

② 切勿接错电源的输入端与输出端。调压变压器应有良好的接地，以防外壳带电。

③ 接通电源后根据加热温度或搅拌速度将旋钮调节到所需的位置，调节旋钮的过程应当缓慢均匀。

④ 不允许长期超负荷运行，以防烧毁或缩短使用期限。

⑤ 使用完毕后应将旋钮调至零位，并切断电源，放在干燥通风处。保持调压变压器的清洁，以防腐蚀。

（6）电动搅拌器 电动搅拌器在化学实验中作搅拌用，一般适用于油-水等溶液或固-液反应中，不适用于过黏的胶状溶液；若超负荷使用，极易发热而烧毁。

使用电动搅拌器时，应先将搅拌棒与电动搅拌器连接好，再将搅拌棒通过聚四氟乙烯密封塞与反应容器连接固定好。在开动搅拌前，应当先用手转动搅拌棒检查是否灵活，如果搅拌棒转动不够灵活，应当进行调整，直至转动灵活。搅拌器使用完毕应放置于清洁干燥处，注意防潮防锈。

（7）电磁加热搅拌器 由一个用聚四氟乙烯塑料密封的磁力搅拌子（简称磁子）和一个可旋转的磁体组成。将磁子投入盛有反应物的容器中，再将容器置于内有旋转磁体的电热板上，接通电源。由于内部磁体旋转，磁场发生变化，容器内的磁子也随之旋转，从而达到搅拌的目的。一般的磁力搅拌器都带有控制磁体转速的旋钮及控制加热温度的旋钮，使用完毕应将旋钮调回至零位，并注意防潮防腐。

（8）烘箱 烘箱主要用于干燥玻璃仪器或烘干无腐蚀性、热稳定性好的物品。挥发性易燃物品或刚用酒精、丙酮淋洗过的玻璃仪器切勿放入烘箱内，以免发生爆炸。

化学实验室通常使用的烘箱是恒温鼓风干燥箱。接通电源后，即可开启加热开关，设定好所需工作温度，此时烘箱内电热丝即开始加热升温，红色指示灯发亮。若开启鼓风机开关，鼓风机即开始工作。当温度计上升到所需工作温度时，烘箱内电热丝即停止加热，绿色指示灯发亮。通过红绿指示灯控制电热丝的加热过程即可达到恒温的目的。

烘干刚洗好的玻璃仪器时一般应先将水控干，再放入烘箱。烘干温度一般控制在 $100\sim110℃$ 左右。往烘箱里放玻璃仪器时应自上而下依次放入，以免湿仪器上残留的水滴到已烘热的玻璃仪器上造成炸裂。取出烘干后的热仪器时，应用干布衬手，防止烫伤。热玻璃仪器取出后不能马上碰冷水或冷的金属工具等。烘干后的热玻璃仪器，如果任其自然冷却，器壁上常会凝结水汽，可用电吹风吹入冷风促其冷却，以减少器壁上凝结的水汽。

1.3.4　其他设备

化学实验室还有一些辅助设备，如天平、水泵等，使用时也应注意正确操作，以保证设备的灵敏度和准确性。

（1）电子天平　在进行微量、半微量实验时，因普通台秤的灵敏度不够，可使用电子天平。电子天平是一种比较精密的称量仪器，其设计精良，可靠耐用；一般采用前面板控制，具有简单易懂的菜单，操作十分方便；电源可采用干电池或随机提供的交流适配器。电子天平价格较贵，使用电子天平时要更加爱护并应注意以下几点。

① 电子天平不要放在有磁场或产生磁场的仪器附近，也不要放在温度变化大、通风、有震动或有腐蚀性气体的环境中，而应放在清洁、稳定的环境中使用，以保证称量的准确性。

② 要保持机壳和称量台的清洁。若有灰尘，可用蘸有柔性洗涤剂的湿布擦洗。

③ 将校准砝码存放在安全干燥的场所，暂不使用时可拔掉适配器，长时间不用时应取出电池。

④ 称量过程中，不要超过电子天平的最大量程。

（2）水泵　水泵（又叫水抽嘴）是化学实验室使用的简易减压设备，用于对真空度要求不太高的场合（如减压抽滤等）。水泵多由玻璃或金属制成（图 1.5），这种构造可让水快速地流过一个小孔（这个小孔和一个支管相连），由于 Bernoulli 效应，在这一快速流动的水流边造成负压，从而在支管处产生部分真空。其减压效能与其构造、水压及水温有关。水泵所能达到的最小压力为当时室温下水的饱和蒸气压。例如水温为 8℃时，水的饱和蒸气压为 1.07kPa；若水温为 30℃，则水的饱和蒸气压为 4.2kPa 左右。显然，水泵在夏天达不到冬天那样高的真空度。

（3）循环水真空泵　循环水真空泵是以循环水作为流体，利用射流产生负压的原理而设计的一种新型多用真空泵，可用于蒸

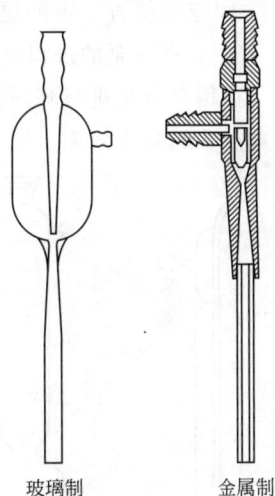

玻璃制　　　金属制

图 1.5　水泵

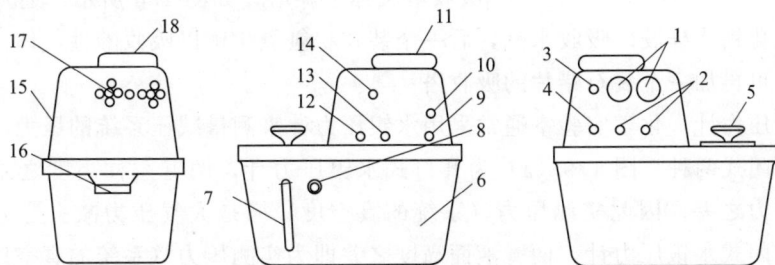

图 1.6　循环水真空泵

1—真空表；2—抽气口；3—电源指示灯；4—电源开关；5—水箱上盖手柄；6—水箱；

7—放水软管；8—溢水管；9—电源线进线孔；10—保险座；11—电机风罩；12—循环水出水嘴；

13—循环水进水嘴；14—循环水开关；15—上帽；16—水箱把手；17—散热孔；18—电机风罩

发、蒸馏、结晶、过滤、减压、升华等各种操作中。由于水可以循环使用，改正了水泵直接排水的缺点，故能节约用水，且在临时停水时也可使用，加之价格适中，是实验室理想的减压设备。图 1.6 是常见的循环水真空泵的外观示意。

使用循环水真空泵时要注意以下问题。

① 泵抽气口最好连接一个缓冲瓶，以免停泵时，水被倒吸进容器中。

② 开泵前，要检查是否与系统连接好，然后打开缓冲瓶上的旋塞。开泵后，用旋塞调至所需要的真空度。停泵时，先打开缓冲瓶上的旋塞，拆去与系统的接口，再停泵。

③ 要适时补充和更换泵中的循环水，以保持泵的清洁和真空度。

（4）真空泵 真空泵（或叫油泵）也是化学实验室常用的减压设备，常用于对真空度要求较高的场合。真空泵的效能取决于它的机械构造以及真空泵油的好坏（真空泵油的蒸气压越低越好）。好的真空泵可获得 13.3Pa 的真空度。一般使用真空泵时，系统的压力常控制在 0.67～1.33kPa 之间，因为在沸腾的液体表面上要获得 0.67kPa 以下的压力是比较困难的。如果要获得较低的压力，可选用短颈和支管粗的克氏蒸馏瓶，同时尽量减少接头连接点。真空泵的构造越精密，对工作条件的要求也越苛刻。使用真空泵时要注意做到以下两点。

① 定期检查，定期更换真空泵油，防潮防锈。

② 在真空泵的进口处放置保护材料。

在用真空泵进行减压操作时，如果有挥发性的有机溶剂、水或酸性气体，会影响甚至损坏真空泵的减压效能。因为挥发性的有机溶剂蒸气被真空泵油吸收后，会增加真空泵油的蒸气压，降低真空度；而酸性气体会腐蚀真空泵的机件。水蒸气凝结后与真空泵油形成浓稠的乳浊液，会破坏真空泵的正常工作。为保护真空泵及真空泵油，必须在接收容器与真空泵之间依次安装冷却阱和几种吸收塔。

冷却阱用于冷凝杂质，其构造如图 1.7 所示。使用时将它置于盛有冷却剂的广口保温瓶中。冷却剂的选择视情况而定，可用冰-水、冰-盐或干冰-丙酮等。后者能使温度降至 -78℃，若用铝箔将干冰-丙酮的敞口部分包住，则能使用较长时间，十分方便。

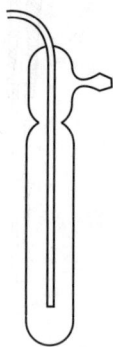 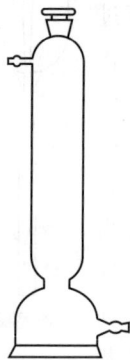

图 1.7 冷却阱　图 1.8 吸收塔

吸收塔又称干燥塔，如图 1.8 所示。通常设两个，前一个装无水氯化钙或硅胶以吸收水汽，后一个装粒状氢氧化钠以吸收酸性气体。有时为了吸收烃类气体，可再加一个装石蜡片的吸收塔。

（5）水银压力计 化学实验室通常采用水银压力计来测量减压系统的压力。水银压力计分开口式和封闭式两种。图 1.9（a）为开口式水银压力计，两臂汞柱高度之差，即为大气压力与系统压力之差。因此实测压力（系统的真空度）应是大气压力减去这一压力差。图 1.9（b）为封闭式水银压力计，两臂液面高度之差即为实测压力（系统的真空度）。

测定压力时，可将管后木座上的滑动标尺的零点调整到右臂的汞柱顶端线上，这时左臂的汞柱顶端线所指示的刻度即为系统的压力（真空度）。开口式水银压力计比较笨重，读数方式也较麻烦，但读数比较准确。封闭式水银压力计比较轻巧，读数方便，但常常因为有残留空气以致不够准确，需用开口式水银压力计来校正。无论使用何种水银压力计，都要避免水或其他污物进入压力计内，否则将严重影响其准确度。

在化学实验室里，通常将真空泵连同真空泵的保护及测压装置安置在一台双层手推车上。下层安置真空泵及电动机，上层安置其他装置。这样既缩小占用空间又便于移动，如图 1.10 所示。

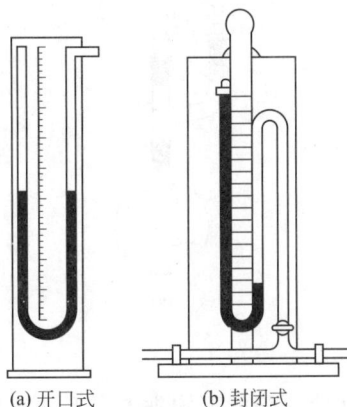

(a) 开口式　(b) 封闭式

图 1.9　水银压力计

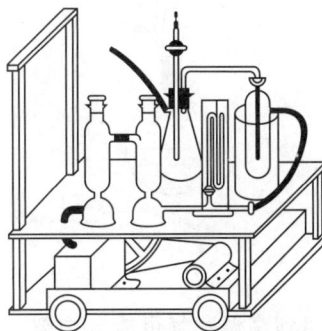

图 1.10　真空泵车

（6）减压表　减压表由指示钢瓶压力的总压表、控制压力的减压阀和减压后的分压表三部分组成。使用时把减压表与钢瓶连接好（勿猛拧！）后，将减压表的减压阀旋到最松位置（即关闭状态），然后打开钢瓶总阀门，总压表即显示瓶内气体总压。检查各接头（可用肥皂水试）不漏气后，方可缓慢旋紧减压阀门，使气体缓缓送入系统。停止使用时，应首先关紧钢瓶总阀门，排空系统的气体，待总压表与分压表均指到 0 时，再旋松减压阀门。如钢瓶与减压表连接部分漏气，应加垫圈使之密封，绝对不能用麻、丝等物堵漏。氧气钢瓶及减压表绝对不能涂润滑脂，否则有可能导致爆炸！

1.4　化学实验的常用反应装置

正确安装反应装置是顺利完成实验的基本保证。反应装置一般是根据实验要求由各种仪器和设备组合起来的。化学实验中常用的反应装置有回流装置、蒸馏装置、搅拌装置、气体吸收装置等。这里集中讨论几种有代表性的常用反应装置，其他反应装置放在第 2 章结合化学实验的基本操作技术一起讨论。

1.4.1　回流装置

许多化学反应要在反应物或溶剂的沸点附近才能进行，这就需要采用回流装置，以防蒸气逸出。还有重结晶提纯时样品的溶解，有时也采用回流装置。图 1.11 是几种常用的回流装置。

图 1.11（a）是装有干燥管以隔绝潮气的回流装置，用于无水条件下的实验。如反应不需要防潮，则可去掉冷凝管顶端的干燥管。图 1.11（b）为带有气体吸收装置的回流装置，用于回流过程中有水溶性气体（如 HCl、HBr、SO_2 等）产生的实验。图 1.11（c）为带有滴液漏斗的回流装置。

当回流温度较低时（140℃以下），通常选用球形冷凝管或直形冷凝管，不过前者冷凝效果更好一些。当回流温度较高时（150℃以上），就要选用空气冷凝管，因为球形冷凝管或直

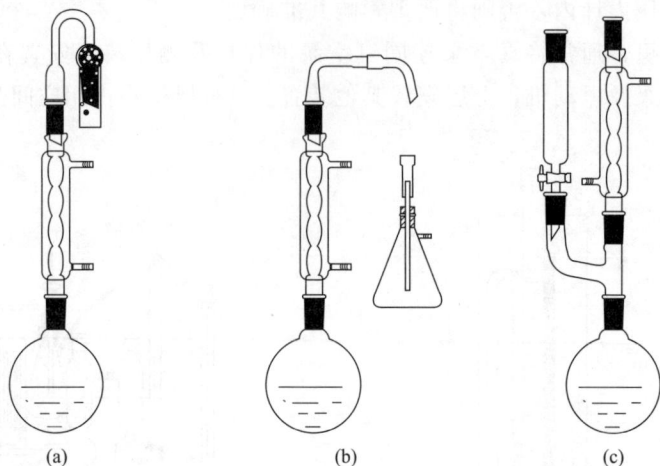

图 1.11 回流装置

形冷凝管遇到高温蒸气可能会炸裂。要注意冷却水要从冷凝管的下端进入、上端流出，以确保冷凝管的夹套中充满冷却水。

回流加热前应先向烧瓶内投入几粒沸石，以防暴沸。根据回流温度不同，可相应选用水浴、油浴或电热套等间接加热方式。

1.4.2 蒸馏装置

蒸馏是分离沸点相差较大的多组分混合液体和蒸除反应溶剂的常用手段。图 1.12 是几种常用的蒸馏装置，可用于不同要求的化学实验。图 1.12 (a) 是最常用的蒸馏装置。由于这种装置的出口处与大气相通，可能逸出馏出液蒸气，所以在蒸馏易挥发的低沸点液体（如乙醚）时，应将接引管的支管连上橡胶管，通向水槽。若接引管的支管连接一个干燥管，还可用作防潮蒸馏。图 1.12 (b) 是采用空气冷凝管的蒸馏装置，用于蒸馏沸点在 150℃ 以上的液体。图 1.12 (c) 为带有滴液漏斗的蒸馏装置。

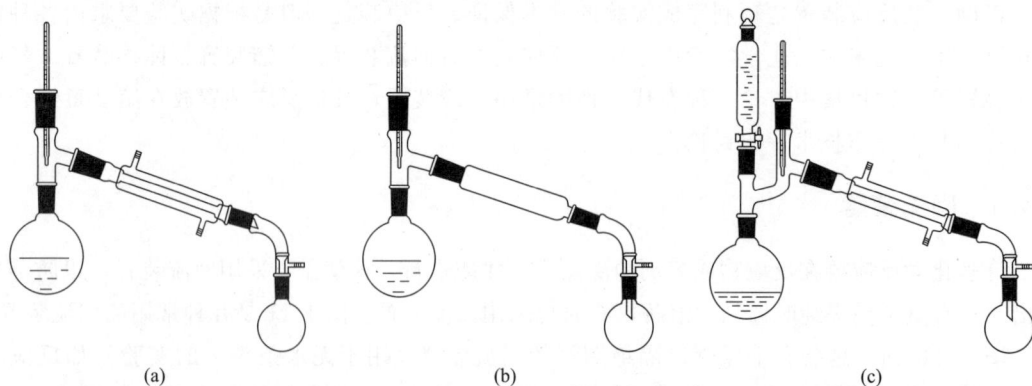

图 1.12 蒸馏装置

1.4.3 搅拌装置

搅拌装置主要用于非均相反应体系。均相反应体系一般可以不用搅拌，因为加热时反应混合液通过对流，即可保持各部分均匀受热。如果反应液之一需要通过滴液漏斗逐滴加入，为了使反应液迅速混合均匀，以避免因局部过浓、过热而导致其他不希望的副反应出现，也要采用搅拌装置；再有，如果反应产物是固体，不采用搅拌将会影响反应的顺利进行；此外，通过搅拌不但可以较好地控制反应温度，还能缩短反应时间和提高反应产率。图 1.13 是几种常用的搅拌装置，可根据反应条件选用具体的搅拌方式。

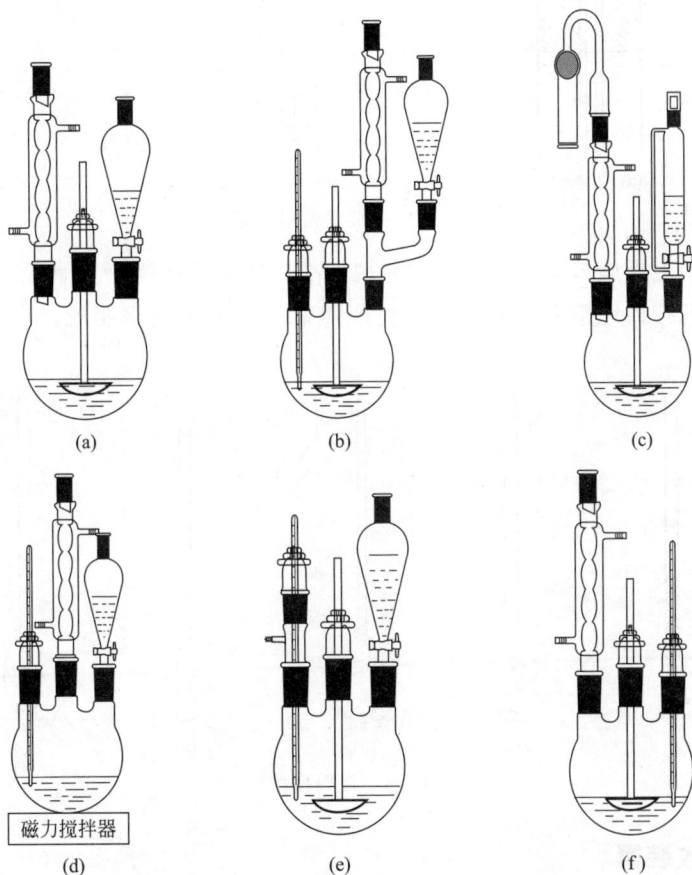

图 1.13　几种常见的搅拌装置

图 1.13（a）是可同时进行搅拌、回流和滴加液体的搅拌装置。图 1.13（b）的装置还可同时测量反应温度，此搅拌装置可改用四口烧瓶来装配。如果反应要求干燥无水，则须在回流冷凝管的上端加装干燥管，为此可采用图 1.13（c）搅拌装置。如果采用磁力搅拌，可采用图 1.13（d）搅拌装置，但如果反应混合物用量较大，或黏度较大，或含有固体物质，则磁力搅拌效果不佳，采用电动搅拌为好。图 1.13（e）和图 1.13（f）分别为不用回流和不用滴加液体的搅拌装置。

图 1.13 中的搅拌棒均需通过密封塞和烧瓶连接，以免在加热回流情况下，反应物蒸气或生成的气体逸出。

图 1.14 为常用的密封装置。图 1.14（a）为橡胶密封塞，制作、装配都比较麻烦。现在化学实验广泛使用的是由聚四氟乙烯制成的搅拌密封塞，如图 1.14（b）所示。它由上面的螺旋盖、中间的硅橡胶密封垫圈和下面的标准口塞组成。使用时只需将搅拌棒插入标准口

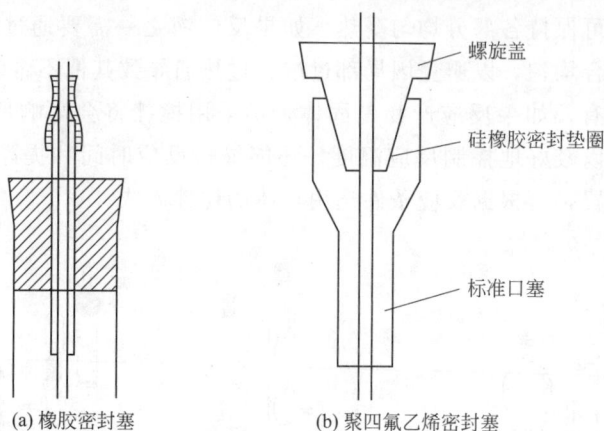

螺旋盖

硅橡胶密封垫圈

标准口塞

(a) 橡胶密封塞　　　　　(b) 聚四氟乙烯密封塞

图 1.14　常用密封装置

塞与垫圈孔中，旋上螺旋口至松紧合适，并把标准口塞塞紧在烧瓶上即可。

　　搅拌所用的搅拌棒通常由玻璃棒或外包聚四氟乙烯的不锈钢制成，样式很多，图 1.15 所示为常用的几种。

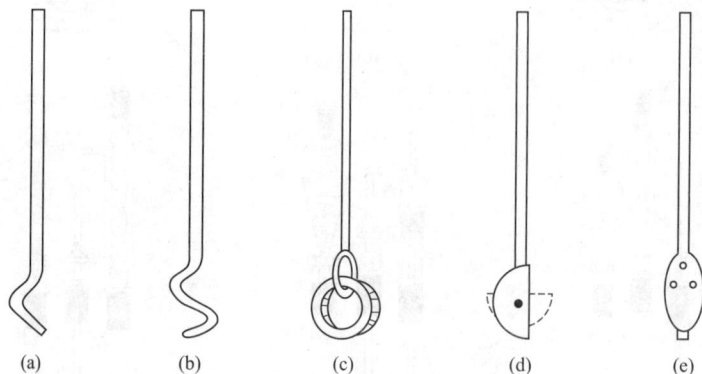

(a)　　　　(b)　　　　(c)　　　　(d)　　　　(e)

图 1.15　常用搅拌棒

1.4.4　气体吸收装置

　　如果反应过程中产生有毒或有害气体（如 HCl、HBr、SO_2 等），就要安装如图 1.16 所示的气体吸收装置。其中图 1.16（a）可作少量气体的吸收装置，玻璃漏斗应略微倾斜，使

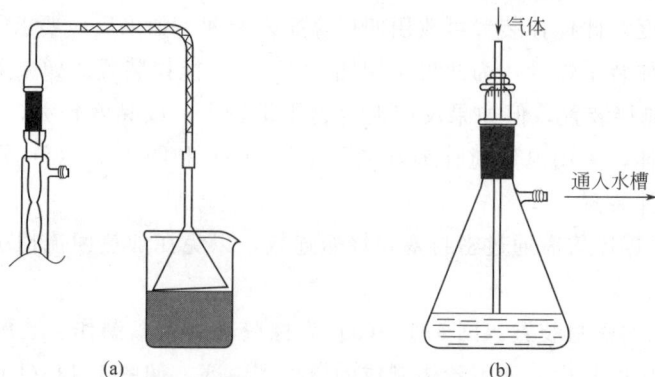

↓气体

通入水槽

(a)　　　　　　　　　(b)

图 1.16　气体吸收装置

漏斗口一半在水中，一半在水面上。这样，既能防止气体逸出，又能防止水被倒吸至烧瓶中。若反应过程中产生大量气体或气体逸出很快，则可使用图 1.16（b）的装置，玻璃管恰好插入水面，被水封住，未被吸收完的气体通过橡胶管引入水槽中。烧杯或吸滤瓶中的水可加入少量酸或碱，以分别吸收碱性或酸性气体。

1.4.5　仪器的装配与拆卸

化学实验的各种反应装置都是由一件件仪器装配而成的，正确地装配与拆卸仪器，对实验的成败至关重要。

首先要根据实验的要求选择合适的仪器。例如，烧瓶容积的大小应为液体体积的 1.5 倍左右；回流用球形冷凝管，蒸馏用直形冷凝管，蒸馏温度超过 150℃时应改用空气冷凝管；温度计的量程应高于被测温度 10～20℃等。

其次，装配仪器时，要先选好主要仪器的位置，然后用铁夹逐个将仪器固定在铁架台上。铁夹的双钳应包裹橡胶、绒布等软性物质，以免将仪器夹坏。铁架台应正对实验台外面，不要歪斜。总之，仪器安装应先下后上、从左到右，力求做到正确、整齐、稳妥、端正。仪器拆卸时，应先停止加热，待稍微冷却后，再逐个拆卸。

1.5　常用仪器的清洗和干燥

1.5.1　常用仪器的清洗

在进行化学实验时，为了避免杂质混入反应物中，以及确保反应顺利进行，必须将实验仪器清洗干净。

最简单、常用的清洗方法是用长柄毛刷（试管刷）蘸上水、洗衣粉或去污粉，刷洗润湿的器壁，直至仪器表面的污物除去为止，最后用自来水清洗。如果用上述方法难以洗净，或某些实验需要更洁净的仪器时，则可使用适当的洗液或其他方法洗涤。

（1）铬酸洗涤　这种洗液氧化能力强，可洗去炭化残渣等有机污垢。铬酸洗液本身呈红棕色，若经长期使用，洗液变成绿色，表示已经失效。

（2）稀盐酸洗涤　可洗去附着在器壁上的二氧化锰或碳酸盐等碱性无机污垢。

（3）稀碱溶液或合成洗涤剂洗涤　可洗去油脂和某些有机物（如有机酸）。

（4）超声波洗涤　实验室常用超声波清洗器来洗涤玻璃仪器。其优点是既省时又方便。只要把仪器放到配有洗涤剂的溶液中，接通电源，即可达到清洗仪器的目的。

为使清洗工作简便有效，最好在每次实验结束后，立即清洗使用过的仪器，因为污染物的性质在当时是明确的，容易用合适的方法除去。当不清洁的仪器放置一段时间后，往往由于挥发性溶剂的逸去，洗涤工作变得更加困难。

此外，还须反对盲目使用各种有机溶剂来清洗仪器。这样做不仅造成浪费，而且还可能带来危险。

1.5.2　常用仪器的干燥

进行化学实验时，不仅需要将仪器洗净，还常常需要将仪器干燥。一般将洗净的仪器倒置一段时间，将水沥干后，即可使用。有些实验必须在严格无水的条件下进行（如Grignard 试剂的制备及反应、Friedel-Crafts 反应等），仪器的干燥即成为实验成败的关键。干燥仪器的方法有以下几种。

（1）晾干 将洗净的仪器倒置或放在干燥架上，令其自然风干。

（2）烘干 将洗净的仪器从上层到下层放入烘箱烘干，烘箱内温度保持在 100～110℃，约 30min 后待烘箱内温度降至室温时即可取出；也可放在气流烘干器上进行干燥。

（3）吹干 有时候仪器在洗净后需立即使用，为了节省时间，可将水尽量沥干后，加入少量低沸点水溶性有机溶剂（如丙酮或乙醇）淋洗，再用电吹风吹干。先吹冷风 1～2min，当大部分溶剂挥发后，吹热风使干燥完全（直接吹热风有时会引起有机溶剂蒸气爆炸！），然后吹冷风使仪器逐渐冷却（否则，被吹热的仪器在自然冷却过程中会在瓶壁上凝结一层水汽）。

1.6 实验预习、实验记录和实验报告

1.6.1 实验预习

实验预习是化学实验的重要环节，对保证实验的安全顺利进行起着关键的作用。只有认真做好实验预习，仔细写好预习报告，做到心中有数，实验才能做得又快又好。未做预习的学生不能进行实验。预习的具体内容如下所述。

① 明确实验的目的和要求。

② 了解反应机理，写出主反应和副反应方程式。

③ 列出主要化学药品和产物的物理常数（查手册或辞典）、用量（g、mL、mol）和规格。

④ 简单叙述操作原理，说明各步操作的目的和要求，写出简单的实验步骤（应根据实验教材上的文字改写）。步骤中的文字可用符号简化，如化合物写成分子式、加热写成△、加料写成＋、沉淀写成↓、气体逸出写成↑等。这样在实验前就已有了一个工作流程图，使实验能有条不紊地进行。

⑤ 画出主要的反应装置图，并标明仪器名称。

⑥ 了解反应的注意事项。

总之，预习不是照抄实验教材，而是要消化教材上的内容。

1.6.2 实验记录

实验记录是研究实验内容和书写实验报告的重要依据，也是培养学生科学素养的一个重要环节。

要养成良好的实验记录习惯。必须对整个实验过程仔细观察，积极思考，将所用药品的用量、浓度以及观察到的现象（如反应物颜色的变化、反应温度的变化、有无结晶、沉淀的产生或消失、是否放热或有气体放出等）和测得的各种数据及时如实地记录下来。记录要做到简明扼要、条理清晰。实验记录要写在专用的记录本或笔记本上，不要随便记在活页纸甚至废纸上。实验结束，学生应将实验记录本连同产品一起交给指导教师检查。实验记录本需教师签字确认；产品要装入样品瓶中，贴好标签。

1.6.3 实验报告

实验报告在实验结束后及时撰写，要对实验进行总结、讨论观察到的现象、分析出现的问题、整理归纳实验数据等。这是完成整个实验的一个重要过程，也是把感性认识提高到理性认识的必要步骤。一份好的实验报告可以充分体现学生对实验理解的深度、综合解决问题的素质和文字表达的能力。在实验报告中还应该根据自己在实验中的成败得失提出改进本实验的意见、回答指定的思考题等。

实验报告的格式可以不拘一格，大体包括实验目的和原理；实验药品的用量及规格；实验步骤和现象；产品的物态、产量、产率；数据记录与处理；实验装置图；实验结果和讨论等内容。下面以溴乙烷的制备实验为例说明实验报告的书写格式。

基础化学实验报告

班级 ＿＿＿＿＿＿＿；姓名＿＿＿＿＿＿＿；指导老师＿＿＿＿＿＿＿；日期＿＿＿＿＿＿＿

实验一　溴乙烷的制备

一、实验目的和要求

1. 了解由醇制备溴代烷的原理及方法。

2. 初步掌握蒸馏装置和分液漏斗的用法。

二、实验原理

主反应：

$$NaBr + H_2SO_4 \longrightarrow HBr + NaHSO_4$$

$$C_2H_5OH + HBr \longrightarrow C_2H_5Br + H_2O$$

副反应：

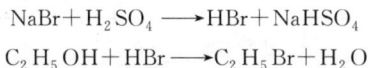

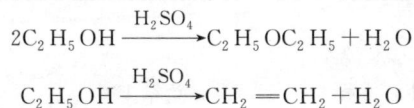

三、主要药品及产物的物理常数

名称	分子量	d_4^{20}	m. p. /℃	b. p. /℃	溶解度/(g/100g)
乙醇	46	0.789	−117.3	78.5	水中,∞
NaBr	103		755	1390	水中,79.5(0℃)
H_2SO_4	98	1.834	10.38	340(分解)	水中,∞
溴乙烷	109	1.46	−118.6	38.4	水中,1.06(0℃);醇中,∞
$NaHSO_4$	120				水中,50(0℃)、100(100℃)
乙醚	74	0.708	−116	34.51	水中,7.5(20℃)
乙烯	28		−169	−103.7	

四、主要药品的用量及规格

名　称	理论用量	实际用量	过量	理论产量
95％乙醇	0.126mol	10mL(8g,0.165mol)	31％	
溴化钠	基准用量	13g(0.126mol)		
浓硫酸(96％)	0.126mol	18mL(0.32mol)	154％	
溴乙烷				13.7g(0.126mol)

五、实验步骤及现象

时间	实验步骤	实验现象	备　注
14:30	安装反应仪器		接收瓶中放 20mL 水,外用冷水冷却
14:45	在烧瓶中放 9mL 水,小心加入 18mL 浓 H_2SO_4,用水浴冷却	放热	
14:55	再加 10mL 95％乙醇		
15:00	振荡下逐渐加 13g NaBr,同时用水浴冷却	固体呈碎粒状,未溶	
15:10	加入几粒沸石,开始加热		
15:20		出现大量细泡沫	
15:25		冷凝管中有馏出液,馏出液中有乳白色油状物沉在水底	
16:15		固体消失	
16:25	停止加热	馏出液中已无油滴,烧瓶中残留物冷却成无色晶体	用试管盛少量水试验为 $NaHSO_4$
16:30	用分液漏斗分出油层		油层 8mL
16:35	油层用冷水冷却,滴加 5mL 浓 H_2SO_4,振荡后静置	油层(上层)变透明	
16:50	分去下层 H_2SO_4		
17:05	安装好蒸馏装置		
17:10	水浴加热,蒸馏油层		接收瓶 53.0g
17:20	开始有馏出液	此时温度为 38℃	接收瓶＋溴乙烷 63.0g
17:35	蒸馏完毕	此时温度为 39.5℃	溴乙烷 10.0g

六、产品与产率

产品:溴乙烷,无色透明液体,沸程 38～39.5℃,产量 10g。

产率:因其他试剂过量,理论产量应按溴化钠计算。0.126mol 溴化钠能产生 0.126mol(即 0.126mol×109g/mol＝13.7g)溴乙烷。

产率＝(10g/13.7g)×100％＝73％。

七、讨论

本次实验基本成功。加浓硫酸洗涤时放热,说明粗产品中乙醚、乙醇或水分过多。这可能是反应过程中加热太猛,使副反应增加所致;也可能因从水中分出粗产品时,夹带了一点水。溴乙烷沸点较低,用硫酸洗涤时放热,导致部分产品挥发损失。操作技术有待熟练。

八、实验装置图

1. 反应装置图

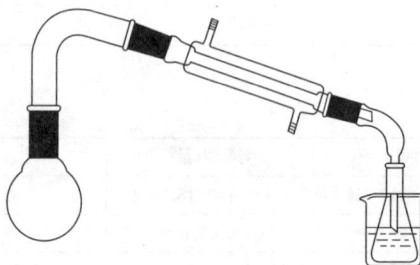

反应装置

2. 蒸馏装置图

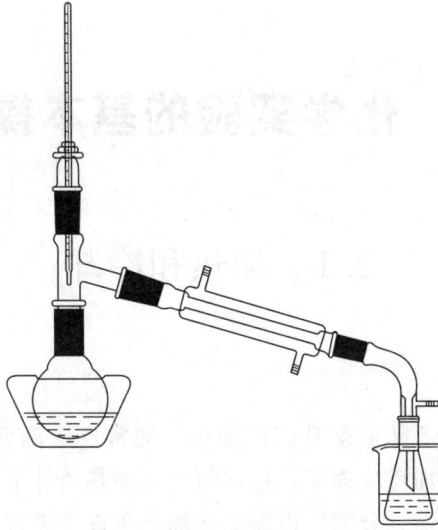

蒸馏装置

第 2 章　化学实验的基本操作技术

2.1　加热和冷却

2.1.1　加热

化学反应速度一般情况下随温度升高而加快。通常反应温度每升高 10℃，反应速率就会增加 1 倍。因此，为了增加反应速度，往往需要在加热条件下进行反应。此外，化学实验的许多基本操作如回流、蒸馏、分馏等也需要在加热条件下进行。

化学实验常用的加热器具有酒精灯、燃气灯、电热板和电热套等。必须指出，玻璃仪器一般不能用明火直接加热，因为剧烈的温度变化和受热不均匀可能会导致玻璃仪器的炸裂；同时，由于局部过热，有可能引起化合物的部分分解。为了避免直接加热可能带来的弊端，化学实验常常根据具体情况采用各种间接的加热方法。

最简便的方法是把容器放在陶土网上加热。但这种加热依然很不均匀，故在回流低沸点易燃液体或减压蒸馏等操作中就不能采用。在化学实验中，为了保证加热均匀和操作安全，经常选用下列几种间接加热方法。

(1) 水浴加热　当加热温度不超过 100℃时，最好采用水浴加热。采用水浴加热时，将反应容器浸入水浴中，水浴液面应略高于反应容器中的液面，同时不要使容器底部触及水浴底部。测量水浴温度的温度计水银球应浸入液面下 1/2 处。

若要长时间加热，水浴中的水会汽化蒸发，在这种情况下，应及时添加热水，或采用电热恒温水浴；还可在水面上加几片石蜡，因石蜡受热熔化铺在水面上，可以减少水的蒸发。

需要指出的是，当进行无水条件下的实验时，最好不用水浴加热；涉及金属钾或金属钠的实验，绝对不能在水浴中进行。

(2) 油浴加热　当加热温度在 80～250℃之间时，可用油浴加热。其优点是反应物受热均匀，缺点是有些油浴易冒烟着火，故最好在通风橱中使用。如果油浴冒烟很严重，应立即停止加热。

油浴所能达到的最高温度取决于所用的油类。化学实验常用的油类有下列几种。

① 植物油：如菜籽油、棉籽油等，加热温度最好不超过 200℃。如在植物油中加入 1% 的对苯二酚，可增加它们的热稳定性。

② 甘油和邻苯二甲酸二正丁酯的混合液：甘油和邻苯二甲酸二正丁酯的混合液适用于加热温度为 140～180℃的实验，温度再高则易分解。

甘油的吸水性很强，久置未用的甘油使用前应首先加热蒸去所吸收的水分，再用于油浴。

③ 液体石蜡：可加热到 200℃左右，温度再高虽不分解，但易燃烧。

④ 固体石蜡：也可加热到 200℃ 左右，其优点是加热时熔化，冷却至室温后又成固体，便于保存。但应在加热完成后且石蜡还未冷凝成固体前，及时取出浸于其中的容器。

⑤ 硅油和真空泵油：可加热到 250℃ 以上，仍较稳定。但由于价格昂贵，一般实验室不常使用。

采用油浴加热时，应在油浴中插一支温度计，以便随时观察和调节温度，防止过热现象。另外，不要使用含有水分的油，更要防止水分洒入热油中，否则易引起溅射导致烫伤。

还要指出的是，为保证安全，切忌用明火直接加热油浴。因为用明火加热油浴时，稍有不慎，即可引起油浴着火。一般是将电热器（如热得快）放在油浴内间接加热。若将油浴与继电器和接触式温度计相连，还能自动控制油浴的温度。

（3）砂浴加热　加热温度在 300℃ 以上时，往往使用砂浴。将清洁、干燥的细砂铺在铁盘内，再将反应容器埋入砂中，在铁盘底部加热，反应物就间接受热。

由于砂对热的传导能力较差而散热却很快，所以反应容器底部与砂浴接触处的砂层要薄一些，使受热快一些；反应容器周围与砂接触的部分，可用较厚的砂层，使散热慢一些。但砂浴由于散热太快，温度上升较慢，且不好控制，故使用并不广泛。

（4）电热套加热　电热套已成为化学实验室常用的加热设备，虽然受热均匀程度不及油浴，但比用明火直接加热要均匀得多。由于电热套中的镍铬电热丝是用玻璃纤维包裹着的，所以比较安全，一般加热温度可达 400℃。电热套主要用于回流加热，蒸馏或减压蒸馏不太适用，因为在蒸馏过程中随着容器内物质的减少，会使容器壁过热。实验室一般选用调温电热套。非调温电热套可与调压变压器联用，以便控制反应温度。在使用过程中，要防止化学药品洒入电热套中引起着火，也要防止将水漏入电热套中导致漏电。

（5）电磁加热　用电磁加热搅拌器作加热源，同时伴以磁力搅拌，既能使反应物充分混合，又能使热量传递更加迅速、均匀；缺点是加热温度不高且不好控制，但用于低沸点有机物的回流加热还是比较方便的。

（6）微波加热　微波是一种电磁波，其频率为 30～0.3GHz。由于 30～12GHz 频率的微波被用于雷达和远程通信，为避免干扰，国际上规定工业或家用微波炉的频率一般为 2.45GHz。

微波加热就是将电磁能转化为热能的过程。极性分子受到微波辐射后，电磁场快速变换方向，导致分子偶极以每秒 24.5 亿次的速度旋转，从而引起极性分子之间产生摩擦而发热。

微波加热具有三个特点。

① 能使极性物质被快速加热，而非极性物质则几乎不被加热。例如用 560W 微波炉加热 50mL 室温下的水和乙酸各 1min，它们的温度分别为 81℃ 和 110℃；而同样条件下加热己烷和四氯化碳，它们的温度仅分别为 25℃ 和 28℃。

② 能快速达到反应温度，反应产率与产物纯度均大大提高。例如蒽与反丁烯二甲酸二甲酯进行 Diels-Alder 反应，微波加热 4min，产率可达 87%，而用传统方法加热 4h，产率仅为 67%。

③ 实现了分子水平意义上的搅拌，时间短，能耗低，效率高。

微波加热的化学反应可分为干、湿两种。所谓干反应，是指用无机氧化物（如 Al_2O_3 或 SiO_2 等）作为反应载体的无溶剂反应。无机载体对微波的吸收极低，不妨碍微波的透过，使吸附在它表面的反应物充分吸收微波能量后被活化，从而大大提高反应效率。此外，由于干反应不用溶剂，减少了后处理的麻烦，产物更易纯化。湿反应是将反应物和溶剂放入密闭的聚四氟乙烯反应瓶中，溶剂和反应物吸收微波能量后便受热升温，发生化学反应。

2.1.2 冷却

很多化学反应（如重氮化反应等），其中间体在室温下是不够稳定的，必须在低温下进行，故需要冷却；有的放热反应，常产生大量的热，使反应难以控制，并引起易挥发化合物的损失，或导致化合物的分解甚至爆炸，为了及时移走过多的热量，将温度控制在一定范围，更需要冷却。此外，在结晶或重结晶时，为了降低固体溶质在溶剂中的溶解度，使其更多更快地析出晶体，也需要冷却。

冷却的方法很多，表 2.1 列出了常用冷却剂的组成及冷却温度范围，可供参考。

表 2.1 常用冷却剂的组成及冷却温度范围

冷却剂	冷却温度/℃	冷却剂	冷却温度/℃
水	室温	干冰	-60
冰-水	0～5	干冰-乙醇	-72
冰-NaCl(3∶1)	-5～-20	干冰-丙酮	-78
冰-CaCl$_2$·6H$_2$O(4∶5)	-40～-50	干冰-乙醚	-100
冰-NH$_4$Cl(10∶3)	约-15	液氨-乙醚	-116
冰-NaNO$_3$(5∶3)	-13～-20	液氨	-188
液氨	-33		

化学实验经常选用下列几种冷却剂。

（1）冰-水 这是化学实验最常用、最简单的冷却剂。冰-水浴的温度可降低到 0～5℃。由于能和容器器壁接触得更好，冰-水浴的冷却效果要比单用冰块更佳。如果水的存在并不妨碍反应的进行，还可把冰块直接投到反应混合物中，这样可以更有效地维持低温。

（2）冰-氯化钠 如果需要把温度冷却到 0℃以下，可采用冰-盐浴，即 1 份食盐与 3 份碎冰（质量比）的混合物。冰-盐浴理论上可降温至 -20℃。食盐与冰混合时，碎冰容易结块，故使用过程中要随时加以搅拌。

（3）冰-氯化钙 即冰与六水合氯化钙结晶（CaCl$_2$·6H$_2$O）的混合物，理论上可获得 -50℃ 左右的低温。在实际操作中，将 5 份六水合氯化钙结晶与 4 份碎冰均匀混合，可获得 -50～-20℃ 的低温。

（4）液氨 液氨也是常用的冷却剂，温度可达 -33℃。而且由于氨分子间的氢键，使用过程中氨的挥发速度并不快。

（5）干冰 干冰（即固体二氧化碳，升华温度为 -78.5℃）可获得 -60℃ 的低温。若将干冰与适当的有机溶剂混合，可获得更低的温度。如与乙醇、丙酮或乙醚混合可获得 -100～-72℃ 的低温。

为了保持制冷效果，通常把干冰或其他冷却剂盛放在广口保温瓶（也叫杜瓦瓶）或其他绝热较好的容器中，上口用铝箔覆盖，以降低其挥发速度。此外，若温度低于 -38℃，水银就会凝固，故不能使用水银温度计，通常使用内装有机液体（如酒精、甲苯、正戊烷等）的低温温度计。为了便于读数，有机液体内往往加入少许颜料。

2.2 常压蒸馏

常压蒸馏就是在常压下将液体物质加热到沸腾变为蒸气，又将蒸气冷凝为液体的过程。蒸馏既可将易挥发和不易挥发的混合物分离开来，也可将沸点不同的液体混合物分离开来。如果蒸馏沸点不同的液体混合物，则沸点较低者先被蒸出，沸点较高者后被蒸出，从而达到分离和提纯的目的。不过液体混合物各组分的沸点必须相差 30℃ 以上才能得到较好的分离和提纯效果。此外，通过蒸馏还可以测出化合物的沸点，所以常压蒸馏对于液体化合物的鉴定也具有一定的意义。

2.2.1 基本原理

由于分子运动，液体分子有从液体表面逸出的倾向。这种逸出倾向随着温度的升高而增大。如果把液体置于密闭的真空体系中，液体分子就会连续不断地从液面逸出而在液面上部形成蒸气，最后使得分子由液体逸出的速度与分子由蒸气返回液体中的速度相等。此时液面上的蒸气达到饱和，称为饱和蒸气。它对液面所施的压力称为饱和蒸气压。液体的饱和蒸气压仅与温度有关，与体系中存在的液体和蒸气的绝对量无关，即液体在一定温度下具有确定的饱和蒸气压。

液体受热时，其饱和蒸气压随着温度的升高而增大。从图 2.1 中看出，当液体的饱和蒸气压增大到与外界大气压力相等时，就有大量气泡从液体内部逸出，即液体沸腾。此时的温度称为液体的沸点。显然沸点与液体所受外界压力的大小有关。通常所说的沸点如未特别说明，就是指 0.1MPa 压力下液体的沸腾温度。在其他压力下的沸点应注明压力，例如在 85.3kPa 下水在 95℃ 沸腾，这时水的沸点就记为 95℃/85.3kPa。

常压蒸馏时，由于大气压往往不是恰好等于0.1MPa，因此严格来说，应该对观察到的沸点加以校正。不过这种偏差一般都很小，即使大气压相差2.7kPa，这项校正值也只有 ±1℃ 左右，因此往往被忽略不计。

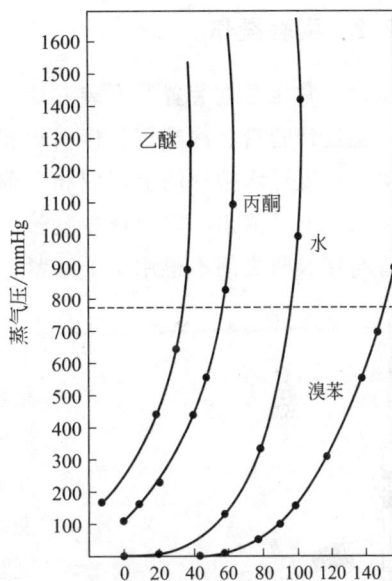

图 2.1 液体蒸气压与温度的关系
（按国家标准，压力的单位应为 Pa，
1mmHg=133.3224Pa）

盛有液体的烧瓶受热时，烧瓶底部的液体首先产生蒸气气泡。溶解在液体内部的空气或吸附在瓶壁上的空气均有助于这种气泡的形成。这样的小气泡（称为汽化中心）可作为大的蒸气气泡的核心。在沸点时，液体释放大量蒸气至小气泡中。待气泡中的总压力增加到超过大气压并足以克服液柱所产生的压力时，蒸气的气泡就上升并逸出液面。因此，假如在液体中有许多小气泡或其他的汽化中心时，液体就能平稳地沸腾。如果液体中几乎不存在空气，瓶壁又非常洁净光滑，形成气泡就很困难。此时加热，液体温度可能上升到高于沸点很多还不沸腾，这种现象就叫作"过热"，一旦有一个气泡形成，由于液体在此温度时的蒸气压已远远超过大气压，因此上升的气泡增大得非常快，甚至将液体冲溢出瓶外，这种现象就叫作"暴沸"。因此在加热前应加入助沸物以引入汽化中心，保证沸腾平稳。助沸物一般是表面疏松多孔、吸附有空气的材料，如沸石、素瓷片或玻璃沸石等。另外也可用几根一端封闭的毛细管以引入汽化中心（注意毛细管要有足够的长度，使其上端能靠在蒸馏瓶的颈部，开口的一端朝下）。

纯液体化合物在一定的压力下均具有固定的沸点，但是具有固定沸点的液体不一定都是纯化合物，因为某些化合物常和其他组分形成二元或三元共沸混合物，它们也有固定的沸点。不纯物质的沸点则要取决于杂质的物理性质以及它和纯物质间的相互作用。如果杂质是不挥发的，则溶液的沸点比纯物质的沸点略有提高。但在蒸馏时，实际上测量的并不是溶液的沸点，而是逸出蒸气与其冷凝液平衡时的温度，即是馏出液的沸点。如果杂质是挥发性的，则蒸馏时液体的沸点会逐渐上升，或者由于两种或多种物质组成了共沸混合物，在蒸馏过程中温度可保持不变，停留在某一范围内。因此，沸点的恒定，并不意味着它一定就是纯化合物。

2.2.2 实验操作

（1）常压蒸馏装置及安装方法　图 2.2 为常用的蒸馏装置。它由蒸馏瓶、蒸馏头、温度计、温度计套管、冷凝管、接引管和接收瓶组成。蒸馏瓶与蒸馏头之间有时还要通过变接头连接。温度计水银球的上限应和蒸馏头侧管的下限在同一水平线上。冷却水应从冷凝管的下口流入、上口流出，以保证冷凝管的夹套中始终充满冷却水。使用不带支管的接引管时，接引管与接收瓶之间不得用塞子塞紧，以免造成系统封闭使系统压力过大而发生爆炸。

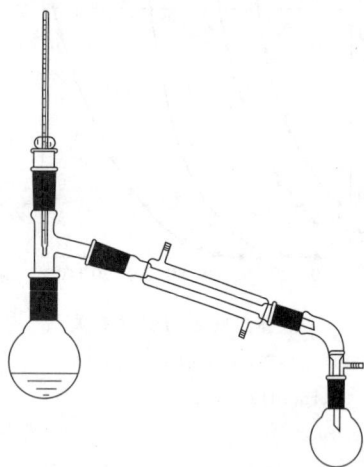

图 2.2　常用蒸馏装置

安装仪器之前，首先要根据蒸馏物液体的量，选择大小合适的蒸馏瓶。一般要求待蒸馏液的体积不要超过蒸馏瓶容积的 2/3，也不要少于 1/3。仪器的安装一般是先从加热源开始的。以电热套为例，先在架设仪器的铁架台上放好电热套，再将蒸馏瓶置于电热套中，蒸馏瓶用铁夹垂直夹好。然后依次安装变接头（如果需要的话）、蒸馏头、冷凝管、接引管和接收瓶。蒸馏头上通过温度计套管插入温度计。冷凝管也要用铁夹夹好。安装冷凝管时，应先调整它的位置，使与已装好的蒸馏瓶高度相适应并与蒸馏头的侧管同轴，然后松开固定冷凝管的铁夹，使冷凝管沿此轴移动与蒸馏瓶连接。铁夹不应夹得太紧或太松，以夹住后稍用力尚能转动为宜。铁夹应当包裹橡胶等软性物质，以免夹破仪器。在冷凝管尾部通过接引管连接接收瓶（锥形瓶或圆底烧瓶）。正式接收馏出液的接收瓶应事先洗涤干净并称重。

有时在反应结束后，需要对反应混合物直接进行蒸馏，此时，可将反应装置改装成蒸馏装置，如图 2.3 所示。

（2）常压蒸馏的操作方法

① 投料　将待蒸馏液体通过玻璃漏斗小心滤入蒸馏瓶中。注意不要使液体中的固体物质（如干燥剂等）进入蒸馏瓶内，也不要使液体流出蒸馏瓶外。加入几粒沸石或其他助沸

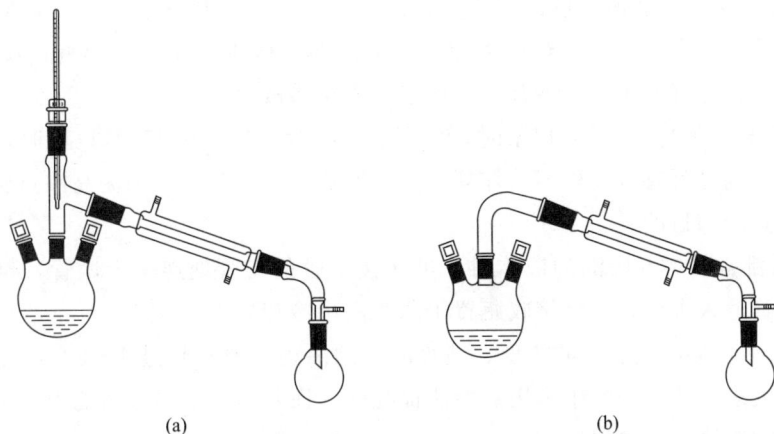

(a)   (b)

图 2.3　由反应装置改装成的蒸馏装置

物。按上述方法固定好装置，并仔细检查仪器各部位是否连接紧密、稳妥。

② 蒸馏　用水冷凝管时，先由冷凝管下口缓缓通入冷却水，自上口流出引至水槽中，然后开始加热。蒸馏瓶中的液体逐渐沸腾，蒸气逐渐上升，温度计读数也略有上升。当液体蒸气上升到温度计水银球部位时，温度计读数会急剧上升。这时要适当降低加热强度，减缓升温速度，维持蒸气顶端停留在温度计水银球部位，使瓶颈上部和温度计受热，让水银球上的液滴和蒸气达到平衡，然后稍稍提高加热强度，进行蒸馏。控制好蒸馏温度，以馏出速度每秒 1~2 滴为宜。在整个蒸馏过程中，温度计水银球上应始终保持有被冷凝的液滴。此时的温度即为液体与蒸气平衡时的温度，温度计的读数就是液体（馏出液）的沸点。如果温度计水银球上没有液滴存在，则可能有两种情况：一是温度偏低，体系内没有达到气-液平衡，温度计测得的沸点偏低或不规则，此时应提高加热强度；二是温度过高，出现过热现象，此时温度计测得的沸点偏高，应降低加热强度。

③ 收集馏出液　进行蒸馏前，至少要准备两个接收瓶。因为在到达预期物质的沸点之前，常有沸点较低的液体先蒸出。这部分馏出液称为"前馏分"或"馏头"。前馏分蒸完，温度趋于稳定后，再蒸出的就是较纯的物质，这时应更换一个洁净干燥的接收瓶来接收馏分，记下这部分液体开始馏出时及馏出最后一滴时温度计的读数，该沸点范围即为该馏分的沸程。沸程越窄，馏出物越纯。一般液体或多或少会含有一些高沸点杂质，当所要的馏分蒸完后，若再继续升高加热温度，温度计的读数会显著升高；若维持原来的加热温度，就不会再有馏出液蒸出，温度计的读数会突然下降，这时就应停止蒸馏。

蒸馏完毕，应先停止加热，待稍冷却后不再有液体馏出时，再停通冷却水，然后拆卸仪器并及时清洗。拆卸仪器的顺序和安装仪器的顺序正好相反，先拿下接收器，再依次拿下接引管、冷凝管、蒸馏头和蒸馏瓶等。

2.2.3　注意事项

① 千万不要向接近沸腾的液体中加入沸石，否则会因突然放出大量蒸气而使大量液体从蒸馏瓶口喷出，造成危险。如果在加热前忘加沸石，必须先停止加热，待受热液体冷却片刻后方可补加沸石。如果沸腾中途停止过，则在重新加热前也应补加新的沸石，因为原先加入的沸石在加热时已逐出了部分空气，在冷却时吸附了液体，因而可能已经失效。

② 采用热浴加热，液体受热比较均匀，蒸气气泡既能从烧瓶底部上升，也可沿着周围的瓶壁上升，从而大大减小了过热的可能性。但浴温一般不要超过受热液体沸点 20℃。否则蒸馏速度太快，蒸气来不及被冷却，可能造成安全事故。

③ 蒸馏液体的沸点在 140℃ 以下时，用直形冷凝管冷凝。在 150℃ 以上时，如果还用直形冷凝管冷凝，则冷凝管接头处容易炸裂，故应改用空气冷凝管，因为高沸点化合物用空气冷凝管已能达到冷却目的。

④ 蒸馏低沸点易燃易吸潮的液体时，可在接引管的支管处连一干燥管，再从后者的出口处接一橡胶管通入水槽，并将接收瓶置于冰水浴中冷却。

⑤ 液体的沸程常可代表它的纯度。纯粹液体的沸程一般不超过 1~2℃，化学实验合成的产品，由于大多是从混合物中采用蒸馏法提纯的，而常压蒸馏的分离能力有限，故化学合成实验中收集的液体产品沸程较宽。

⑥ 任何情况下，都不要将蒸馏瓶中的液体蒸干，以免蒸馏瓶炸裂或发生其他意外事故。

⑦ 很多化合物在 150℃ 以上已显著分解，而沸点低于 40℃ 的化合物液体用普通装置进行蒸馏又损失严重，故常压蒸馏主要用于沸点为 40~150℃ 之间的化合物液体。如果化合物在常压下的沸点高于 150℃，一般要采用减压蒸馏。

2.3 减压蒸馏

减压蒸馏（也叫真空蒸馏）也是分离和提纯化合物的一种重要方法。它尤其适用于高沸点化合物和那些在常压蒸馏时还未达到沸点即已受热分解、氧化或聚合的化合物的分离和提纯。不过，一般情况下，减压蒸馏的分离效果不如常压蒸馏的效果好。

2.3.1 基本原理

液体的沸点是指它的蒸气压与外界大气压相等时的温度，所以液体的沸点是随外界压力的降低而降低的。因此，如果用真空泵等减压设备降低液体表面上的压力，即可降低液体的沸点。这种在较低压力下进行蒸馏的方法即为减压蒸馏。

减压蒸馏时物质的沸点与压力有关，见前面的液体蒸气压与温度的关系（图 2.1）。表 2.2 列出了一些有机化合物和水在不同压力下的沸点。从中可以看出，当压力降低到 2.67kPa（20mmHg）时，大多数有机物的沸点比常压（0.1MPa，760mmHg）下的沸点低 100~120℃ 左右；当减压蒸馏在 1.33~3.33kPa（10~25mmHg）之间进行时，大体上压力每相差 0.133kPa（1mmHg），沸点约相差 1℃。进行减压蒸馏时，据此可预先粗略地估计出相应的沸点，这对具体操作和选择合适的温度计与热浴都有一定的参考价值。

表 2.2 一些有机化合物和水在不同压力下的沸点   单位：℃

压力/mmHg	沸点					
	水	氯苯	苯甲醛	水杨酸乙酯	甘油	蒽
760	100	132	179	234	290	354
50	38	54	95	139	204	225
30	30	43	84	127	192	207
25	26	39	79	124	188	201

压力/mmHg	沸点					
	水	氯苯	苯甲醛	水杨酸乙酯	甘油	蒽
20	22	34.5	75	119	182	194
15	17.5	29	69	113	175	186
10	11	22	62	105	167	175
5	1	10	50	95	156	159

若查不到与减压蒸馏所选择的压力相对应的沸点，则可根据下面的一条经验曲线（图 2.4），找出该物质在某压力下的沸点近似值。例如某化合物在常压下的沸点为 200℃，若减压至 4.0kPa（30mmHg），它的沸点应为多少呢？可以先在图 2.4 中间的直线上找出相当于 200℃ 的点，将此点与右边曲线上 4.0kPa（30mmHg）处的点连成一直线，延长此直线与左边的直线相交，交点所示的温度就是 4.0kPa（30mmHg）时该化合物的沸点，约为 100℃。

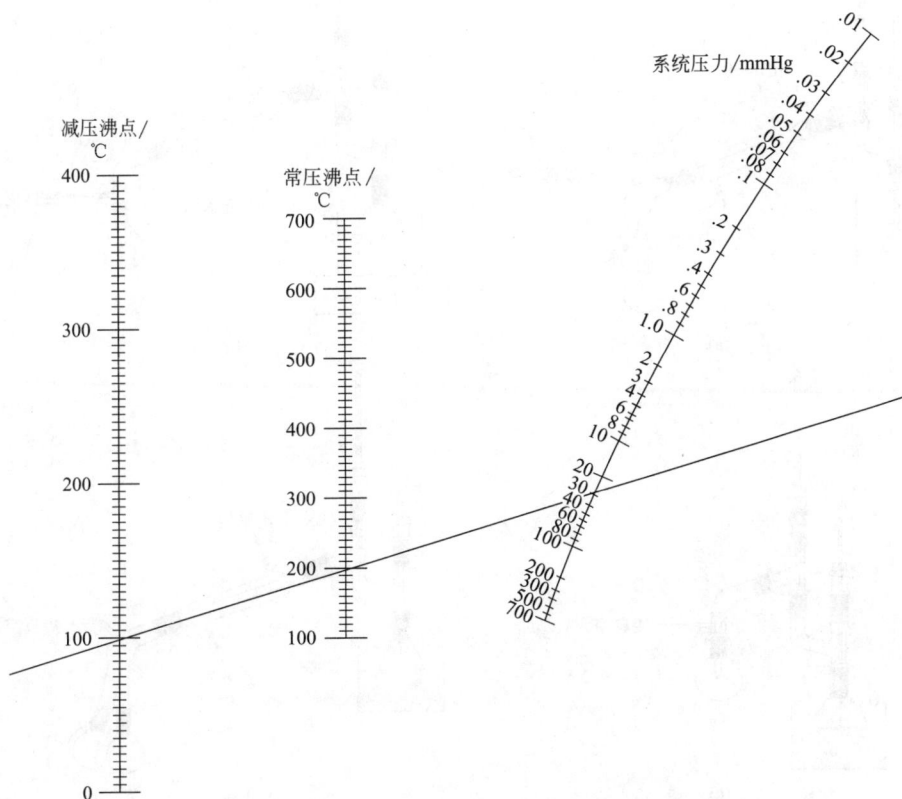

图 2.4　液体在常压与减压下的沸点近似关系

此外，还可从下列公式近似地求出给定压力下的沸点：

$$\lg (p/\text{Pa}) = A + B/T$$

式中　p——液体表面的蒸气压；

　　　T——沸点（绝对温度）；

　A，B——常数。

如以 $\lg(p/\text{Pa})$ 为纵坐标、$1/T$ 为横坐标作图，可以近似地得到一条直线。因此可从两组已知的压力和温度算出 A 和 B 的数值，再将所选择的压力代入上式即可算出液体的沸点。

2.3.2　实验操作

（1）减压蒸馏装置及安装方法　完整的减压蒸馏系统包括蒸馏、抽气（减压）以及在它们之间的保护及测压装置三部分。整套仪器必须使用圆形厚壁仪器，否则由于受力不匀，易发生炸裂等事故。

① 蒸馏部分　图 2.5 是几种常用的减压蒸馏装置。其中图 2.5（a）为连有多头接引管的减压蒸馏装置；图 2.5（b）为采用磁力搅拌、不用毛细管的减压蒸馏装置；图 2.5（c）为不用冷凝管的减压蒸馏装置；图 2.5（d）为无氧条件（通入惰性气体）下的减压蒸馏装置。

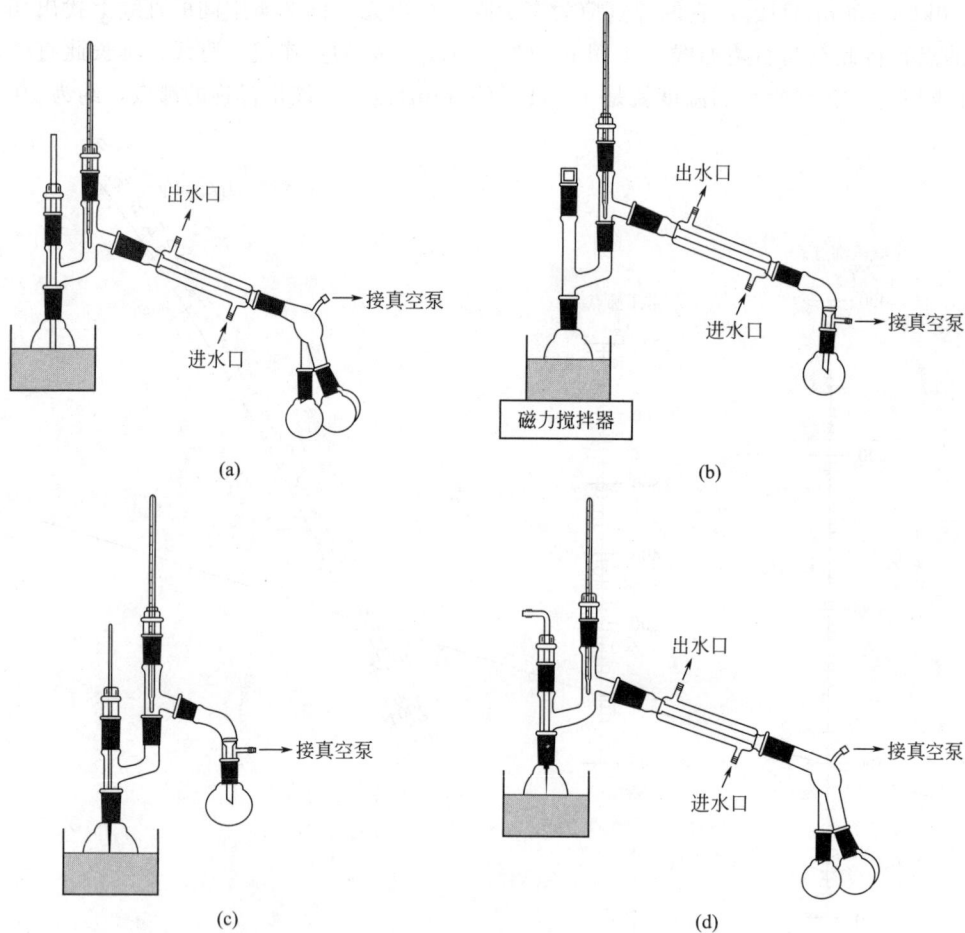

图 2.5　减压蒸馏装置

以图 2.5（a）为例，减压蒸馏装置由圆底蒸馏瓶、克氏（Claisen）蒸馏头、直形冷凝管、真空接引管、接收瓶组成。

克氏蒸馏头有两个口，其目的是避免减压蒸馏时瓶内液体暴沸或跳溅而冲入冷凝管中。蒸馏头中，一口插入温度计；另一口插入一根毛细管，其长度恰好使其下端几乎接近蒸馏瓶底部。毛细管上端还应连有一段带螺旋夹的橡胶管。螺旋夹用来调节空气的进入量，以便极少量的空气进入液体，呈微小气泡冒出，作为液体沸腾的汽化中心，从而保证减压蒸馏平稳进行。

接收瓶可用蒸馏瓶或吸滤瓶充任，但不能用平底烧瓶或锥形瓶。为了在不中断蒸馏的情况下收集不同的馏分，常采用多头接引管［图 2.5（a）］，多头接引管的几个支管分别和几个作为接收瓶的圆底烧瓶连接起来。转动多头接引管，就可使不同的馏分流入指定的接收瓶中。

进行半微量或微量减压蒸馏时，如果采用磁力搅拌，通过磁子搅动液体，也可防止液体暴沸，这样就不必安装毛细管［图 2.5（b）］，但常量减压蒸馏时，此法不太妥当。如果蒸馏的液体量不多而且沸点很高，或是低熔点的固体，可以不用冷凝管，而将克氏蒸馏头的支管通过接引管直接插入接收瓶中［图 2.5（c）］，但接收瓶需要采用适当的方法冷却。有些时候需要在无氧条件下进行减压蒸馏，这就需要向体系通入惰性气体，此时可采用图 2.5（d）的减压蒸馏装置。

② 抽气部分　实验室常用水泵、循环水多用真空泵或真空泵进行抽气减压。详细讨论见 1.3.4 节的（3）～（5）部分内容。

③ 保护及测压装置部分　减压蒸馏时，为了防止易挥发、酸性有机物或水汽侵入真空泵，污染真空泵油，腐蚀泵体，降低真空度，必须在接收瓶与真空泵之间加装冷却阱和吸收塔。为避免蒸馏时突然发生暴沸或冲料，须在真空接引管和冷却阱之间加装安全瓶。有时候由于系统压力发生突然变化，真空泵油倒吸，在真空泵和吸收塔之间加装缓冲瓶可防止真空泵油冲入吸收塔。此外，装在安全瓶上的带旋塞的双通管，可用来调节系统压力或放气。为了观察和控制系统的真空度，还要在冷却阱和吸收塔之间安装真空压力计（如水银压力计）。图 2.6 即为减压蒸馏系统的保护及测压装置。详细讨论见 1.3.4 节的（6）部分。

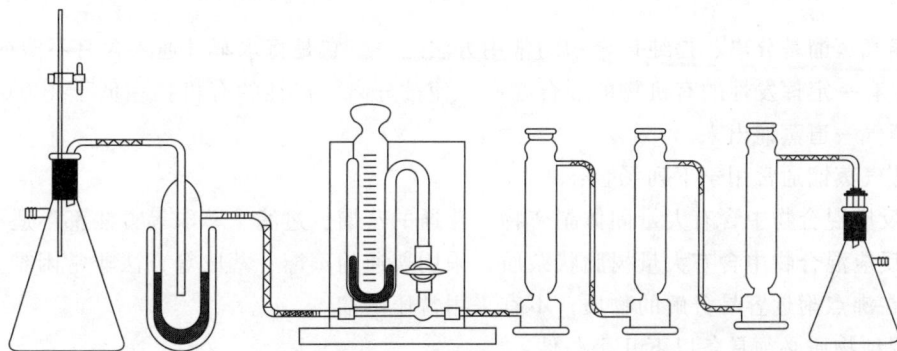

图 2.6　减压蒸馏系统的保护及测压装置

（2）减压蒸馏的操作方法　在圆底蒸馏瓶中，放置待蒸馏的液体（不超过蒸馏瓶容积的 1/2）。按上述装置装配好仪器，旋紧毛细管上的螺旋夹，打开安全瓶上的双通活塞，然后开启真空泵抽气。逐渐关闭双通活塞，从水银压力计上观察系统所能达到的真空度。如果达不到所需的真空度，可能是因为漏气（假如不是真空泵本身效率的限制），可检查各部分塞子和橡胶管的连接是否紧密等，必要时可用熔融的固体石蜡密封（密封应在解除真空后才能进行）。如果超过所需的真空度，可小心地旋转双通活塞，引进少量空气，以调节至所需的真空度。调节毛细管上的螺旋夹，使液体中有连续平稳的小气泡通过（如无气泡，毛细管可能已经阻塞，需要更换）。开启冷凝水，选用合适的热浴加热蒸馏。加热时，圆底蒸馏瓶至少应有 2/3 浸入浴液中，蒸馏速度以每秒 1～2 滴为宜。在整个蒸馏过程中，要注意蒸馏情况，不断观察温度计和压力计的读数。在压力稳定的情况下，纯物质的沸程不应超过 1～2℃。

在前馏分蒸完后，需要更换接收瓶接收所需的馏分。此时要先移去热源，取下热浴，待稍冷后，慢慢地旋开双通活塞，使系统与大气相通，然后松开毛细管上的螺旋夹，切断真空泵电源，卸下接收瓶，换上另一洁净的接收瓶，再重复前述操作。如果使用的是多头接引管 [图2.5（a）]，则只要转动其位置即可收集不同沸程的馏分。

2.3.3 注意事项

① 当被蒸馏物中含有低沸点物质时，应先进行常压蒸馏，然后用循环水真空泵减压蒸去低沸点物质，最后用真空泵减压蒸馏。

② 根据化合物的沸点不同，选用合适的加热方法。不能用明火直接加热。通常选用水浴或油浴，总的要求是加热均匀，尽量避免局部过热。控制浴温，使它比液体的沸点高20～30℃左右。

③ 蒸馏沸点较高的物质时，最好用玻璃纤维布包裹克氏蒸馏头的两颈，以减少散热。

④ 要特别注意真空泵的转动方向。如果真空泵接线位置搞错，会使真空泵反向转动，导致水银冲出压力计，污染实验室。

⑤ 蒸馏完毕，或蒸馏过程需要中断（例如调换毛细管、接收瓶）时，应先灭去火源，撤去热浴，待稍冷后缓缓解除真空，使系统内外压力平衡后，方可关闭泵。否则，由于系统中的压力较低，泵中的油就有吸入干燥塔的可能。

2.4　水蒸气蒸馏

水蒸气蒸馏是分离、提纯化合物的常用方法之一。它是将水蒸气通入含有不溶或几乎不溶于水但有一定挥发性的有机物的混合物中，使被分离、提纯的有机物在低于100℃的温度下随水蒸气一道蒸馏出来。

水蒸气蒸馏通常用于下列场合：

① 反应混合物中含有大量固体副产物，普通的蒸馏、过滤、萃取等方法都不适用。

② 反应混合物中含有大量树脂状杂质，采用普通的蒸馏、萃取等方法非常困难。

③ 在沸点附近容易分解的物质，不宜采用常压蒸馏。

被提纯物质必须具备以下几个条件：

① 不溶或几乎不溶于水。

② 必须具有一定的挥发性。

③ 在共沸温度下与水不发生反应。

2.4.1 基本原理

从理论上讨论一下水蒸气蒸馏的基本原理，就容易理解它的优点和缺点。

根据 Dalton 分压定律，当与水不混溶的物质与水共存时，整个体系的蒸气压，应为两组分的蒸气压之和，即：

$$p = p_A + p_B$$

式中　p——体系的总蒸气压；

　　　p_A——水的蒸气压；

p_B——与水不混溶物质的蒸气压。

如果体系的总蒸气压 p 等于大气压，混合物就会沸腾，此时的温度即为混合物的沸点。

很显然，该沸点必定比任一个纯组分的沸点都低。因此，在常压下应用水蒸气蒸馏，就能在低于 100℃ 的情况下将高沸点组分与水一道蒸馏出来。由于蒸出的是水和与水不混溶的物质，它们很易被进一步分离、提纯。

如果知道这两种液体在各种温度下的蒸气压，就能方便地计算出水蒸气蒸馏时和水一道蒸出的不混溶物质的实际组成，即馏出液的组成。

假定两种液体的蒸气属于理想气体，根据气体状态方程：

$$pV = nRT = \frac{m}{M}RT$$

式中　p——蒸气压；

V——气体体积；

n——气相下该组分的物质的量，mol；

m——气相下该组分的质量；

M——该组分分子量；

R——摩尔气体常数；

T——绝对温度，K。

显然，混合物蒸气中各组分气体的分压（p_A，p_B）之比等于它们的物质的量（n_A，n_B）之比。即：

$$n_A/n_B = p_A/p_B$$

而 $n_A = m_A/M_A$；$n_B = m_B/M_B$，因此：

$$m_A/m_B = M_A n_A/(M_B n_B) = M_A p_A/(M_B p_B)$$

可见，这两种物质在馏出液中的相对质量与它们的蒸气压和分子量都成正比。

水的分子量较小，而蒸气压较大，这样就有可能用来分离分子量较大而蒸气压较低的物质。

以溴苯为例，它的沸点为 156℃，且和水不相混溶。当和水一起加热至 95℃ 时，混合物沸腾。此时水的蒸气压 p_A 为 85.3kPa(639.7mmHg)，而水的蒸气压与溴苯的蒸气压之和应等于大气压力 101.3kPa(760mmHg)，故溴苯的蒸气压 p_B 为 16.0kPa，水和溴苯的分子量分别为 18 和 157，代入上式有：

$$m_B/m_A = (16.0 \times 157)/(85.3 \times 18) = 1.64/1$$

即每蒸出 1g 水能够带出 1.64g 溴苯。

上述结果说明，虽然在混合物沸腾时，溴苯的蒸气压低于水的蒸气压，但因溴苯的分子量大于水，故在馏出液中溴苯的量比水多。这也是水蒸气蒸馏的一个优点。如果使用过热水蒸气，还可提高馏出液中溴苯的比例。例如苯甲醛进行水蒸气蒸馏时，在 97.9℃ 沸腾，这时 p_A 为 93.8kPa，p_B 为 7.5kPa，馏出液中苯甲醛占 32.0%。假如导入 133℃ 的过热水蒸气，这时苯甲醛的蒸气压 p_B 可达 29.3kPa，因而水的蒸气压 p_A 只要达到 72kPa，体系就会沸腾，此时：

$$m_A/m_B = (72 \times 18)/(29.3 \times 106) = 41.7/100$$

这样馏出液中苯甲醛的含量就提高到 70.6%。

最后要指出的是，上述关系式只适用于与水不混溶的物质。实际上很多化合物在水中都会或多或少地溶解，因此这样的计算只是近似的。例如苯胺和水在 98.5℃时，蒸气压分别为 5.73kPa 和 94.8kPa。从计算得知，馏出液中苯胺的含量应占 23％，但实际上所得到的比例比较低，原因是苯胺微溶于水，导致水的蒸气压降低、馏出液中苯胺的含量下降。

实际操作中，不需要进行这样的计算，而是将水蒸气蒸馏一直进行到馏出液达到一定的量，或者直至馏出的水中看不到油滴为止。

2.4.2 实验操作

（1）水蒸气蒸馏装置及安装方法 图 2.7 是几种常用的水蒸气蒸馏装置，其中图 2.7（a）的装置最为常用。图 2.7（b）的装置中用圆底烧瓶配以克氏蒸馏头代替了图 2.7（a）装置中的长颈圆底烧瓶。这两种装置中的水蒸气均来自水蒸气发生器，故属于间接水蒸气蒸馏装置。图 2.7（c）和图 2.7（d）的装置则属于直接水蒸气蒸馏装置。产生水蒸气的水与被蒸馏物质放在圆底烧瓶中，加热至沸腾，水蒸气即把被蒸馏物质夹带出来。当圆底烧瓶中的水减少以后，可通过装在蒸馏头上的滴液漏斗补加水。

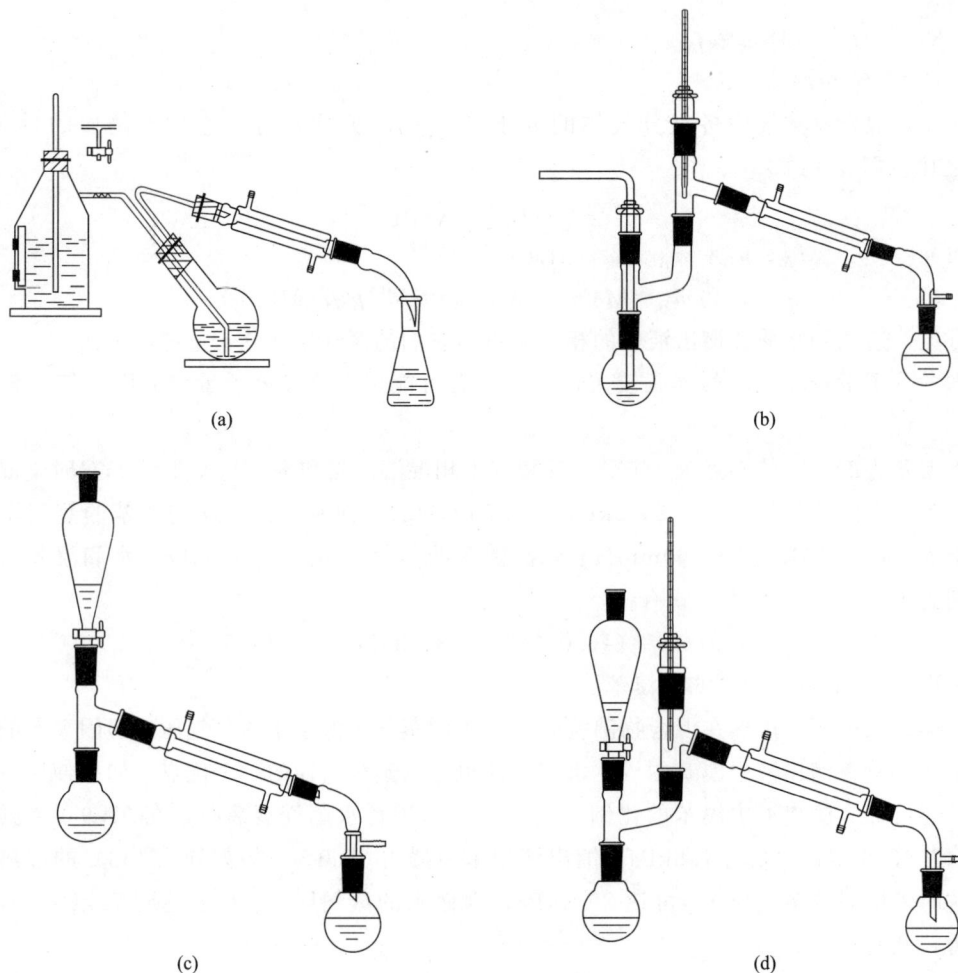

(a)   (b)

(c)   (d)

图 2.7 水蒸气蒸馏装置

下面以图 2.7（a）的装置为例说明水蒸气蒸馏装置的安装方法。

按序依次安装水蒸气发生器、长颈圆底烧瓶、直形冷凝管、接引管和接收瓶。

水蒸气发生器的盛水量通常以其容积的 3/4 为宜。太满，沸腾时水将冲至烧瓶；太少，则不够用。安全玻璃管几乎插到水蒸气发生器的底部。当容器内蒸气压太大时，水可沿着安全玻璃管上升，以调节内压。如果系统发生阻塞，水便会从安全玻璃管的上口喷出。长颈圆底烧瓶的容量通常在 500mL 以上。烧瓶内的液体不超过其容积的 1/3。为了防止瓶中液体因跳溅而冲入冷凝管内，故将烧瓶的位置向发生器的方向倾斜 45°。蒸气导入管的末端应弯曲，使之垂直地正对瓶底中央并伸到接近瓶底。蒸气导出管（弯角约 30°）孔径最好比导入管大一些，一端插入双孔木塞，露出约 5mm，另一端插入单孔木塞，和冷凝管连接。馏出液通过接引管进入接收瓶。接收瓶可置于冷水浴中冷却。

在水蒸气发生器与蒸气导入管之间应装上一个 T 形管。在 T 形管下端连一个弹簧夹，以便及时除去冷凝下来的水滴。要尽量缩短水蒸气发生器与长颈圆底烧瓶之间的距离，以减少水蒸气的冷凝。

（2）水蒸气蒸馏的操作方法　按照上述方法安装、固定好装置。

将待分离混合物转入长颈圆底烧瓶中，用酒精喷灯加热水蒸气发生器，直至接近沸腾后才将 T 形管上的弹簧夹夹紧，使水蒸气均匀地进入长颈圆底烧瓶。必须控制好加热速度，使蒸气能全部在冷凝管中冷凝下来。当馏出液清亮透明，不再含有油状液滴时，即可停止蒸馏。先松开 T 形管上的弹簧夹，然后停止加热，稍冷后，将水蒸气发生器与蒸馏系统断开。收集馏出液和残液（有时候产物就留在残液中），最后拆除仪器，清洗干净。

2.4.3　注意事项

① 在蒸馏需要中断或蒸馏完毕后，一定要先打开螺旋夹连通大气，然后方可停止加热，否则长颈圆底烧瓶中的液体将会被倒吸到水蒸气发生器中。

② 在蒸馏过程中，如发现安全玻璃管中的水位迅速上升，则表示系统发生了堵塞。此时应立即打开螺旋夹，移去热源。待排除了堵塞后再继续进行水蒸气蒸馏。

③ 为防止水蒸气在长颈圆底烧瓶中冷凝、积聚过多，必要时可在长颈圆底烧瓶下置一陶土网，用小火加热。

④ 如果随水蒸气挥发的物质是具有较高熔点、冷凝后易于析出的固体，则应调小冷凝水的流速，使它冷凝后仍然保持液态。如果已经析出固体，并且快要堵塞冷凝管时，可暂时停止冷却水的流通，甚至需要将冷却水暂时放掉，以使固体熔化后随水流入接收瓶中。必须注意当冷凝管夹套中要重新通入冷却水时，须小心而缓慢，以免冷凝管因骤冷而炸裂。若冷凝管已被堵塞，应立即停止蒸馏，用玻璃棒将堵塞的固体捅出；或用电吹风的热风吹化固体；也可在冷凝管夹套中灌以热水，使固体融化。

⑤ 蒸馏结束时，一定要先松开 T 形管上的弹簧夹，然后停止加热。如果先停止加热，蒸气发生器因冷却而产生负压，会使烧瓶中的混合液发生倒吸。

2.5　分　馏

对于沸点相近的液体混合物，仅通过一次蒸馏不可能把各组分完全分开。若要获得较纯组分,就必须进行多次蒸馏。这样既费时,产品损失也大。要获得良好的分离效果,通常采用分馏的方法。

所谓分馏就是采用一个分馏柱将几种沸点相近的液体混合物进行分离的方法,它在化学工业和实验室中被广泛应用。现在最精密的分馏设备已能将沸点相差仅 $1\sim2℃$ 的混合物分离。分馏的原理和蒸馏是一样的,分馏实际上就是多次的蒸馏。利用分馏柱进行分馏,实际上就是在分馏柱内使液体混合物进行多次汽化和冷凝。上升的蒸气部分冷凝,放出热量使下降的冷凝液部分汽化,两者发生热量交换,结果是上升蒸气中易挥发(低沸点)组分增加,而下降的冷凝液中难挥发(高沸点)组分增加,如此进行多次的气-液平衡,即达到了多次蒸馏的效果。如果分馏柱的柱效足够高,则从分馏柱顶部出来的几乎是纯净的易挥发组分,而高沸点组分残留在烧瓶中。

2.5.1 基本原理

如果将几种沸点不同但又能完全互溶的混合液体加热蒸馏,当它们的总蒸气压等于大气压力时,就开始沸腾汽化。而且沸腾混合液的组成和蒸气的组成是不同的,蒸气中低沸点易挥发组分的含量要比在混合液中的含量高。将蒸气冷凝成液体,则冷凝液中低沸点物的比例要比原混合液中的比例高。如果设计一种装置,可将这种简单的蒸馏操作连续多次地进行下去,最终会得到纯的低沸点物,从而完成混合液的分离与提纯。

下面从理论上作进一步分析。为简化起见,此处仅讨论混合液是二元理想溶液的情况。所谓理想溶液就是在这种溶液中,相同分子间的相互作用与不同分子间的相互作用完全相同,也就是各组分在混合时没有热效应,也没有体积的改变。只有理想溶液才严格服从 Raoult 定律,即溶液中每一组分的蒸气压等于该纯物质的蒸气压和它在溶液中的摩尔分数的乘积。用方程式表示如下:

$$p_A = p_A^0 x_A \qquad p_B = p_B^0 x_B$$

式中 p_A——溶液中 A 组分的分压;

       p_B——溶液中 B 组分的分压;

       p_A^0——纯组分 A 的蒸气压;

       p_B^0——纯组分 B 的蒸气压;

       x_A——A 组分在溶液中的摩尔分数;

       x_B——B 组分在溶液中的摩尔分数。

而溶液的总蒸气压为:

$$p = p_A + p_B$$

根据 Dalton 分压定律,气相中每一组分的蒸气压和它的摩尔分数成正比,因此在气相中各组分蒸气的摩尔分数分别为:

$$x_A^气 = \frac{p_A}{p_A + p_B} \qquad x_B^气 = \frac{p_B}{p_A + p_B}$$

容易得到组分 B 在蒸气和溶液中的相对浓度为:

$$\frac{x_B^气}{x_B} = \frac{p_B}{p_A + p_B} \times \frac{p_B^0}{p_B} = \frac{1}{x_B + \dfrac{p_A^0}{p_B^0} x_A}$$

因为 $x_A + x_B = 1$，所以若 $p_A^0 = p_B^0$，则 $x_B^气/x_B = 1$，表明这时液相的组成和气相的组成完全相同，这样的 A、B 混合液就不能用蒸馏（或分馏）的方法来分离。如果 $p_A^0 > p_B^0$，则 $x_B^气/x_B > 1$，表明低沸点易挥发的 B 组分在气相中的含量要比液相中大，将此蒸气冷凝成液体（相当于蒸馏过程），B 组分的含量自然比原混合液中要高。如果将所得的冷凝液再汽化、再冷凝，则所得冷凝液中，B 组分的含量又要提高。如此重复多次，最终就能将这两个组分完全分开。

二元理想溶液的气-液组成与温度的关系最好用恒压下的沸点-组成曲线图来说明。图 2.8 即为常压下的苯（沸点 80℃）-甲苯（沸点 111℃）溶液的沸点-组成曲线图。从图中可以看出，由 20％苯和 80％甲苯组成的液相（L_1）在 102℃时沸腾，而与其相平衡的气相（V_1）则大约由 40％苯和 60％甲苯组成。若将该组成的气相冷凝成相同组成的液相（L_2），则与此液相相平衡的气相（V_2）的组成大约为 60％苯和 40％甲苯。显然，如此重复处理下去，最终将获得接近纯苯的气相。

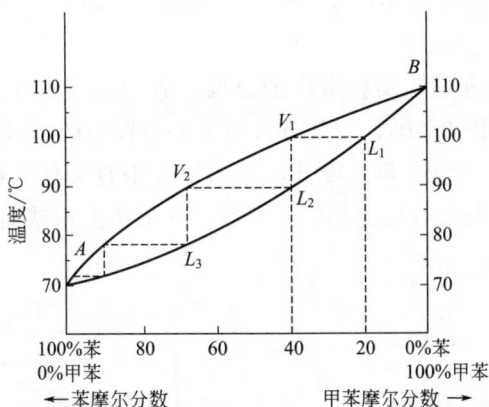

图 2.8　苯-甲苯体系的沸点与组成曲线图

需要指出的是，在分馏过程中，有时会得到与纯粹化合物相似的混合物。它也具有恒定的沸点和恒定的组成，气相和液相的组成也完全相同，因此无法用分馏法分离开来。这种混合物称为共沸混合物（或恒沸混合物）。它的沸点高于或低于其中的每一组分，称之为共沸点（或恒沸点）。例如乙醇的沸点是 78.4℃，水的沸点是 100℃，当乙醇含量达 95.5％时生成恒沸混合物，沸点为 78.1℃，此时便不能用一般的蒸馏、分馏方法将其分离，必须用化学方法如加氧化钙去水再蒸馏，才可得到无水乙醇（含量 99.5％）。

2.5.2　实验操作

（1）分馏柱　分馏柱就是根据上述分馏原理设计的一种装置，其实就是一根长而直的玻璃管。为了增大气、液两相接触面积，提高分离效率，通常将分馏柱柱身加工成特定的形状，或者在柱中装填特制的填料。

当烧瓶中的混合液沸腾后，其蒸气进入分馏柱并被冷凝成液体流回烧瓶。由于沸点高的组分更易被冷凝，所以冷凝液中含有较多高沸点组分，而蒸气中含有较多低沸点组分。冷凝液回流时又与上升的新蒸气接触，两者之间进行热量交换，新蒸气中的高沸点组分被冷凝下来（低沸点组分仍呈蒸气上升），而冷凝液中的低沸点组分则受热汽化（高沸点组分仍呈液体回流)。这样在分馏柱内进行反复多次的液相与气相的热交换,使得低沸点组分不断上升,最后被蒸馏出来,高沸点组分则不断下降流回烧瓶中,从而将沸点不同的组分分离。可见在分馏过程中,分馏柱内不同高度段,存在着温度梯度和浓度梯度。分馏过程实际是一个传热传质过程。

分馏柱的种类较多。化学实验中常用分馏柱的直径为 $2.5\sim3.5$cm、长度为 $30\sim60$cm。一般有刺形分馏柱和管式分馏柱两种。

刺形分馏柱又叫韦氏(Vigreux)分馏柱,如图 2.9(a)所示。在柱的内壁每隔一定距离,向内伸入三根倾斜的刺状物,在柱中间相交并排成螺旋状。其由于不装填料,结构简单,且在蒸馏过程中,留在柱内的液体(附液)很少,但分馏效率没有管式分馏柱高,适合分离量小且沸点差别较大的混合液。

管式分馏柱又叫赫氏(Hempel)分馏柱,它是一种填充柱,如图 2.9(b)所示。柱内填有各种惰性材料(填料),以增加表面积,使气、液两相充分接触。常用的填料有玻璃珠、玻璃管、陶瓷及各种形状的小金属片等。管式分馏柱效率较高,适合分离一些沸点差别较小的混合物。

(2)分馏装置及安装方法 实验室中的分馏装置包括蒸馏瓶、分馏柱、温度计、冷凝管、接引管和接收瓶等(图 2.10),安装方法与蒸馏装置类似,自下而上进行安装。先固定住蒸馏瓶,装上分馏柱、蒸馏头和温度计,分馏柱要垂直夹住。再装上冷凝管并用夹子夹好。然后装接引管并将其与接收瓶连接好。接收瓶底部垫上用铁圈支撑的玻璃纤维布,以免发生意外。

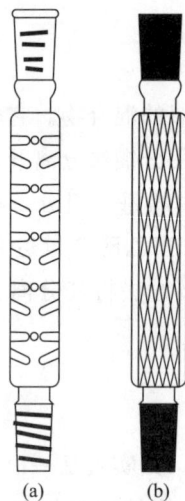

图 2.9 分馏柱

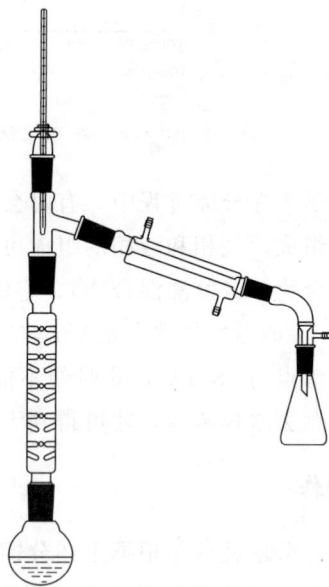

图 2.10 分馏装置

(3)分馏的操作方法 分馏的操作方法与蒸馏大致相同。将待分馏的混合物装入圆底烧瓶中,投入几粒沸石,然后依次安装分馏柱、温度计、冷凝管、接引管和接收瓶。冷凝管接通冷却水后,开始用合适的热浴加热,使液体平稳沸腾。注意调节浴温,使蒸气缓缓升入分馏柱,约 $10\sim15$min 后蒸气到达柱顶。在有馏出液滴出后,调节浴温使得蒸出液体的速度控制在每 2～3 秒 1 滴，这样才能得到比较好的分馏效果。若温度计读数突然下降，说明低沸点组分已基本蒸完。再继续升高温度，收集第二组分的馏出液。至全部组分馏出，才停止加热。

2.5.3　注意事项

① 分馏一定要缓慢进行，要控制好恒定的蒸馏速度。

② 要保持有相当量的液体自分馏柱流回烧瓶中，即要选择合适的回流比。所谓回流比，是指冷凝液流回蒸馏瓶的速度与柱顶蒸气通过冷凝管流出速度的比值。回流比越大，分离效果越好。一般将回流比控制在 4∶1。

③ 使用管式分馏柱时，如果填料装得太紧或不均匀，会造成分馏柱内回流液体的聚集，出现这种情况时需要重新装柱。

④ 不管使用何种分馏柱，都要防止回流液体在分馏柱内聚集，否则会减少液体和上升蒸气的接触面积，或者上升的蒸气把回流液体冲入冷凝管中造成"液泛"，达不到分馏的目的。为了避免这种情况，通常在分馏柱外包裹一定厚度的保温材料（玻璃纤维布等），以减少分馏柱内的热量散失和波动，提高分馏效率。

2.6　重结晶及过滤

从化学反应中分离出的固体产品往往是不纯的，其中常夹杂一些反应副产物、未作用的原料及催化剂等。纯化这类固体产品的常用方法就是重结晶，其一般过程如下所述。

① 选择合适的溶剂。

② 将含有杂质的固体产品在加热或回流的条件下溶解在溶剂中，制成热饱和溶液。

③ 若溶液含有色杂质，可加适量活性炭煮沸脱色。

④ 趁热过滤以除去其中不溶性杂质及活性炭。

⑤ 将滤液自然冷却，使结晶从过饱和溶液中慢慢析出，而可溶性杂质仍留在母液中。

⑥ 抽滤，从母液中分离出结晶，洗涤结晶以除去吸附的母液，所得的结晶经干燥后测定熔点。如发现其纯度不符合要求，则重复上述操作，直至熔点不再改变。

2.6.1　基本原理

固体化合物在任何一种溶剂中的溶解度均与温度密切相关。一般来说，温度升高，溶解度增大；温度降低，溶解度减小。利用这一性质，若把含有杂质的固体产品溶解在热溶剂中制成饱和溶液，则冷却时由于溶解度降低，溶液就会变得过饱和而析出结晶。利用溶剂对产品及杂质的溶解度不同，可以让产品从过饱和溶液中析出，而让杂质全部或大部分仍留在溶液中，通过过滤除去杂质，达到提纯目的。

下面举例说明重结晶的基本原理。

现有 50g 含杂固体产品 A，内含 5% 杂质 B，即 50g 含杂固体产品内含 47.5g 纯产品 A 和 2.5g 杂质 B，选择某溶剂进行重结晶。假设室温时 A、B 在该溶剂中的溶解度分别为 S_A 和 S_B，则存在着下列三种情况。

（1）杂质 B 溶解度较大（$S_B > S_A$）　设室温下 $S_B = 10g/100mL$，$S_A = 3g/100mL$。将

此含杂固体产品溶于 200mL 热溶剂中，待冷却至室温，则母液中含有纯产品 A 6g，而全部杂质 B（2.5g）仍留在母液中。因此通过结晶后理论上可得纯产品 A 41.5g，产品的回收率达到 87%。如果将母液蒸干，残渣再用 40mL 溶剂重结晶，则又可得到纯产品 A 4.8g，两次共得纯产品 A 46.3g，回收率达到 97%，损失很少。

（2）杂质 B 溶解度较小（$S_B < S_A$）　设在室温下 $S_B = 2g/100mL$，$S_A = 10g/100mL$，则在 100mL 溶剂重结晶后的母液中含有 10g 纯产品 A 和 2g 杂质 B，析出的结晶中含有纯产品 A 37.5g、杂质 B 0.5g。这样杂质的含量为 1.3%，已明显降低了。如果再将其溶于 80mL 热溶剂中，待冷却至室温后，则母液中含有纯产品 A 8g、杂质 B 0.5g，而析出的结晶就全部为纯产品 A（29.5g）。如果将第二次的母液蒸干，残渣再用 20mL 溶剂重结晶，这时母液中含有纯产品 A 2g、杂质 B 0.4g，而析出的结晶中含有纯产品 A 6g、杂质 B 0.1g。对析出的结晶再用 6mL 溶剂重结晶一次，可得到纯产品 A 5.4g，两次共获纯产品 A 34.9g，回收率达到 73%。

（3）两者溶解度相等（$S_B = S_A$）　设在室温下 S_A、S_B 皆为 2.5g/100mL，若用 100mL 溶剂重结晶，仍可得到纯产品 A 45g，回收率达到 95%。但如果这时杂质含量很高，则用重结晶分离产品就比较困难。在 A 和 B 含量相等时，就不能用重结晶法来分离产品。

从上面的讨论中可以看出，如果杂质的溶解度大于纯产品的溶解度，则纯化容易，纯产品的回收率高，损失也较小；如果杂质含量低，无论杂质的溶解度是大还是小，经过重结晶后，产品的杂质含量均会降低，而母液中的杂质含量均会提高。任何情况下，杂质的含量过多均不利于重结晶提纯。一般重结晶只适用于纯化杂质含量在 5% 以下的固体有机混合物。因此，从反应粗产物直接进行重结晶提纯是不合适的，必须先采用其他方法初步提纯，例如萃取、水蒸气蒸馏、减压蒸馏等，然后用重结晶法提纯。

2.6.2　实验操作

（1）溶剂的选择

① 单一溶剂的选择　重结晶所用的溶剂非常重要。可根据结构、极性"相似相溶"原理选择溶剂，因为溶质往往易溶于结构与其相似的溶剂中。极性溶质较易溶于极性溶剂中，而难溶于非极性溶剂中。例如，羟基化合物在大多数情况下或多或少能溶于水中；随着碳链增长，高级醇在水中的溶解度显著降低，而在碳氢化合物中的溶解度却明显增加。

理想的溶剂必须具备下列条件。

a. 不与待提纯物发生化学反应。

b. 在较高温度时能溶解较多的待提纯物，而在室温或较低温度时，只能溶解很少的待提纯物。

c. 对杂质的溶解度很大或很小。前者是使杂质留在母液中不随待提纯物晶体一道析出，后者是使杂质在趁热过滤时被滤去。

d. 容易挥发（溶剂的沸点较低），易与结晶分离除去。

e. 能给出较好的结晶。

f. 毒性小，价格低廉。

表 2.3 列出了若干常用的重结晶溶剂。

表 2.3　常用的重结晶溶剂

溶　剂	沸　点/℃	冰　点/℃	相对密度	与水的混溶性	易 燃 性
水	100	0	1.0	+	0
甲醇	64.96	<0	0.7914^{20}	+	+
95％乙醇	78.5	<0	0.804	+	++
冰醋酸	117.9	16.7	1.05	+	+
丙酮	56.2	<0	0.79	+	+++
乙醚	34.51	<0	0.71	—	++++
石油醚	30～60	<0	0.64	—	++++
乙酸乙酯	77.06	<0	0.90	—	++
苯	80	5	0.88	—	++++
氯仿	61.7	<0	1.48	—	0
四氯化碳	76.54	<0	1.59	—	0

注：0～++++表示程度渐重。

② 混合溶剂的选择　当一种产品在单一溶剂中的溶解度太大或太小，而选择不到适合重结晶的单一溶剂时，可以考虑使用混合溶剂。混合溶剂通常由能互溶的两种溶剂（例如水和乙醇）混合组成，其中一种对产品的溶解度很大（称为良溶剂），另一种对产品的溶解度很小（称为不良溶剂）。用混合溶剂重结晶时，先将待纯化产品溶于沸腾或接近沸腾的良溶剂中，趁热滤去不溶性杂质或用于脱色的活性炭，再向此热溶液中小心地加入热的不良溶剂，直至溶液出现浑浊为止，然后加热或滴加少量良溶剂，使溶液恰至透明。将溶液冷却至室温，使结晶从溶液中析出。如果冷却后析出油状物，则需调整两种溶剂的比例，再进行实验，或另换一对溶剂。有时也可将两种溶剂按比例先行混合（如 1∶1 的乙醇和水），再进行重结晶。其操作方法和使用单一溶剂时相同。常用的混合溶剂有：乙醇-水、乙醚-乙醇、乙酸-水、乙醚-丙酮、丙酮-水、乙醚-石油醚、吡啶-水、苯-无水乙醇、苯-石油醚、丙酮-石油醚、乙醇-乙醚-乙酸乙酯等。

（2）饱和溶液的制备　这是重结晶操作过程的关键步骤。通常将待结晶物质置于锥形瓶或圆底烧瓶中，加入少量的溶剂，选择适当的热浴加热。待微微沸腾一段时间后，若固体未完全溶解，可逐渐滴加溶剂，边滴加溶剂边观察固体的溶解情况，直至固体完全溶解。停止滴加溶剂，记录溶剂的用量。再加入 20％左右的过量溶剂，因为在操作过程中，会因挥发而使溶剂减少，或因温度降低而导致溶液变为过饱和而提早析出晶体，这将造成操作上的麻烦及产品损失；但溶剂也不能过量太多，否则产品溶解损失太大、晶体析出太少甚至根本不能析出。综合考虑两方面因素，溶剂的量多加 20％左右比较合适。

要注意的是，有时总有少量固体不能溶解，此时应将热溶液倒出或过滤，再向残留的固体中滴加溶剂，观察是否能溶解。如果加热后慢慢溶解，说明此产品溶解过程缓慢，需要较长时间的加热；如果仍不溶解，则视为杂质除去。

（3）脱色　粗制的有机物常含有色杂质，在重结晶时，杂质虽可溶于沸腾的溶剂中，但当冷却析出结晶时，部分杂质又会被结晶吸附，使得产品带色，这时需要加脱色剂（常用活性炭）脱色除去。具体方法：将上述热饱和溶液稍冷却后，加入适量的活性炭，搅拌均匀，重新加热煮沸 6～10min，趁热过滤除去活性炭，冷却滤液便能得到纯度较高的结晶。

注意：千万不能将活性炭加到已沸腾的溶液中，否则会引起暴沸，使溶液自容器中冲出，造成危险及产品损失。

（4）趁热过滤 目的是除去不溶性杂质。为了尽量减少过滤过程中的产品损失，操作时要做到：仪器热，溶液热，动作快。

趁热过滤有两种方法，即常压热过滤和减压热过滤。

① 常压热过滤 图 2.11（a）为用水作溶剂的一种热过滤装置，盛滤液的锥形瓶用小火加热，产生的热蒸气可使玻璃漏斗保温。在漏斗中放一折叠滤纸（滤纸的折叠方法如图 2.12 所示），折叠滤纸向外突出的棱边应紧贴漏斗。过滤前，先用少量热溶剂润湿滤纸，以免干滤纸吸收溶液中的溶剂，导致结晶析出而堵塞滤纸孔。过滤时，可在漏斗上加盖表面皿，以减少溶剂的挥发。过滤完毕后，用洁净的塞子塞住盛溶液的锥形瓶，令其自然冷却结晶。

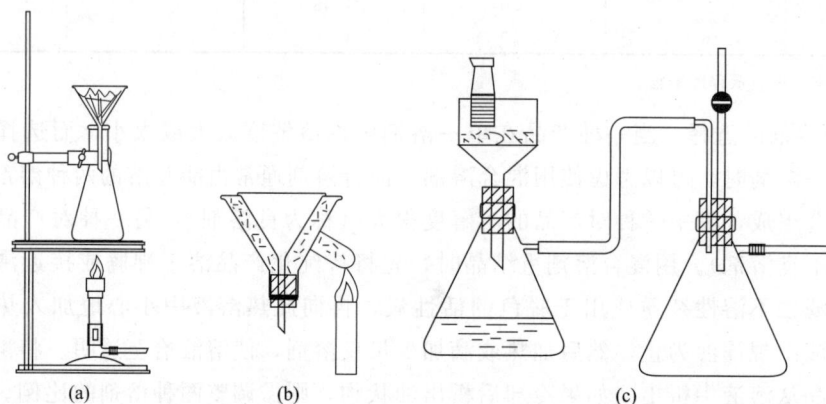

图 2.11 常压及减压过滤装置

如果溶液稍经冷却就会析出结晶，或过滤的溶液较多，则最好采用保温漏斗［图 2.11（b）］。操作方法与前述装置类似。保温漏斗要用铁夹固定好并预先烧热，在过滤易燃溶剂的溶液时，一定要熄灭火焰！

下面介绍滤纸的折叠方法。将选定的圆滤纸（方滤纸可在折好后再剪）按图 2.12（a）先对折，再对折。然后将 1、4 对折成 5，将 3、4 对折成 6，分别产生新的折纹［图 2.12（a）］。继续将 4、5 对折成 7，4、6 对折成 8［图 2.12（b）］。同样将 3、6 对折成 9，1、5 对折成 10［图 2.12（c）］。最后在 8 个等分的每一个小格中间以相反方向［图 2.12（d）］折成 16 等分，结果得到折扇一样的排列。再在 1 和 3 处各向内折一小折面，展开后即得一个完好的折叠滤纸［图 2.12（e）］。在折叠过程中要注意，所有折叠方向要一致，滤纸中央的圆心处不要用力重压，以免破裂。

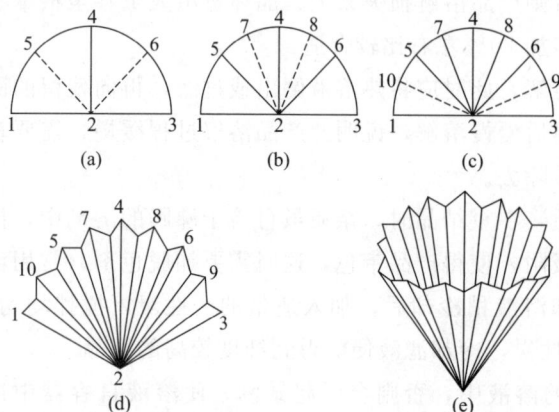

② 减压热过滤 减压热过滤的优点是过滤快，缺点是当用低沸点溶剂时，减压会使热溶剂蒸发或沸腾，导致溶液过饱和，晶体过早析出。

减压热过滤装置如图 2.11（c）所示，主要由一个布氏漏斗和吸滤瓶组成，吸滤瓶的侧管通过橡胶管与循环水

图 2.12 滤纸的折叠方法

真空泵相连，两者中间最好接一安全瓶，以免操作不慎使泵中的水倒流。布氏漏斗中铺的圆形滤纸要剪得比漏斗内径略小，以便能紧贴在漏斗的底壁。抽滤前，先用少量溶剂或水把滤纸润湿，然后打开泵将滤纸吸紧。

热过滤开始前，先将布氏漏斗和吸滤瓶放在热水中烫热，然后拿出来迅速安好装置，打开泵，再将热饱和溶液倒入布氏漏斗中抽滤，抽完后，迅速将吸滤瓶中的热滤液转移到洁净的锥形瓶中，塞上塞子，冷却结晶。

（5）冷却结晶　冷却结晶是使产品重新形成晶体的过程，它可以使晶体与溶解在溶剂中的杂质进一步分离。将上述脱色后的热饱和溶液冷却，即可析出晶体。冷却方法不同，晶体析出的情况也不同。

① 为了得到均匀而较大的晶体，最好将滤液在室温或保温下静置，使之缓缓冷却。这样得到的晶体晶形完好，纯度较高。如果冷却太快，则析出的晶体颗粒太小，晶体表面易吸附很多杂质，加大洗涤的难度；如果冷却太慢，则晶体颗粒有时长得太大（超过 2mm），会把溶液夹带在里面，给干燥带来一定的困难。

② 滤液在冷却结晶过程中，不宜剧烈摇动或搅拌，否则会生成颗粒很小的晶体。小晶体虽然包含杂质较少，但其表面积较大，吸附在表面上的杂质较多，影响产品质量。只有当晶体颗粒超过 2mm 时，才可稍微摇动或搅拌几下，以使晶体颗粒大小趋于均匀。

③ 有时候滤液虽经冷却，但晶体不易析出，这时可用玻璃棒摩擦瓶壁诱导结晶，虽然该法常用，但原理还不十分清楚。有人认为摩擦使相对光滑的瓶壁产生新的斑痕，从而提供了晶体的最初生长点。如果摩擦瓶壁还不能产生结晶，则可向滤液中加入少量晶种来诱导结晶，滤液中一旦有了晶种，晶体就会迅速析出。注意晶种的加入量不要太多，而且加入晶种后不要搅动滤液，否则晶体析出太快，影响产品的纯度。

④ 有时候从滤液中析出的是油状物，虽然长时间静置或进一步冷却可以使油状物成为晶体析出，但这样的晶体往往含有较多杂质，纯度不高。这时可重新加热溶解，然后慢慢冷却。一旦有油状物析出，便剧烈搅拌滤液，使油状物在均匀分散的条件下固化，这样包含的杂质就大大减少；如果还是不能固化，则需要更换溶剂或改变溶剂用量，再进行结晶。

⑤ 晶体过滤后，母液再用冰-水浴继续冷却或浓缩掉一部分溶剂再冷却，还可获得一批晶体。但第二批晶体的纯度不如第一批晶体。可用熔点来检测各批晶体的纯度。

（6）抽滤　为了把晶体从母液中分离出来，一般采用布氏漏斗进行抽滤，如图 2.11（c）。其优点是过滤和洗涤速度快，晶体与溶剂或杂质分离得比较完全。

抽滤的具体操作与减压热过滤大体相同，不同之处：仪器和滤液都是冷的；收集的产品是固体，在布氏漏斗中。

在抽滤收集晶体时要注意下列问题。

① 在冲洗锥形瓶中的残留晶体时，应当用母液，不能用新的溶剂，否则溶剂将晶体溶解，造成产品损失。

② 晶体全部转移到布氏漏斗中后，为了将晶体中的母液尽可能抽干，要用清洁的玻璃塞挤压晶体。

③ 当母液抽干后，布氏漏斗中的晶体要用溶剂洗涤，以除掉吸附在晶体表面的母液。溶剂用量应尽可能少，以减少溶解损失。洗涤的方法：

先暂时停止抽气，在晶体上加少量溶剂。用刮铲或玻璃棒将晶体搅动，使所有晶体都被溶剂润湿，注意不要使滤纸松动。再开泵抽干溶剂。一般重复洗涤 1～2 次即可。晶体经抽滤、洗涤后，用刮铲将其转移至表面皿上进行干燥。

抽滤少量晶体时，可用玻璃钉漏斗，以吸滤管代替吸滤瓶（图 2.13），基本要求与布氏漏斗相同。

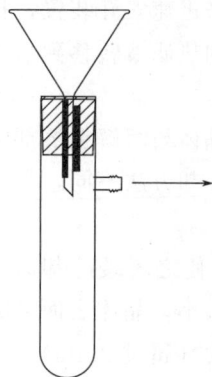

（7）晶体的干燥 抽滤、洗涤后的晶体表面上还吸附有少量溶剂，因此还要用适当的方法进行干燥，将溶剂彻底除去。

晶体的干燥方法很多，可根据重结晶所用的溶剂及晶体的性质来选择。常用的方法有如下几种。

① 晾干 如果重结晶时使用的溶剂沸点较低，可将晶体放在表面皿上铺成薄薄的一层，上面覆盖一张滤纸，以免灰尘污染，然后在室温下放置。一般要经几天后才能彻底干燥。

② 烘干 如果使用的溶剂沸点较高（如水），而晶体又不易分解和升华时，可以在低于晶体熔点（至少低 20℃）或接近溶剂沸点的温度下进行干燥。实验室中常用红外灯、烘箱或蒸汽浴等方式进行干燥。在常压下容易升华的晶体不可用烘干的办法干燥。

图 2.13 玻璃钉
漏斗过滤

③ 用干燥器干燥 当晶体吸水或吸水后发生分解时，应该用真空干燥器进行干燥。具体操作见本章 2.9 节"干燥及干燥剂的使用"。

2.6.3 注意事项

① 用作重结晶的溶剂，在无前人经验可供借鉴的情况下，只能通过实验来筛选。方法如下：

在小试管中放入 0.1g 待重结晶的固体粉末，逐滴加入溶剂，并不断振荡。若加入 1mL 溶剂后固体在室温或温热条件下即能完全溶解，则该溶剂不适用。若固体未完全溶解，可小心加热至溶剂沸腾。如果该固体还未溶解完，则继续加热，并不断滴加溶剂，保持溶剂沸腾。若加入的溶剂量达 4mL 后，固体依然不能完全溶解，该溶剂应被淘汰。如果该固体能溶解在 1～4mL 沸腾的溶剂中，则将试管置冰水浴中冷却，观察晶体的析出情况。必要时可用玻璃棒摩擦试管壁，促使晶体析出。若不能析出晶体，则该溶剂也应被淘汰。如果晶体能正常析出，要注意观察晶体的析出量。在用同样的方法比较了几个溶剂后，就可选用晶体得率最好的溶剂来进行重结晶。

② 制备饱和溶液时，为了避免溶剂挥发、可燃溶剂着火或有毒溶剂中毒，应该在锥形瓶或圆底烧瓶上安装回流冷凝管。溶剂可由冷凝管的上端加入。

③ 活性炭在水溶液中进行的脱色效果较好，在烃类等非极性溶剂中效果较差。除用活性炭脱色外，还可采用硅藻土等吸附剂或柱色谱来除去杂质。

④ 使用活性炭脱色时，用量要适当。尽量避免超量使用，因为它也能吸附一部分被纯化的产品，影响产品的收率。具体用量要视杂质的含量而定，一般为粗产品质量的 1%～5%。如果这个用量还不能使溶液完全脱色，则可再加 1%～5% 的活性炭重复上述操作。活性炭的用量一旦确定后，最好一次完成脱色，以减少产品损失。

⑤ 重结晶的速度往往很慢，常常需要数小时才能结晶完全。在某些情况下，数星期甚至数月之后还会有晶体陆续析出，所以在等待结晶的过程中要有耐心，绝对不要过早地将母液倒掉。

2.7　萃　取

用适当的溶剂从固体或液体混合物中提取所需要的物质，这一操作过程叫作萃取。萃取是化学实验中用来分离和提纯化合物的最常用手段之一。按萃取两相的不同，萃取可分为液-液萃取、液-固萃取、气-液萃取。下面重点介绍液-液萃取和液-固萃取。

2.7.1　基本原理

萃取是利用同一种物质在两种互不相溶的溶剂中具有不同的溶解度的性质，将该物质从一种溶剂转移到另一种溶剂，从而达到分离、提取或纯化目的的一种操作方法。

实验证明，在一定温度下，同一种物质（M）在两种互不相溶的溶剂（A 和 B）中的浓度（c_A 和 c_B）之比是一个常数：

$$c_A/c_B = K \text{（常数，即分配系数）}$$

这就是所谓的"Nernst 分配定律"。例如，琥珀酸在水和乙醚之间的分配情况，就符合这种关系，分配系数接近定值（表 2.4）。

表 2.4　25℃时，琥珀酸在水和乙醚之间的分配情况

琥珀酸的浓度/(mol/L)		$c_A/c_B = K$
在水中的浓度 c_A	在乙醚中的浓度 c_B	
0.370	0.0488	7.58
0.547	0.0736	7.43
0.749	0.101	7.41

利用分配定律，可以推导出萃取操作后，原溶液中物质 M 的剩余量。

假设 V 为原溶液的体积；W_0 为萃取前物质 M 的总量；S 为萃取剂的体积；W_1 为萃取一次后物质 M 在原溶液中的剩余量；W_2 为萃取两次后物质 M 在原溶液中的剩余量；W_n 为萃取 n 次后物质 M 在原溶液中的剩余量。

经一次萃取后，物质 M 在原溶液和萃取剂中的浓度分别为 W_1/V 和 $(W_0-W_1)/S$，按分配定律，两者之比应等于 K，即：

$$\frac{W_1/V}{(W_0-W_1)/S} = K \quad \text{或} \quad W_1 = W_0\frac{KV}{KV+S}$$

同理，经二次萃取后，应有：

$$\frac{W_2/V}{(W_1-W_2)/S} = K \quad \text{或} \quad W_2 = W_1\frac{KV}{KV+S} = W_0\left(\frac{KV}{KV+S}\right)^2$$

显然，经 n 次萃取后，应有：

$$W_n = W_0\left(\frac{KV}{KV+S}\right)^n$$

当用一定量的溶剂萃取时，总是希望物质 M 在原溶液中的剩余量越小越好。因为上式中 $KV/(KV+S)$ 恒小于 1，所以，n 越大，W_n 就越小，也就是说把溶剂分成几份进行多次萃取比用全部量的溶剂进行一次萃取效率更高。

例如，含有 4g 正丁酸的水溶液 100mL，在 15℃ 时用 100mL 苯来萃取，已知在 15℃ 时正丁酸在水和苯中的分配系数 $K=1/3$，用 100mL 苯萃取 1 次后正丁酸在水中的剩余量为：

$$W_1 = 4g \times (1/3 \times 100mL)/(1/3 \times 100mL + 100mL) = 1.0g$$

如果用 100mL 苯以每次 33.3mL 萃取 3 次，则正丁酸的剩余量为：

$$W_3 = 4g \times [(1/3 \times 100mL)/(1/3 \times 100mL + 33.3mL)]^3 = 0.5g$$

从上面的计算可以看出，用 100mL 苯萃取 1 次可以提取 3.0g 正丁酸，占总量的 75%；而分 3 次萃取时则可提取 3.5g 正丁酸，占总量的 87.5%。因此，用同样体积的萃取剂，分多次萃取比 1 次萃取的效率要高。这就是"少量多次"的萃取操作原则。但是，当萃取剂的总量保持不变时，萃取次数（n）增加，每次所用萃取剂的量（S）就要减小。当 $n>5$ 时，n 和 S 这两个因素的影响就几乎抵消了，再增加萃取次数，W_n/W_{n+1} 的变化已经很小。所以同体积的萃取剂一般分 3~5 次萃取就够了。

2.7.2 实验操作

（1）萃取剂的选择　萃取剂对萃取分离效果的影响很大，是决定萃取能否成功的关键因素。选择萃取剂的原则如下所述。

① 萃取剂与原溶液应互不混溶或发生反应。

② 被萃取物在萃取剂中的溶解度应比在原溶液中大。

③ 萃取剂与原溶液应有一定的密度差，以利于两相分层。

④ 萃取剂的沸点要比较低，这样才容易通过蒸馏的方法与被萃取物分离。

⑤ 毒性小，价格低等。

一般选择萃取剂时，难溶于水的物质可用石油醚，较易溶于水的物质可用苯或乙醚，易溶于水的物质可用乙酸乙酯等。实验室用得较多的萃取剂有乙醚、石油醚、乙酸乙酯、苯、氯仿、二氯甲烷、四氯化碳等。

大多数情况下，萃取常常是从水溶液中提取所需的物质。表 2.5 列出了一些常用的萃取剂在水中的溶解度，供选择萃取剂时参考。

表 2.5　常用萃取剂在水中的溶解度

萃 取 剂	温 度/℃	在水中的溶解度/%	萃 取 剂	温 度/℃	在水中的溶解度/%
正庚烷	15.5	0.005	硝基苯	15	0.18
二甲苯	20	0.011	氯仿	20	0.81
正己烷	15.5	0.014	二氯乙烷	15	0.86
甲苯	16	0.048	正戊醇	20	2.60
氯苯	30	0.049	异戊醇	18	2.75
四氯化碳	15	0.077	正丁醇	20	7.81
二硫化碳	15	0.12	乙醚	15	7.83
乙酸正戊酯	20	0.17	乙酸乙酯	15	8.30
乙酸异戊酯	20	0.17	异丁醇	20	8.50
苯	20	0.175			

（2）液-液萃取　化学实验中最常见的是水溶液中物质的萃取，最常使用的萃取仪器为分液漏斗。

萃取时所用的分液漏斗容积应较液体体积大 1 倍以上，使用前先在漏斗中放入少量水摇振，检查塞子与活塞是否渗漏，确认不漏水时方可使用。取出活塞，擦干活塞与磨口，在活塞的大头部位与磨口的小口部位分别涂上一层薄薄的凡士林，注意不要涂得太多或使凡士林堵塞活塞孔。塞好活塞后再把活塞旋转几圈，使凡士林分布均匀。

将分液漏斗放在铁架台上的铁圈中，关紧活塞，将待萃取的水溶液和萃取剂依次倒入分液漏斗中，塞紧顶塞（顶塞不能涂凡士林）。

取下分液漏斗，用右手握住漏斗颈并用手掌顶住漏斗顶塞，左手握住漏斗活塞处，拇指压紧活塞，食指和中指分叉在活塞背面。把漏斗放平，前后小心摇振（图 2.14）。开始时，摇振要慢，摇振几次后，将漏斗的下口指向斜上方无人处，用左手的拇指和食指旋开活塞，从指向斜上方的下口释放出漏斗内的压力，也称"放气"（图 2.15）。一般每摇振两三次就要放气一次。如果不及时放气，顶塞就可能被顶开而喷出液体，严重时还会引起漏斗爆炸，造成事故。

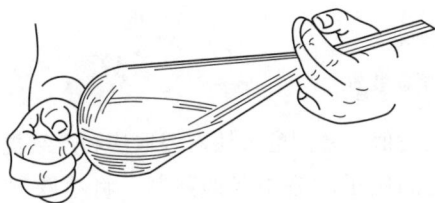

图 2.14 分液漏斗的摇振方法　　　　图 2.15 分液漏斗的放气方法

经几次摇振放气后，把分液漏斗放回铁圈中，将顶塞上的小槽对准漏斗上的通气孔，静置 3～5min。待液体完全分层后，打开上面的顶塞，再缓缓旋开活塞，将下层液体（水层）自活塞放出，上层液体（油层）从分液漏斗的上口倒出。将水层溶液倒回分液漏斗中，加入新的萃取剂继续萃取。重复上述操作，萃取次数一般为 3～5 次。把所有的萃取液合并，加入合适的干燥剂干燥。然后通过常压蒸馏蒸去溶剂，再视产品的性质选择合适的方法提纯。

除了上述依据"分配定律"进行萃取外，还可利用化学反应的原理进行萃取。这种萃取主要用于从产品中除去少量杂质或分离混合物，操作方法同上。萃取剂常用的有：5%氢氧化钠水溶液、5%～10%的碳酸钠或碳酸氢钠溶液、稀盐酸、稀硫酸及浓硫酸等。碱性萃取剂可用于提取酸性物质或除去酸性杂质。酸性萃取剂可用于提取碱性物质或除去碱性杂质。浓硫酸还可用于从饱和烃中除去不饱和烃、从卤代烷中除去醇及醚等。

萃取某些碱性物质时，常会产生乳化现象，导致两相不能很好地分层，很难将它们完全分离。出现这种情况时，可采用下列措施来破乳。

① 延长静置时间。

② 加入少量电解质（如氯化钠），利用盐析作用破乳。当两相相对密度相差很小，难以分层时，也可加入食盐，以增加水层的相对密度来破乳。

③ 若溶液含碱性物质导致乳化，可加入少量稀硫酸或采用过滤等方法。

④ 加热破乳或滴加其他破坏乳化的物质，如乙醇、磺化蓖麻油等。

如果被萃取物在原溶剂中的溶解度比在萃取剂中大，就必须使用大量萃取剂并经多次萃取。为了减少萃取剂的用量，最好采用连续萃取，其装置有两种：一种适用于自较重（密度较大）的溶液中用较轻溶剂进行萃取（如用乙醚萃取水溶液）；另一种适用于自较轻（密度较小）的溶液中用较重溶剂进行萃取（如用氯仿萃取水溶液）。它们的萃取过程可以明显地从图 2.16（a）、（b）中看出，图 2.16（c）是兼具图 2.16（a）、（b）功能的装置。连续萃取的优点是效率很高，萃取剂用量很少；缺点是操作时间较长。

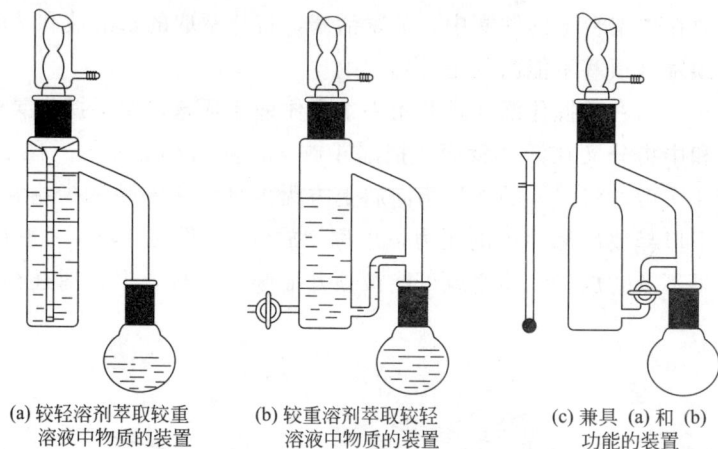

(a) 较轻溶剂萃取较重　　(b) 较重溶剂萃取较轻　　(c) 兼具 (a) 和 (b)
溶液中物质的装置　　　溶液中物质的装置　　　功能的装置

图 2.16　连续萃取装置

（3）液-固萃取　液-固萃取的原理和液-液萃取类似，常用的方法有浸取法和连续提取法。

① 浸取法　常用于天然产物的提取。最熟悉的例子就是中药的熬制。将萃取剂加到待萃取的固体物质中加热，使易溶于萃取剂的物质被提取出来，然后用其他方法纯化。这种方法虽不需要任何特殊器皿，但效率不高、耗时较长、溶剂的需要量较大，故实验室不常使用。

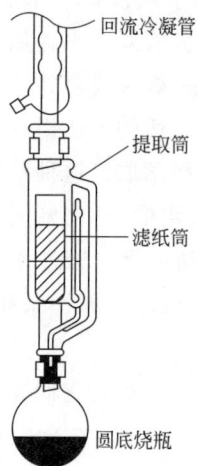

图 2.17　索氏提取器

② 连续提取法　一般使用索氏提取器来进行，如图 2.17 所示。整套索氏提取器由圆底烧瓶、提取筒和回流冷凝管组成。它利用溶剂回流及虹吸原理，使固体物质连续不断地被纯的溶剂所萃取，因而效率较高，在实验室较为适用。

提取前，先将滤纸卷成柱状做成滤纸筒，其直径应略小于提取筒的直径，高度不要超过提取筒侧面的虹吸管的顶部。将研碎的固体物质装进滤纸筒内，扎紧上下开口，以防固体散落。再将装有固体的滤纸筒小心地塞进提取筒中。提取筒的下端和装有溶剂的圆底烧瓶连接，上端和回流冷凝管连接。当溶剂加热沸腾时，溶剂蒸气通过提取筒侧面的玻璃管上升，在回流冷凝管中冷凝成液体后，就会滴入提取筒中，溶剂在提取筒内蓄积，同时与滤纸筒内的固体接触，将固体中的可溶物质浸取出来。当提取筒内的提取液液面超过虹吸管的最高处时，即发生虹吸，流回烧瓶。溶剂再加热汽化、冷凝、提取、虹吸，如此循环反复，使固体中的可溶物质逐渐富集到烧瓶中。这一过程可连续不断地自动进行。提取过程结束后，将提取液浓缩，即得固体产品，然后用其他方法（如重结晶、升华等）纯化产品。

2.7.3　注意事项

① 在实验结束前，不要把萃取后的水层轻易倒掉，以免搞错无法挽救。

② 分液过程中，为了弄清到底哪一层是水层，可任取其中一层的小量液体，置于试管

中，并滴加少量纯水，若分为两层，说明该液体为油层；若加水后不分层，则是水层。

③ 萃取时，可利用"盐析效应"，即在水溶液中加入一定量的电解质（如氯化钠），以降低有机物和萃取剂在水中的溶解度，提高萃取效率。

④ 使用分液漏斗时要注意：分液漏斗的活塞和顶塞必须原配，不得与其他分液漏斗的活塞和顶塞调换；烘干分液漏斗时要把活塞和顶塞拿下来；如用碱液萃取，一定要及时清洗干净。

⑤ 使用索氏提取器时，要注意调节温度。因为随着提取过程的进行，圆底烧瓶内的溶剂不断减少，当提取出来的溶质较多时，温度过高会导致溶质在瓶壁结垢或炭化。

2.8　升　华

固体物质受热后不经过熔融状态而直接变成蒸气，这个过程叫作升华；该蒸气经冷凝后又不经过液态直接变成固体，这个过程叫作凝华。

升华是纯化固体化合物的一个重要方法。它所需的温度一般较蒸馏时低，特别适用于提纯热稳定性差的物质。但只有在其熔点温度以下具有较高蒸气压（高于 2.67kPa）的固态物质，才能用升华来纯化。利用升华不仅可以分离具有不同挥发度的固体混合物，还可除去不挥发性杂质。一般由升华提纯得到的产物纯度都较高。但升华操作耗时较长，产品损失也较大，因此升华操作通常只在实验室里用于少量物质（1～2g）的精制。

2.8.1　基本原理

升华是指固体不经过液态直接转变成蒸气的现象，所以升华实际上就是固体的蒸发过程。与液体相似，固体的蒸气压也随温度的升高而升高。一般说来，具有对称结构的非极性物质具有较高的熔点，且在熔点温度以下具有较高的蒸气压，适合用升华法纯化。表 2.6 列出了一些易升华物质的性质，表 2.7 列出了若干有机物的熔点、沸点及升华温度。

表 2.6　一些易升华物质的性质

化 合 物	熔点/℃	熔点下的蒸气压/mmHg
干冰	−57	5.2(大气压)
六氯乙烷	186	780
樟脑	179	370
碘	114	90
蒽	218	41
邻苯二甲酸酐	131	9
萘	80	7
苯甲酸	122	6

表 2.7　若干有机物的熔点、沸点及升华温度

有机物	分子量	熔点/℃	沸点/℃			在 0.001mmHg 下的升华最初温度/℃
			760mmHg	15mmHg	0.001mmHg	
菲	178	101	340		95.5	20
月桂酸	200	43.7		176	101	22
肉豆蔻酸	228	53.8		196.5	121	27

有机物	分子量	熔点/℃	沸点/℃			在 0.001mmHg 下的升华最初温度/℃
			760mmHg	15mmHg	0.001mmHg	
软脂酸	256	62.6	339～356	215	138	32
甲基异丙基菲	234	98.5	390		135	36
蒽醌	208	286	380			36
菲醌	208	207	>360			36
茜素	240	289	430		153	38
硬脂酸	284	71.5	约 371	232	154.5	38
三十二烷	450	70.5		310	202	63

为了深入了解升华的原理，接下来考察物质的固、液、气三相平衡（图 2.18），从中可以看出应当怎样控制升华的条件。

图中的三条曲线将相图划分为三个区域，分别代表固相、液相和气相。例如，ST 表示固相与气相平衡时固体的蒸气压曲线，TW 是液相与气相平衡时液体的蒸气压曲线，TV 曲线表示固、液两相平衡时的温度和压力，它几乎是一条垂直线，可见压力对熔点的影响并不太大。三条曲线在 T 处相交，此点即为三相点。在三相点，固、液、气三相处于平衡状态。

严格地说，一个物质的熔点是固、液两相在大气压下平衡时的温度。而三相点的温度是固、液、气三相平衡时的温度，所以三相点的温度和物质的熔点应有差别。但这种差别非常小，通常只有几分之一摄氏度。

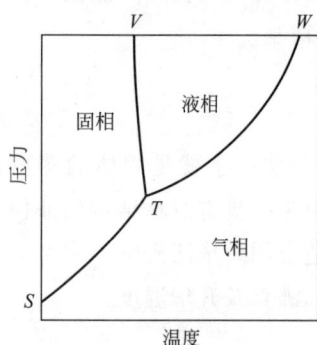

图 2.18　物质三相平衡图

由图 2.18 可以看出，任何固体物质在三相点的压力以上受热时，物质将由固态变为液态再变为气态。而在三相点的压力以下受热时固态将不经过液态而直接变成气态，这正是升华；反之，若冷却降温，气态也将不经过液态而直接变成固态。因此，凡是在三相点温度以下有较高蒸气压的物质，均可在三相点温度以下进行升华提纯。

例如，六氯乙烷的三相点温度为 186℃，蒸气压达 104kPa（780mmHg），在 185℃ 时它的蒸气压即已达到 0.1MPa（760mmHg），因此在温度低于 186℃ 时，六氯乙烷就可完全由固体直接升华成蒸气。

又如，樟脑的三相点温度为 179℃，蒸气压为 49.3kPa（370mmHg），在 160℃ 时蒸气压为 29.1kPa（218.8mmHg），即在未达到熔点以前，就具有相当高的蒸气压。只要缓缓加热，维持温度在 179℃ 以下，它就可以不经熔化而直接蒸发（升华），蒸气遇到冷的表面就凝结成为固体（凝华），这样的蒸气压始终维持在 49.3kPa 以下，直至升华完毕。

像樟脑这样的固体物质，由于它的三相点平衡蒸气压低于 0.1MPa，如果加热太快，蒸气压超过三相点平衡蒸气压，固体就会熔化成为液体。如继续加热至蒸气压达到 0.1MPa，液体就会沸腾。

有些物质在三相点的平衡蒸气压很低。例如，萘的熔点为 80℃，蒸气压只有 0.93kPa；苯甲酸的熔点为 122℃，蒸气压才 0.8kPa。如果也用上述办法升华，就不能得到满意的结果。为了提高升华的收率，对于萘之类的化合物，除可进行减压升华外，还可采用下述方法：将萘加热到熔点以上，使其具有较高的蒸气压，同时通入空气或惰性气体带走蒸气，促使蒸发速度加快，降低萘的分压，使萘蒸气不经过液态而直接凝成固体。

2.8.2　实验操作

（1）常压升华　最简单的常压升华装置如图 2.19（a）所示。将待升华的粗产品经烘干、研碎后放入蒸发皿，上面覆盖一张刺有许多小孔的滤纸。然后将一个直径略小于蒸发皿的玻璃漏斗倒扣在滤纸上面。漏斗的颈部塞上一团脱脂棉，以减少蒸气逃逸。将蒸发皿用砂浴或其他热浴渐渐加热，小心调节加热强度，控制浴温低于被升华物质的熔点，使其蒸气通过滤纸小孔上升，冷却后凝结在滤纸和漏斗壁上。必要时外壁可用湿布冷却。升华完毕，可用不锈钢刮铲将凝结在滤纸和漏斗壁上的结晶小心地刮落并收集起来。

当升华量较大时，可用图 2.19（b）的装置进行分批升华。待升华的粗产品放在烧杯中，升华后的产品凝结在通有冷水的圆底烧瓶底部。

（2）减压升华　适于常压升华的物质并不多见，更多的升华需要在减压条件下进行。实验室常用的减压升华装置如图 2.20 所示。操作方法与常压升华大致相同。将待升华固体物质放在吸滤管中，然后将装有指形冷凝器（冷凝指）的橡胶塞塞紧吸滤管口，冷凝指中通入冷水。利用水泵或真空泵抽气减压，用水浴或油浴加热吸滤管，使固体物质升华凝结在冷凝指表面。升华结束后，停止加热，待冷却后小心放气，再慢慢取出冷凝指，收集产品。

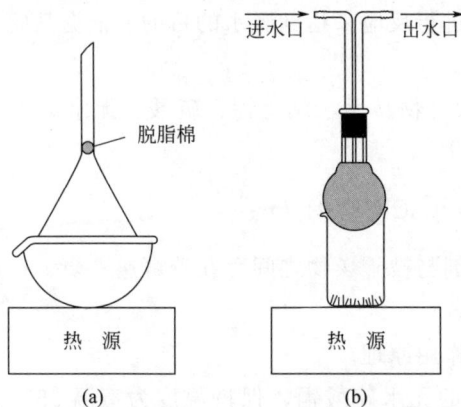

图 2.19　常压升华装置　　　　图 2.20　减压升华装置

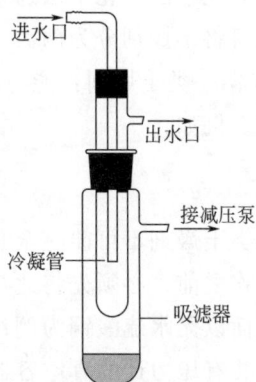

2.8.3　注意事项

① 待升华物质事先要充分干燥，否则升华时部分产品会随水蒸气一起挥发出来，影响分离效果。

② 待升华物质事先应该研碎，以提高升华效率，因为升华发生在物质的表面上。

③ 要控制好升华温度，温度太低，升华太慢甚至不能升华；温度太高，有可能导致产品发黄甚至分解。

2.9　干燥及干燥剂的使用

干燥是用来除去固体、液体或气体中少量水分或少量溶剂的方法。在化学实验中，很多化学反应需要在绝对无水的条件下进行，不但所用仪器要干燥，所用的原料及溶剂也要干燥，而且还要防止空气中的潮气进入反应体系。液体化合物在蒸馏前，为了减少前馏分、提高产品得率，通常要先进行干燥以除去水分。此外，化合物在进行仪器分析或化学分析之前、固体化合物在测定熔点之前，都必须先进行干燥处理，否则会影响检测结果的准确性。因此，在化学实验中，干燥对化合物的合成、纯化及分析都具有十分重要的意义，也是化学实验中非常重要的基本操作之一，必须认真对待。

2.9.1 基本原理

化合物的干燥方法，大体有物理法和化学法两种。

（1）物理法　物理法通常是用吸附、分馏、共沸蒸馏、冷冻、加热烘干、真空干燥等手段将水分除去。近年来还常用离子交换树脂和分子筛等方法进行脱水干燥。

离子交换树脂是一种高分子聚合物，不溶于水、酸、碱和有机物。如苯磺酸钾型阳离子交换树脂就是由苯乙烯和二乙烯苯共聚后经磺化、中和等处理后制成的细圆珠状粒子，内有很多孔隙，可以吸附水分子。如果将其加热到150℃以上，被吸附的水分子又将解吸出来。

分子筛是含水硅铝酸盐的晶体，晶体内部存在许多孔径大小均匀的孔道和占本身体积一半左右的孔穴，它允许小的分子"躲"进去，从而达到将大小不同的分子"筛分"开来的目的。吸附水分子后的分子筛加热到350℃以上进行解吸后又可重新使用。

（2）化学法　化学法通常利用干燥剂与水进行反应来达到脱水的目的。依据其脱水作用原理又可将干燥剂分为两类。

① 第一类干燥剂：能与水可逆地结合成水合物。无水氯化钙、硫酸、无水碳酸钾等都属此类。例如：

$$CaCl_2 + nH_2O \Longrightarrow CaCl_2 \cdot nH_2O$$

这类干燥剂不可能完全脱水，因为在干燥剂与被干燥物之间存在着可逆平衡。在进行蒸馏等操作之前，必须先将此类干燥剂过滤除去。

下面以无水硫酸铜为例讨论这类干燥剂的作用原理。

在装有压力计的真空容器中，放置一定量的无水硫酸铜，保持温度为室温25℃，缓慢通入不同分子数的水蒸气，结果得到不同的水蒸气压力。以蒸气压对通入的水分子数作图即得图2.21。

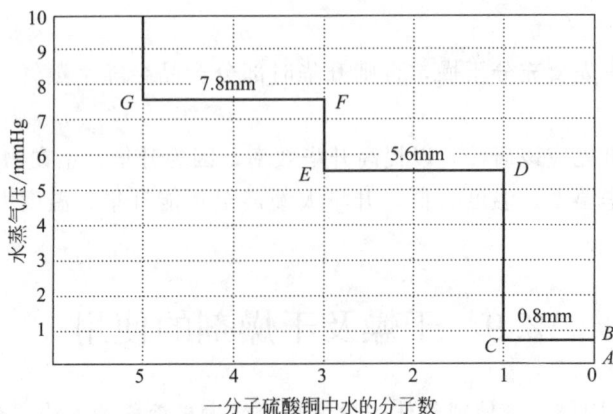

图 2.21　含有不同结晶水的硫酸铜的蒸气压图

A 点为起始状态，此时 $CuSO_4$ 是无水的。当通入水蒸气后，水蒸气压力沿 AB 直线上升至 B 点。此时开始有硫酸铜一水合物（$CuSO_4 \cdot H_2O$）生成。继续通入水蒸气，压力沿 BC 一直保持不变。直到 C 点，原来的无水硫酸铜全部转变成硫酸铜一水合物。此时水蒸气压力沿 CD 直线上升，到了 D 点，开始形成硫酸铜三水合物（$CuSO_4 \cdot 3H_2O$）。水蒸气压力又保持一段时间恒定，到达 E 点后，硫酸铜一水合物全部转变成三水合物。此后水蒸气压力再沿 EF 直线上升至 F 点，开始形成硫酸铜五水合物（$CuSO_4 \cdot 5H_2O$），系统水蒸气压力又保持恒定，最后全部形成了硫酸铜五水合物。这些结果可用下面的平衡式来表示：

$$CuSO_4 + H_2O \Longrightarrow CuSO_4 \cdot H_2O \qquad (0.8mmHg)$$

$$CuSO_4 \cdot H_2O + 2H_2O \Longrightarrow CuSO_4 \cdot 3H_2O \qquad (5.6mmHg)$$

$$CuSO_4 \cdot 3H_2O + 2H_2O \Longrightarrow CuSO_4 \cdot 5H_2O \qquad (7.8mmHg)$$

由上面的讨论可以看出，所谓 0.8mmHg 的压力就是指 25℃时无水硫酸铜和硫酸铜一水合物之间存在平衡时的水蒸气压力。它只与温度有关，与两者的相对含量没有关系。用无水硫酸铜干燥含水有机液体时，无论加入多少无水硫酸铜，在 25℃时所能达到的最低蒸气压力就是 0.8mmHg，也就是说不可能将水完全除掉。这是这类干燥剂的特点。此外还可看出，硫酸铜所含结晶水越少，水蒸气压力越低，干燥效果越好。另外，温度上升时，上述体系的平衡蒸气压也要上升。例如，当温度为 50℃时，上述三个平衡式的水蒸气压力分别为 4.5mmHg、30.9mmHg 和 45.4mmHg。这说明温度升高，硫酸铜的干燥效率下降。

② 第二类干燥剂：能与水发生不可逆化学反应，生成新的化合物。金属钠、氧化钙、五氧化二磷等皆属此类。例如：

$$CaO + H_2O \Longrightarrow Ca(OH)_2$$

$$2Na + H_2O \Longrightarrow 2NaOH + H_2 \uparrow$$

这类干燥剂加入液体后，蒸馏时可不必除去。

在制备无水乙醇时，单用金属钠并不能完全除去乙醇中所含的少量水分。因为乙醇钠与水的反应是可逆的：

$$EtONa + H_2O \Longrightarrow EtOH + NaOH$$

因此，必须加入邻苯二甲酸二乙酯，使之与氢氧化钠进行下列反应：

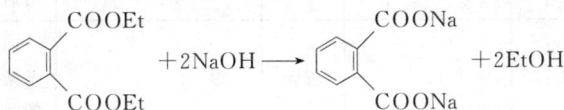

这样就消除了氢氧化钠和乙醇生成乙醇钠和水的反应，从而制得无水乙醇。

2.9.2　液体化合物的干燥

（1）干燥剂的选择　液体有机化合物的干燥，通常是用干燥剂直接与其接触，选择干燥剂时要考虑以下因素。

① 不能与被干燥的液体有机化合物发生化学反应或发生催化作用。

例如强碱性干燥剂如氢氧化钠、氧化钙等能催化某些醛、酮的缩合反应，也能催化酯类或酰胺类的水解反应。还有的干燥剂能与被干燥的有机化合物生成络合物，如氯化钙易与醇类、胺类形成络合物。

② 不能溶解于被干燥的液体有机化合物中。

③ 吸水容量大,干燥效能强。

吸水容量是指单位质量的干燥剂所能吸收的水量;干燥效能是指达到平衡时液体干燥的程度。对于能形成水合物的无机盐干燥剂,常用吸水后结晶水的蒸气压来表示干燥效能。例如,硫酸钠最多能形成十水合物,其吸水容量达 1.25。氯化钙最多能形成六水合物,其吸水容量为 0.97。两者在 25℃ 时的蒸气压分别为 260Pa 及 40Pa。因此,硫酸钠的吸水容量大,但干燥效能弱;氯化钙的吸水容量小,但干燥效能强。在干燥含水量较大而又不易干燥的化合物时,通常先用吸水容量较大的干燥剂,除去大部分水分,再用干燥效能强的干燥剂进一步干燥。

通常第二类干燥剂的干燥效能较第一类干燥剂要强,但吸水容量较第一类干燥剂要小,因此一般先用第一类干燥剂干燥,除去大部分水后,再用第二类干燥剂干燥,以除去残留的微量水分。只有在需要彻底干燥的情况下才使用第二类干燥剂。

④ 干燥速度快,价格低廉。

表 2.8 列出了常用干燥剂的性能与使用范围。表 2.9 列出了各类有机物常用的干燥剂。

表 2.8 常用干燥剂的性能与使用范围

干燥剂	吸水作用	吸水容量	干燥效能	干燥速度	应用范围
氯化钙	形成 $CaCl_2 \cdot nH_2O$ ($n=1,2,4,6$)	0.97 (按 $CaCl_2 \cdot 6H_2O$ 计)	中等	较快,但吸水后表面被薄层液体覆盖,故放置时间以长些为宜	能与醇、酚、胺、酰胺及某些醛、酮形成络合物,因此不能用于干燥这些化合物。工业品中可能含氢氧化钙,故不能用于干燥酸类
硫酸镁	形成 $MgSO_4 \cdot nH_2O$ ($n=1,2,4,5,6,7$)	1.05 (按 $MgSO_4 \cdot 7H_2O$ 计)	较弱	较快	中性,应用范围广,可代替 $CaCl_2$,并可用于干燥酯、醛、酮、腈、酰胺等不能用 $CaCl_2$ 干燥的化合物
硫酸钠	$Na_2SO_4 \cdot 10H_2O$	1.25	弱	缓慢	中性,一般用于有机液体的初步干燥
硫酸钠	$2CaSO_4 \cdot H_2O$	0.06	强	快	中性,常与硫酸镁(钠)酸合作最后干燥用
碳酸钾	$K_2CO_3 \cdot 0.5H_2O$	0.2	较弱	慢	弱碱性,用于干燥醇、酮、酯、胺及杂环等碱性化合物,不适于酸、酚及其他酸性化合物
氢氧化钾(钠)	溶于水		中等	快	弱碱性,用于干燥胺、杂环等碱性化合物,不能用于干燥醇、酯、醛、酮、酸、酚等
金属钠	$Na + H_2O =\!=\!= NaOH + 0.5H_2\uparrow$		强	快	限于干燥醚、烃类中的痕量水分。用时切成小块或压成钠丝
氧化钙	$CaO + H_2O =\!=\!= Ca(OH)_2$		强	较快	适于干燥低级醇类
五氧化二磷	$P_2O_5 + 3H_2O =\!=\!= 2H_3PO_4$		强	快,但吸水后表面被黏浆液覆盖,操作不便	适于干燥醚、烃、卤代烃、腈等中的痕量水分。不适用于醇、酸、胺、酮等
分子筛	物理吸附	约 0.25	强	快	适用于各类有机化合物的干燥

表 2.9　各类有机物常用的干燥剂

有机物类别	常用的干燥剂	有机物类别	常用的干燥剂
烃	$CaCl_2$,Na,P_2O_5	酮	$CaCl_2$,$MgSO_4$,Na_2SO_4,K_2CO_3
卤代烃	$CaCl_2$,P_2O_5,$MgSO_4$,Na_2SO_4	酸、酚	$MgSO_4$,Na_2SO_4
醇	$MgSO_4$,Na_2SO_4,K_2CO_3,CaO	酯	$MgSO_4$,Na_2SO_4,K_2CO_3
醚	$CaCl_2$,Na,P_2O_5	硝基化合物	$CaCl_2$,$MgSO_4$,Na_2SO_4
醛	$MgSO_4$,Na_2SO_4		

（2）干燥剂的用量　掌握好干燥剂的用量十分关键。如果用量太多，将会使被干燥的有机液体的吸附损失增大；用量太少，则干燥效率不高，达不到预期效果。一般为每 10mL 液体用 0.5~1g 干燥剂。因液体含水量不同、干燥剂的性能不同等原因，很难界定一个具体的用量。实际操作中，主要凭经验判断干燥剂的用量。一般原则如下所述。

① 观察被干燥液体的澄清度：很多液体有机物含有少量水时，常呈浑浊状态，如果加入干燥剂后，溶液逐渐变得澄清透亮，说明干燥剂的用量已经足够，否则应补加适量干燥剂继续干燥。

② 观察干燥剂的形态：干燥一定时间后，若干燥剂的大部分棱角还清晰可辨，表明干燥剂的用量已经足够，如果干燥剂附着瓶壁或相互黏结，摇动时不易旋转，则表明干燥剂用量不足，应适量补加。

（3）干燥的实验操作

① 用干燥剂干燥：

a. 干燥前尽可能分离干净被干燥液体有机物中的水分，宁可损失一点有机物，也不应有任何可见的水层或悬浮的水珠。

b. 将被干燥液体有机物置于锥形瓶中，放入适量的干燥剂颗粒，塞紧瓶口，振荡片刻。放置一段时间（至少 30min，最好放置过夜），并不断加以振摇。一般有机物的干燥时间为 0.5~1h 即可。

② 共沸蒸馏干燥：很多溶剂能与水形成二元、三元共沸混合物，向待干燥的液体有机物中加入合适的溶剂，利用此溶剂与水形成最低共沸物的性质，在蒸馏时逐渐将水带出，从而达到干燥的目的。例如，工业上制备无水乙醇的方法之一就是将苯加到 95% 乙醇中进行共沸蒸馏。先蒸出苯-水-乙醇三元共沸混合物（沸点 65℃），再蒸出苯-乙醇二元共沸混合物（沸点 68℃），用水和苯蒸完后，继续蒸馏剩余物，即得无水乙醇。

2.9.3　固体有机物的干燥

在本章 2.6 节"重结晶及过滤"中已介绍了一些关于晶体的干燥方法，这里再讨论一下用干燥器干燥及使用时应注意的事项。

凡是易吸潮或受热时易分解、变色的固体有机物，都可放在干燥器中进行干燥。干燥器分为两种，一种为普通干燥器（图 2.22）；另一种为真空干燥器（图 2.23）。

（1）普通干燥器　缸盖与缸身之间的平面经过磨砂，在磨砂处涂以凡士林，使之密闭。缸内被多孔瓷板隔为两层，下层存放干燥剂，上层摆放盛有待干燥样品的表面皿。

（2）真空干燥器　它的干燥速度比普通干燥器好。真空干燥器的构造与普通干燥器大体相同，差别是真空干燥器的盖顶配有玻璃活塞，用以抽气减压。常将活塞下端拉成毛细管并

图 2.22 普通干燥器　　　　　　　图 2.23 真空干燥器

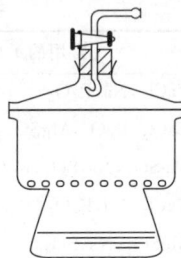

向上弯曲，以免在通气解除真空时，因空气流入太快而将固体冲散。

干燥器中存放的干燥剂应按产品所含的溶剂来选择。最常用的干燥剂是五氧化二磷、浓硫酸和硅胶。它们不仅能吸水，也能吸收醇和酮，而这些正是常用的溶剂。用浓硫酸作干燥剂时，常在硫酸中加入 1%（质量分数）的硫酸钡，据此可判断硫酸吸水的情况。当浓硫酸的浓度降到 93% 时，会析出针状晶体 $BaSO_4 \cdot 2H_2SO_4 \cdot H_2O$，表明浓硫酸吸水太多，已失去干燥能力，需更换浓硫酸。用硅胶作干燥剂时，可根据硅胶的颜色判断是否失效。未吸水的硅胶是蓝色的，吸水太多，即变成红色，此时应更换新的硅胶。失效的硅胶可放到烘箱里烘干脱水，硅胶的颜色又会变成蓝色，可再用于干燥。

2.10　熔点的测定

在大气压力（101.325kPa）下，固体物质加热到一定的温度时，即从固态转变为液态，此时的转变温度称为该物质的熔点。熔点是固体化合物的物理常数之一。纯粹的固体化合物一般都有确定的熔点，即固态向液态的转变是非常敏锐的，从初熔到全熔的温度范围（称为熔程）很窄，一般不超过 0.5~1℃。但是，如果样品含有杂质，则会导致熔点下降、熔程变宽。因此，通过测定熔点，可以鉴别未知的固体化合物，同时根据熔程的宽窄，又可定性地判断该化合物的纯度。

此外，还可通过测定熔点，来鉴定新合成的化合物是否为已知的化合物。方法是将样品与已知化合物按一定比例（通常取 1:1、9:1、1:9）混合后，测定混合物的熔点。若为两种不同的化合物，则熔点下降、熔程变宽。如果是相同化合物，则熔点不变。有时也能观察到熔点升高的现象，这可能由于样品与已知化合物发生反应形成一个熔点较高的新化合物，不过比较少见。

还要指出的是，有些固体有机物，受热时易发生分解，即使纯度很高，也没有确定的熔点，且熔程较宽。

2.10.1　基本原理

（1）纯物质的熔点　理想情况下，纯物质的熔点和凝固点是一致的。从图 2.24 可见，当加热纯固体物质时，在一段时间内温度上升，固体并不熔化。当固体开始熔化时，温度不会上升，直到所有固体都转变为液体，温度才上升。反之，纯液体物质冷却时，在一段时间内温度下降，液体并不固化。当开始出现固体时，温度不会下降，直到液体全部固化后，温度才会继续下降。

在一定的温度和压力下，如果将纯物质的固、液两相放在一起，可能发生三种情况：固体熔化、液体固化、固-液两相共存。到底哪种情况占优势，可以从纯物质的蒸气压与温度的关系来理解。图 2.25（a）是固体的蒸气压随温度升高而增大的情况。图 2.25（b）是该物质液体的蒸气压随温度升高而增大的情况。如果将图 2.25（a）和图 2.25（b）两曲线叠加，即得到图 2.25（c）曲线。可见，由于固相的蒸气压随温度变化的速率较液相大，最后两曲线在 M 点相交，在此处固、液两相同时并存，所对应的温度 T_M 即为该物质的熔点。当温度

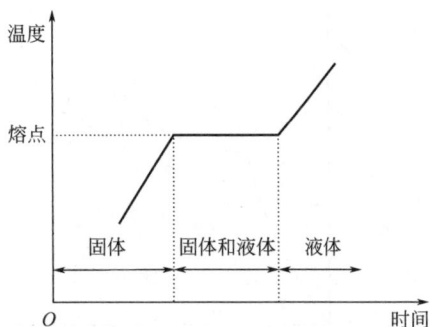

图 2.24　纯物质的相态与时间和温度的关系

高于 T_M 时，固相全部转变为液相；若温度低于 T_M 时，则液相全部转变为固相。这就是纯物质具有固定和敏锐熔点的原因。一旦温度超过 T_M，哪怕只有几分之一摄氏度，只要有足够的时间，固体就可全部转变为液体。所以要想精确测定熔点，在接近熔点时加热速度一定要很慢，温度的升高每分钟一般不要超过 $1\sim2℃$。只有这样，才能使整个熔化过程尽可能接近于两相平衡的条件。

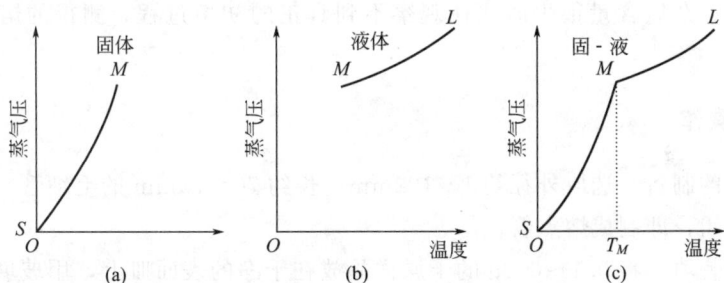

图 2.25　纯物质的蒸气压与温度的关系

（2）杂质对熔点的影响　当有杂质存在时，根据 Raoult 定律，在一定的温度和压力下，溶质的增加，会导致溶剂的蒸气分压降低（图 2.26 中 M_1L_1），因此该化合物的熔点必然下降。例如，纯 α-萘酚的熔点为 $95.5℃$，在此温度下加入少量的萘（熔点为 $80℃$），萘会溶解到液体的 α-萘酚中，导致液相中 α-萘酚的蒸气压下降，α-萘酚固、液两相的平衡点被打破，固相迅速转变为液相。只有温度下降才能使固、液两相重新达到平衡。

从图 2.26 中可以看出，固体 α-萘酚的蒸气压曲线和萘与 α-萘酚溶液中 α-萘酚的蒸气压曲线在 M_1 处相交，此时液相中 α-萘酚的蒸气压才能与其纯固相的蒸气压一致。一旦温度超过 T_{M_1}（全熔点）时，即全部转变为液相，因此它较纯 α-萘酚的熔点要低。如果将 α-萘酚与萘以不同比例混合，对测得的熔点作图，可得一曲线（图 2.27，曲线上的点为全熔点）。曲线 AC 表示在 α-萘酚中逐渐加入萘直至萘的摩尔分数为 0.605 时，α-萘酚熔点下降的情况。曲线 BC 表示在萘中逐渐加入 α-萘酚直至 α-萘酚的摩尔分数为 0.395 时，萘熔点下降的情况。曲线中的交叉点 C 为最低共熔点，这时的混合物能像纯物质一样在一定的温度下熔化。

含有少量萘的 α-萘酚（设其全熔温度为 T_{M_1}）的熔化过程是有趣的。当此混合物加热

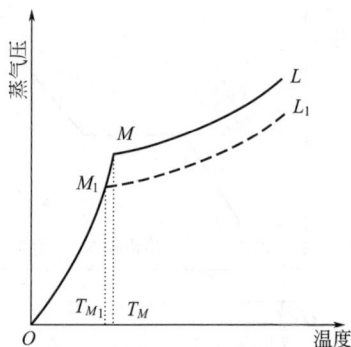

图 2.26 α-萘酚混有少量萘时的
蒸气压与温度的关系

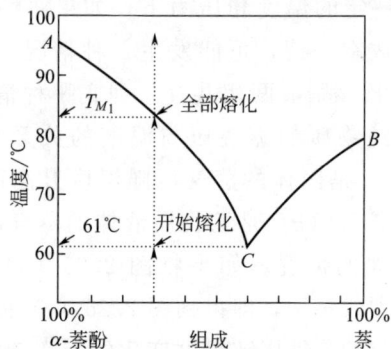

图 2.27 α-萘酚与萘的摩尔组成与熔点的关系

到 61℃时开始熔化，固相中只剩下 α-萘酚，继续加热熔化时，由于纯 α-萘酚的不断熔化，液相的组成在不断改变，萘的相对含量在不断降低，故固、液平衡所需的温度也随之上升。当温度超过 T_{M_1} 时即全部熔化。由此可见，若有杂质存在，固、液平衡时不是一个温度点，而是 61℃～T_{M_1} 之间的一段温度区间，其间固、液两相平衡时的相对含量在不断改变。这说明杂质的存在不但使初熔温度降低，还会使熔程变宽，且杂质含量越少，熔程越宽。但在实际测定过程中，杂质含量很少时往往观察不到真正的初熔过程，测得的熔程反而不一定很宽。

2.10.2 实验操作

（1）熔点管的制备 选取外径约 1～1.2mm、长约 70～75mm 的毛细管，用酒精灯火焰将其一端烧熔封闭，即制成熔点管。

（2）样品的装填 将 0.1～0.2g 的干燥样品放在干净的表面皿上，用玻璃棒将其研成粉末并聚成一堆。将熔点管开口端向下插入粉末中，然后把熔点管开口端向上竖立起来，轻轻地在桌面上敲击，以使粉末落入并填实管底。最好取一支长约 30～40cm 的玻璃管，垂直于一干净的表面皿上，将熔点管从玻璃管上端自由落下，可更好地达到填实目的。如此重复数次。一次不宜装入太多，否则不易夯实。沾于管外的粉末要擦去，以免污染浴液。要想测得准确的熔点，样品一定要研得极细，且要装得结实，使热量的传导迅速、均匀。一个样品最好同时装三根熔点管备用。

（3）熔点浴 实验室常用下列两种熔点浴。

① 提勒（Thiele）管 又称 b 形管，如图 2.28（a）所示。管口装有开口软木塞，温度计插入其中，刻度应面向木塞开口，其水银球位于提勒管上下两叉管口之间。熔点管可借少许浴液黏附于温度计下端［图 2.28（c）］，或用橡皮圈捆扎在温度计下端［图 2.28（d）］。熔点管中的样品部分位于水银球侧面中部。提勒管中装入浴液，高度达上叉管处即可。

在图示部位加热，受热的浴液沿管壁上升，促成了整个提勒管内浴液对流循环，使得浴液温度较为均匀。

② 双浴式熔点测定器 如图 2.28（b）所示。将试管经一个开口软木塞插入 250mL 平底（或圆底）烧瓶内，直至离瓶底约 1cm 处，试管口也配一个小开口软木塞，插入温度计，其水银球应距试管底 0.5mm。瓶内装入约占烧瓶 2/3 体积的浴液，试管内也放入一些浴液，

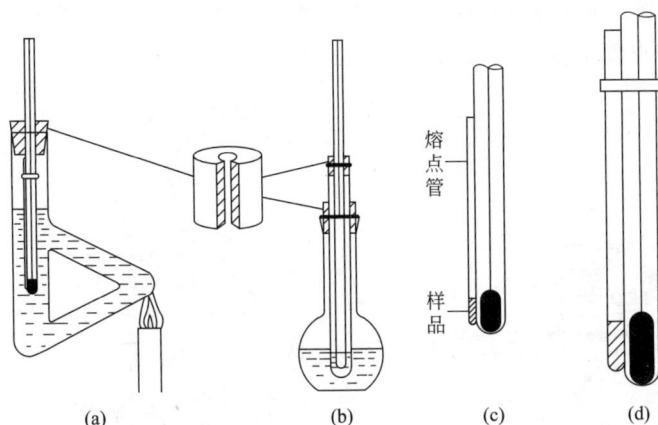

图 2.28　测熔点的装置

其液面高度应与烧瓶内相同。熔点管固定在温度计水银球旁，与在提勒管中相同。

（4）浴液的选择　浴液可根据待测物质的熔点选择，一般用石蜡油、甘油、浓硫酸、硅油等，其中浓硫酸最为常用。凡样品熔点在 220℃ 以下的均可采用浓硫酸作为浴液。温度再高，浓硫酸将分解成三氧化硫及水。

如果将浓硫酸和硫酸钾按一定的比例混合，则可用于更高的温度范围。例如将 7 份浓硫酸和 3 份硫酸钾或 5.5 份浓硫酸和 4.5 份硫酸钾一起加热，直至固体溶解，这样的浴液可用于 220～320℃ 的范围。若将 6 份浓硫酸和 4 份硫酸钾混合，则可使用到 365℃。但此类浴液不宜用于测定低熔点的化合物，因为它们在室温下呈半固态或固态。

（5）熔点的测定

① 毛细管熔点测定法　将提勒管垂直固定在铁架台上，注入浴液。按上述方法装配完备，将黏附有熔点管的温度计小心地伸入浴液中。用小火在图 2.28 所示部位缓缓加热。开始时升温速度可以较快，到距离熔点 10～15℃ 时，调整火焰使每分钟上升约 1～2℃。越接近熔点，升温速度应越慢。记下样品开始塌落并有液相产生时（初熔）和固体完全消失时（全熔）的温度计读数，即为该化合物的熔程。固体样品的熔化过程如图 2.29 所示。要特别注意观察在初熔前是否有萎缩、软化、变色、发泡、升华或炭化等现象，以供分析参考。

熔点测定时至少要有两次重复的数据。每一次测定都必须用新的熔点管另装样品，不能将已用过的熔点管冷却，使其中的样品固化后再做第二次测定，因为测定过的

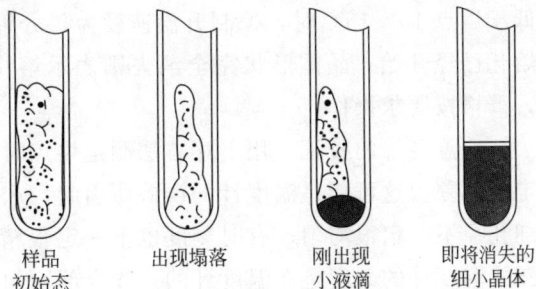

图 2.29　固体样品的熔化过程

样品有些会产生部分分解，有些会转变成具有不同熔点的其他结晶形式。测定易升华物质的熔点时，还应将熔点管的开口端烧熔封闭，以免升华。

如果要测定未知物的熔点，应先对样品粗测一次，加热速度可以稍快。知道大致的熔点范围后，待浴温冷至熔点以下约 30℃，再取另一根装样的熔点管进行精密的测定。

② 显微熔点测定仪　该类仪器型号较多，优点是可测微量样品（<0.1mg 或 2～3 颗小

结晶）的熔点，可细致观察晶体在加热过程中的变化情况，还可测定高熔点的样品。图 2.30 为 X 型显微熔点测定仪的示意图。操作方法如下：

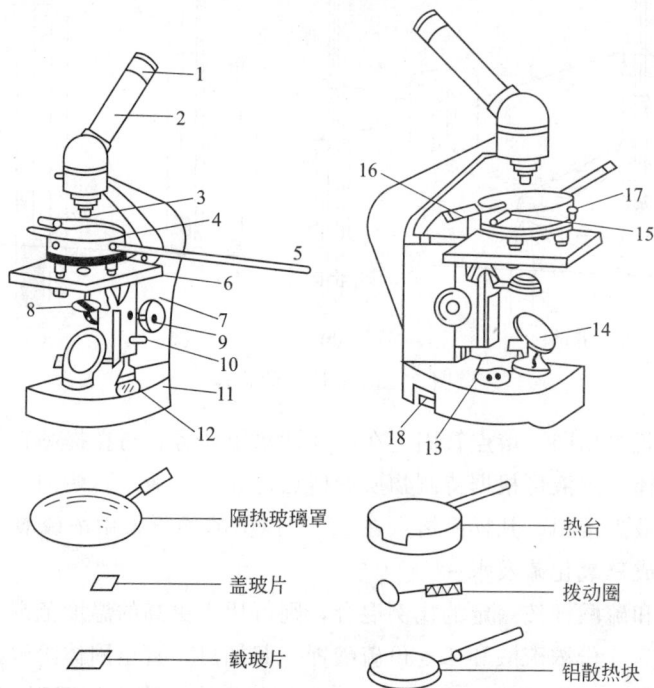

图 2.30 X 型显微熔点测定仪

1—目镜；2—棱镜检偏部件；3—物镜；4—加热台；5—温度计；6—载热台；

7—镜身；8—起偏振件；9—粗动手轮；10—止紧螺钉；11—底座；

12—波段开关；13—电位器旋钮；14—反光镜；15—拨动圈；

16—隔热玻璃罩；17—地线柱；18—电压表

将样品放在两片干燥洁净的载玻片之间，再将其放在加热台上，调节反光镜、物镜和目镜，使显微镜焦点对准样品，以观察被测物质的晶形。开启加热旋钮，先快后慢加热，到温度低于熔点 10~15℃时，控制升温速度为每分钟 1~2℃。当样品晶体棱角开始变圆时，表示熔化已经开始；晶体形状完全消失则表示熔化已经结束。使用仪器前要仔细阅读操作指南，严格按要求操作。

（6）温度计的校正　用上述方法测定熔点时，温度计上的熔点读数与真实熔点之间常有一定的偏差。这可能是温度计的误差所引起。产生误差的原因较多。首先，一般温度计中的毛细孔径不一定很均匀，有时刻度也不一定很精确。其次，温度计有全浸式和半浸式两种。全浸式温度计的刻度是在温度计的汞线全部均匀受热的情况下刻出来的，而在测定熔点时仅有部分汞线受热，因而所测得的熔点值必然偏低。另外，长期使用后的温度计，玻璃也可能发生体积变形而使刻度不准。因此，要想精确测定物质的熔点，就必须校正温度计。

校正温度计的方法有两种。

① 比较法　选用一标准温度计与待校正温度计在同一条件下测定温度，比较它们所指示的温度值。

② 定点法　这是通常采用的方法，即采用纯有机物的熔点作为校正的标准。通过此法校正的温度计，上述误差可一并除去。

选择数种已知熔点（t_1）的纯化合物作为标准，测出它们的熔点，以实测熔点（t_2）作纵坐标，以实测熔点与已知熔点的差值（$\Delta t = t_2 - t_1$）作横坐标，绘制曲线（图 2.31）。在任一温度时的校正值可直接从曲线中读出。

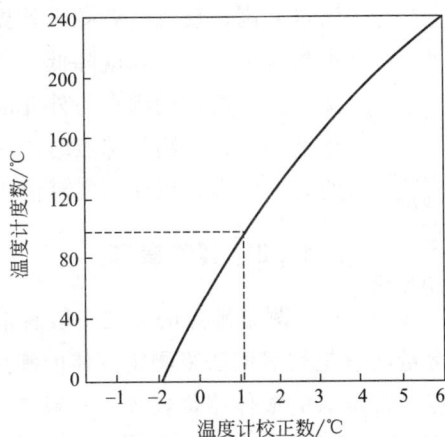

图 2.31　定点法温度计读数校正示意

一些可用于校正温度计的标准样品列在表 2.10 中，校正时可以选用。

表 2.10　标准样品的熔点

标准样品	熔点/℃	标准样品	熔点/℃
冰-水	0	苯甲酸	122
α-萘胺	50	尿素	132
二苯胺	53	二苯基羟基乙酸	151
对二氯苯	53	水杨酸	159
对硝基苯甲酸乙酯	56	D-甘露醇	168
苯甲酸苄酯	71	氢醌	170
萘	80	3,5-二硝基苯甲酸	205
间二硝基苯	90	酚酞	215
二苯乙二酮	95	蒽	216
邻苯二酚	105	对氯苯甲酸	239
乙酰苯胺	114	蒽醌	286(升华)

注意，0℃的测定最好用蒸馏水和纯冰的混合物。在一个 150mm×25mm 的试管中放置 20mL 蒸馏水，将试管浸在冰-盐浴中冷至蒸馏水部分结冰，用玻璃棒搅动使之成冰-水混合物。将试管从冰-盐浴中移出，然后将温度计插入冰-水混合物中，轻轻搅动混合物，等到温度恒定后（2～3min）再读数。

2.11　沸点的测定

沸点是液体化合物的重要物理常数之一。在使用、分离、纯化和鉴定液体化合物的过程中，沸点都是一个很重要的参数。

2.11.1　基本原理

一个液体化合物，当它受热时其蒸气压将升高，当蒸气压升高到与外界大气压相等时，

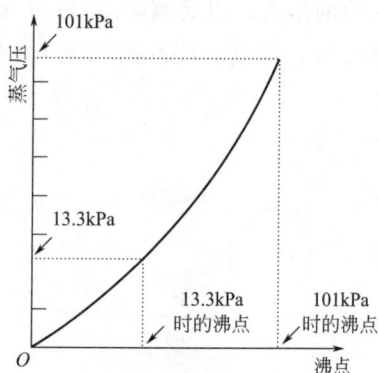

图 2.32 液体的蒸气压与沸点曲线

液体就要沸腾，此时液体的温度就是该化合物的沸点。很显然，液体的沸点与外界大气压有关，如图 2.32 所示。外界压力增大，液体沸腾时的蒸气压也要增大，故沸点升高；反之，若减小外界压力，则沸腾时的蒸气压也相应下降，沸点就降低。

由于液体的沸点与外界的大气压力有关，因此，在记录一个化合物的沸点时，一定要注明测定沸点时外界的大气压力，以便与文献值相比较。

2.11.2 实验操作

测定沸点的方法一般有常量法与微量法两种。

（1）常量法测沸点 常量法就是用蒸馏法来测定液体的沸点，具体操作方法可参阅本章 2.2 节"常压蒸馏"的内容。常量法的液体用量较大，一般要 10mL 以上。液体不纯时沸程很长（常超过 3℃），在这种情况下无法测定液体的沸点，应先将液体用其他方法纯化后，再进行沸点的测定。

（2）微量法测沸点 微量法测定沸点的装置如图 2.33 所示。取两根粗细不同的毛细管，分别将一端烧熔封闭。将细毛细管（内管）开口端朝下放入粗毛细管（外管）中即组成了沸点管。

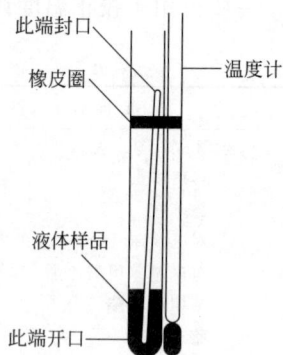

图 2.33 微量法测定
沸点的装置

在外管中加入 1～2 滴液体样品，再放入内管，然后将沸点管用橡皮圈捆扎在温度计水银球旁，放入浴液中进行加热。加热速度控制在 4～5℃/min。由于气体受热膨胀，内管中会有小气泡间断逸出。加热到液体接近沸腾时，将有一连串的小气泡快速地逸出。此时应立即停止加热，让浴液慢慢降温，气泡逸出的速度也就逐渐减慢。当气泡不再从内管逸出而液体刚要进入内管的瞬间（须细心观察），表示毛细管内的蒸气压与外界大气压相等，记下此时的温度，即为该液体的沸点。

为了准确测定沸点，加热速度一定要缓慢，外管中的液体量要足够多。重复测定一次，两次测定结果的误差不应该超过 1℃。

第 3 章　误差理论与数据处理

3.1　误差的产生

人们对某一客观事物测量时,是通过一系列步骤来获取物质信息的。但是在实际过程中,即使采用最可靠的手段、使用最精密的仪器、由技术很熟练的分析人员进行测定,也不可能得到准确的结果。同一个人在相同的条件下对同一样品进行多次测定,所得到的结果也不完全相同。这说明在实验过程中,误差是客观存在的。

因此,我们应该了解分析过程中产生误差的原因及误差出现的规律,以便采取相应的措施减少误差,并对所得到的数据进行归纳、取舍等一系列分析处理,使测定的结果尽可能接近客观真实值。

3.1.1　误差的分类

误差按其性质不同可分为两类:系统误差和偶然误差。首先应该了解造成误差的原因,才能更好地发现、避免和解决误差问题。

(1) 系统误差　系统误差是指测定过程中某些经常性的原因所造成的误差。它对分析结果的影响比较恒定,会在同一条件下的测定中重复出现,使测定结果系统地偏高或偏低。

方法误差:这是分析方法本身不够完善而引入的误差。

仪器误差:仪器本身的缺陷造成的误差。

试剂误差:如果化学试剂不纯或所用去离子水不合格,会引入对测定有干扰的杂质。

主观误差:操作人员主观原因造成的误差。不同的人对颜色变化的辨别不同,或者说对某个物理量响应的快慢不同而造成误差。

系统误差是可测量的,可以根据造成的原因采取一些校正方法和制定标准规程的办法加以校正,使之接近消除。

(2) 偶然误差(随机误差)　虽然操作者仔细操作,外界条件也尽量保持一致,但是测得的一系列数据往往仍有差别,并且所得数据误差正负不定,有正误差,也有负误差。这类误差属于偶然误差,也就是说这类误差是某些偶然因素造成的。例如,室温、气压、温度等的偶然波动。此外,个人一时的辨别的差别也会使读数不一致。偶然误差粗看起来似乎没有规律性,但当测量次数很多时,偶然误差的分布就有一定的规律:①大小相近的正误差和负误差出现的概率相等;②小误差出现的频率较高,大误差出现的频率较低,很大误差出现的概率近于零。因此在消除系统误差的情况下,平行测定的次数越多,则测得值的算术平均值越接近真值。由此可见,适当增加测定次数,取平均值,可以减少偶然误差。

3.1.2　准确度和精密度

准确度是指测量值 x 与真实值 x_T 的接近程度，两者差值越小，则分析结果越准。准确度的高低用误差来衡量，误差可分为绝对误差和相对误差两种：

$$绝对误差 = x - x_T$$

$$相对误差 = \frac{x - x_T}{x_T} \times 100\%$$

相对误差表示误差在真实值中的百分数。

但是在实际工作中，真实值 x_T 常常是不知道的，因此无法求得其准确度，所以常用精密度，即在一定条件下，对样品进行多次分析，求出分析结果之间的一致程度。精密度的高低可用偏差来衡量。偏差是指个别分析结果与几次分析结果的平均值的差别。与误差相似，偏差也有绝对偏差和相对偏差，个别分析结果和平均值的差为绝对偏差，而绝对偏差在平均值中所占的百分比为相对偏差。

准确度表示测量值与真实值符合的程度，而精密度表示测量结果的重现性。因为真实值是未知的，所以常常根据测量结果的精密度来衡量测量的结果是否可靠。

精密度高不一定准确度高，但是精密度是保证准确度的先决条件。也就是说，精密度差，所得结果是不可靠的。

精密度是指多次重复测量某一量值的离散度，或称为重复性。精密度通常用平均偏差、标准偏差（s）或相对标准偏差（CV）来度量。所以它是表征随机误差大小的一个量。

（1）平均偏差（算术平均偏差）　平均偏差常用来表示一组测定结果的分散程度：

$$\bar{d} = \frac{\sum |x - \bar{x}|}{n}$$

式中　$\bar{d}$——平均偏差；

　　　x——任何一次测定结果的数值；

　　　$\bar{x}$——n 次测定结果的平均值。

相对平均偏差的定义为：

$$\frac{\bar{d}}{\bar{x}} \times 100\%$$

用平均偏差表示精密度比较简单，但由于一系列的测定结果中，小偏差占多数，大偏差占少数，如果按总的测定次数求算术平均偏差，所得结果会偏小，大偏差得不到应有的反映。如下面两组结果所示。

$$x - \bar{x}：+0.11、-0.73、+0.24、+0.51、-0.14、0.00、+0.30、-0.21$$
$$n = 8 \qquad \bar{d}_1 = 0.28$$

$$x - \bar{x}：+0.18、+0.28、-0.25、-0.37、+0.32、-0.28、+0.31、-0.27$$
$$n = 8 \qquad \bar{d}_2 = 0.28$$

两组测定结果的平均偏差虽然相同，但是第一组数值中出现两个大偏差，测定结果的精密度不如第二组好。

如何更灵敏地反映出大偏差的存在？必须采用标准偏差的概念。

（2）标准偏差　当测定次数趋向于无穷大时，总体标准偏差 σ 表示如下：

$$\sigma = \sqrt{\frac{\sum (x-\mu)^2}{n}}$$

式中　μ——无限多次测定的平均值，称为总体平均值，即 $\lim\limits_{n\to\infty}\overline{x}=\mu$。

显然 σ 为正值。

在一般的分析工作中，不可能进行无限多次测定，只能进行有限次数的平行测定，而真值通常是不知道的，根据统计理论可以推出在有限次数时的样本标准偏差 s 的表达式为：

$$s = \sqrt{\frac{\sum (x-\overline{x})^2}{n-1}}$$

根据计算，上述两组数据的样本标准偏差分别为：$s_1=0.38$，$s_2=0.29$。

由此可见，标准偏差比平均偏差能更好地反映出大偏差的存在，而且能较好地反映测定结果的精密度。

相对标准偏差也称变异系数（CV）：

$$CV = \frac{s}{\overline{x}} \times 100\%$$

例　分析铁矿中铁的含量，得到如下数据：37.45%，37.20%，37.50%，37.30%，37.25%。

计算此结果的平均值、平均偏差、标准偏差、变异系数。

解　$\overline{x} = \dfrac{37.45\% + 37.20\% + 37.50\% + 37.30\% + 37.25\%}{5} = 37.34\%$

各次测量偏差分别是：$d_1 = +0.11\%$，$d_2 = -0.14\%$，$d_3 = +0.16\%$，$d_4 = -0.04\%$，$d_5 = -0.09\%$。

$$\overline{d} = \frac{\sum |x-\overline{x}|}{n} = \left(\frac{0.11+0.14+0.16+0.04+0.09}{5}\right)\% = 0.11\%$$

$$s = \sqrt{\frac{\sum (x-\overline{x})^2}{n-1}} = \left(\sqrt{\frac{(0.11)^2 + (0.14)^2 + (0.16)^2 + (0.04)^2 + (0.09)^2}{5-1}}\right)\% = 0.13\%$$

$$CV = \frac{s}{\overline{x}} = \frac{0.13\%}{37.34\%} \times 100\% = 0.35\%$$

上述讨论的 $\overline{d}$、s 的表达式中都涉及平行测定中各个测定值与平均值之间的偏差，但是平均值毕竟不是真值，在很多情况下，还需要进一步解决平均值与真值之间的误差。

3.1.3　总体和样本

在测定某一物理量或化学量时，测定结果能否很好地、有代表性地反映分析对象，这就需要知道总体和样本的概念。

相同的给定条件下对某物理量无限次测得数据的全体，在数理统计上称作总体。由于实验不可能无限次，所以总体这一概念实际是指一定条件下检测大量数据的抽象。总体中的每一成员称为个体（当总体中所含个体总数有限时，称为有限总体，否则称为无限总体）。

样本是指按一定的规则从总体中随机抽取的一些个体。为较好地反映总体的性质，在不可能进行无限次的实验中，通常选择在某一概率水平下推断其总体的性质，因为抽样是随机的，故不同次的样本所反映的总体是不相同的，可以通过误差来判断其好坏。

3.1.4　随机误差的正态分布

一定条件下对某一物理或化学量做大量检测时，将测得的测量值作为横坐标，以该值出现的相对频率为纵坐标作图，可得到一曲线图。当测定次数为无限多时，该曲线近似为高斯分布或正态分布曲线，或称为正态分布的概率密度曲线。其函数表达式为：

$$\varphi(x) = \frac{1}{\sigma\sqrt{2\pi}}\exp\left[-\frac{1}{2}\left(\frac{x-\mu}{\sigma}\right)^2\right]$$

式中　$\varphi(x)$——具有一定大小的偏差的出现频率或概率；

　　　　x——测量值；

　　　　μ——总体算术平均值；

　　　　σ——总体标准偏差。

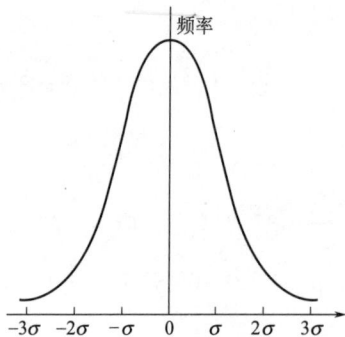

图 3.1　误差的正态分布曲线

上述规律可用图 3.1 表示。

图 3.1 是根据大量测定的实验数据（无限次）绘制的，用统计学的语言说，它代表着数据的总体。真实的均值 μ 将曲线分为对称的两部分。正偏差和负偏差出现的机会相等，小偏差出现的概率比大偏差大得多。

因此在测量时，应适当地增加测定次数，以减少误差。另外，我们在测量过程中，要树立严格、认真和实事求是的科学态度，严格遵守操作规程，一丝不苟，加强实验基本技能训练，为日后的学习打下良好的基础。

3.1.5　误差的传递

化学实验中一般包括一系列的测量步骤，通过几个直接测量的数据，按照一定的公式算出分析结果，因此在每一步中引入的测量误差，都会或多或少地影响分析结果的准确度，即个别测量步骤中的误差将传递到最后的结果中。系统误差与偶然误差传递规律有所不同。

（1）系统误差的传递规律　对于加减法运算，如以测量值 A、B、C 为基础，得出分析结果 R，即：

$$R = A + B + C$$

则根据数学推导可知，分析结果最大可能的误差（R）为各测定量绝对误差之和，即：

$$(\Delta R)_{max} = \Delta A + \Delta B + \Delta C$$

对于乘除法运算，如由测量值 A、B、C 相乘除，得出分析结果 R，即：

$$R = \frac{AB}{C}$$

则分析结果最大可能的相对误差 $\dfrac{\Delta R}{R}$ 为各测量值相对误差之和，即：

$$\left(\frac{\Delta R}{R}\right)_{\max} = \frac{\Delta A}{A} + \frac{\Delta B}{B} + \frac{\Delta C}{C}$$

这里需要指出，上述讨论的是最大的可能误差，即各测量值的误差的累加，但在实际工作中，各测量值的误差可相互部分抵消，使得分析结果的误差比上式计算的要少。

（2）偶然误差的传递规律　对于加减法运算，分析结果的标准偏差的平方为各测量值标准偏差平方之和。如 $R = A + B + C$，则：

$$s_R^2 = s_A^2 + s_B^2 + s_C^2$$

式中　s——标准偏差；

$\quad s_A$——A 的标准偏差。

对于乘除法运算，分析结果的相对偏差的平方等于各测量值的相对偏差平方的和。如 $R = \dfrac{AB}{C}$，则：

$$\left(\frac{s_R}{R}\right)^2 = \left(\frac{s_A}{A}\right)^2 + \left(\frac{s_B}{B}\right)^2 + \left(\frac{s_C}{C}\right)^2$$

作为化学实验的基础知识，不要求对各类误差的传递进行定量计算，但通过列举的数学表达式可知，在一系列的测量或分析步骤中，若某一环节引入 1% 的误差或标准偏差，而其余的环节中即使都保持 0.1% 的误差或标准偏差，最后所得到的结果的误差或标准偏差也仍然是在 1% 以上。因此，在一系列的测定过程中，应保持每个测量环节的误差或标准偏差接近或保持相同的数量级。

3.2　数据的取舍

3.2.1　有效数字

为了得到准确的分析结果，不仅要准确地测量，而且要正确地记录和计算，即记录的数字不仅表示数量的大小，而且要反映测量的精确程度。例如，用一般的分析天平称得某物体的质量为 0.5180g，这一数据中，0.518 是准确的，最后一位数字"0"是可疑的，可能有上下一个单位的误差，即其实际质量为 0.518g±0.0001g 范围内的某一数值。此时称量的绝对误差为±0.0001g，相对误差为：

$$\frac{\pm 0.0001}{0.5180} \times 100\% = \pm 0.02\%$$

若将上述称量结果写成 0.518g，则表示该物体的实际质量为 0.518g±0.001g 范围内的某一数值，即绝对误差为±0.001g，而相对误差为±0.2%。由此可见，记录时在 0.518 后少写一位"0"数字，从数学角度看关系不大，但是记录所反映的测量精密程度无形中被缩小了 10 倍。所以在数据中代表着一定的量的每一个数字都是重要的。这种在实验工作中实际上能测量到的数字称为有效数字。

数字"0"在数据中具有双重意义。如果作为普通数字使用，它是有效数字；如果它只起定位作用，就不是有效数字。例如，在分析天平上称得某物质的质量为 0.0758g，此数字只有 3 位有效数字。这是因为数字前面的"0"只起定位作用，不是有效数字。又如，某溶质的浓度为 0.2100mol/L，后面的两个"0"表示该溶液的浓度准确到小数点后第 3 位，第 4 位可能有±1 的误差，所以这两个"0"是有效数字，数据 0.2100 具有 4 位有效数字。另外，改变单位并不改变有效数字的位数，如体积为 20.30mL，两个"0"都是测量数据，因此该数据具有 4 位有效数字。若单位改 L，则是 0.02030L，这时前面的两个"0"仅起定位作用，不是有效数字，0.02030 仍然是 4 位有效数字。当需要在数的末尾加"0"作定位用时，最好采用指数形式表示，否则有效数字的位数含糊不清。如质量为 25.0g，若以 mg 为单位，则可表示为 2.50×10^4 mg；若表示为 2500mg，就容易误解为 4 位有效数字。

此外，也可以根据测量标准偏差而定。办法是将标准偏差除以 4，再按"四舍五入"原则决定商的首位数是否进位，首位数所在的位置就是该数据应保留的最后一位有效数字的位数。

例　某一测量结果为 17.162%，当其标准偏差分别为：① $s = 0.026$；② $s = 0.56$；③ $s = 1.15$；④ $s = 2.45$。有效数字应分别取几位？

解	标准偏差(s)	$s/4$	四舍五入	结果	有效数字
①	0.026	0.0065	0.0 *	17.16	4
②	0.56	0.14	0. *	17.2	3
③	1.15	0.2875	0. *	17.2	3
④	2.45	0.6125	*.0	17	2

3.2.2　有效数字运算

在实验过程中，往往要经过几个不同的测量环节，例如，在化学分析中，先用减量法称取试样，经过处理后进行滴定。在此过程中最少要取 4 次数据——称量瓶的质量、试样的质量、滴定管的初读数和滴定管的末读数，但这 4 个数据的有效数字的位数应该相同。在运算时，应该按照下列计算规则，合理地取舍各数据的有效数字的位数。

几个数据相加或相减时，它们的和或差的有效数字的保留，应以小数点后位数最少的数据为根据，即取决于绝对误差最大的那个数据。例如，将 0.0121、25.64 和 1.05782 三数相加，其中 25.64 为绝对误差最大的数据，所以应将计算器显示的相加结果 26.70992 也取到小数点后第 2 位，修约成 26.71。

在几个数据的乘除运算中，所得结果的有效数字的位数取决于相对误差最大的那个数。例如，下式

$$\frac{0.0325 \times 5.103 \times 60.06}{139.8} = 0.0713$$

各数的相对误差分别为：

0.0325：$(\pm 0.0001/0.0325) \times 100\% = \pm 0.0308\%$；

60.06：$\pm 0.02\%$；

5.103：$\pm 0.02\%$；

139.8：$\pm 0.07\%$。

可见，4 个数中相对误差最大即准确度最差的是 0.0325，是 3 位有效数字，因此计算结

果也应该取 3 位有效数字 0.0713。如果把计算得到的 0.0712504 作为答数是不对的，因为 0.0712504 的相对误差仅为 ±0.00001％，而在测量中没有达到如此高的准确程度。

进行对数运算时，对数值的有效数字只由小数部分的位数决定，首位部分不是有效数字。对 2345 取对数，应记作 lg2345＝3.3704，若记成 lg2345＝3.370，则只有 3 位有效数字，与原数 2345 的有效数字位数不一致。又如：若 $[H^+]=4.9\times10^{-11}$ mol/L，则 pH＝ $-lg[H^+]=10.31$，有效数字仍应 2 位。

3.2.3　舍入法则

在计算过程中，可以暂时多保留一位，得到最后结果时，常常采用"四舍六入五成双"的原则来修约和处理所得到的数字。该原则如下：当尾数小于等于 4 时，舍去；当尾数大于等于 6 时，进位；当尾数是 5 时，则看保留下来的末位数是奇数还是偶数，是奇数时进位，是偶数时，则舍去，总之，使保留下来的末位数为偶数。

例 1　将下列各数修约为 3 位有效数字。

$$1.4018 \rightarrow 1.40 \qquad 1.4051 \rightarrow 1.41 \qquad 6.235 \rightarrow 6.24$$
$$6.91499 \rightarrow 6.91 \qquad 1.405 \rightarrow 1.40 \qquad 3.78501 \rightarrow 3.79$$

例 2　对于物质中某成分含量，4 次测量结果分别为 67.45％、67.09％、68.05％、67.42％，其平均值应该如何报告？

解　$\overline{x}=\dfrac{\sum\limits_{i}^{n}x_i}{n}=\dfrac{67.45\%+67.09\%+68.05\%+67.42\%}{4}=67.50\%$

$$s=\sqrt{\frac{\sum(x-\overline{x})^2}{n-1}}=0.3998\%$$

$s/4=0.09995$，四舍五入后为 $0.1*$，有效数字位应保留至小数点后 1 位，故物质含量平均值为 67.5％。

上述例 1 是在知道应该保留几位有效数字的情况下，在得到最后数字时直接修约成满足要求的有效位数。例 2 是不完全知道应该保留几位有效数字，而根据其标准偏差确定保留的有效数字位数。

3.2.4　可疑数字取舍

在实际工作中，常常会遇到一组相同条件下平行测定的数据中有个别数据的精密度不是很高的情况，该数据与平均值的差值是否属于偶然误差是可疑的，而这个可疑值的取舍直接会影响结果的平均值，尤其当所得测量数据较少时影响更大。因此，在计算前必须对可疑值进行合理的取舍。如何进行取舍？若可疑值不是明显的过失造成的，就要根据偶然误差分布规律决定取舍。取舍方法很多，这里只介绍 Q 检验法。

当测量次数 $n=3\sim10$ 时，根据所要求的置信度（如取 90％），可按下列步骤检验可疑数据，决定其是否可以弃去。

① 将各数据按递增的顺序排列：x_1，x_2，x_3，…，x_n；
② 求出最大与最小数据之差 x_n-x_1；
③ 求出可疑数据 x_n 与其最邻近数据之间的差 x_n-x_{n-1}；

④ 求出 Q 值

$$Q = \frac{x_n - x_{n-1}}{x_n - x_1}$$

⑤ 根据测定次数 n 和要求的置信度（如 90%），查表 3.1 得出 $Q_{0.9}$；

⑥ 将 Q 与 $Q_{0.9}$ 相比较，若 $Q > Q_{0.9}$，则弃去可疑值，否则应予保留。

表 3.1 Q 的数据

测量次数 n	$Q_{0.90}$	$Q_{0.95}$	$Q_{0.99}$
3	0.94	0.98	0.99
4	0.76	0.85	0.93
5	0.64	0.73	0.82
6	0.56	0.64	0.74
7	0.51	0.59	0.68
8	0.47	0.54	0.63
9	0.44	0.51	0.60
10	0.41	0.48	0.57

例 在一组平行测定中，测得样品中硅的含量分别为 22.38%、22.39%、22.36%、22.40% 和 22.44%。试用 Q 检验法判断 22.44 能否弃去（要求置信度为 90%）。

解 ① 按递增顺序排列：22.36%、22.38%、22.39%、22.40%、22.44%；

② $x_n - x_1 = 22.44\% - 22.36\% = 0.08\%$；

③ $x_n - x_{n-1} = 22.44\% - 22.40\% = 0.04\%$；

④ $Q = \dfrac{x_n - x_{n-1}}{x_n - x_1} = \dfrac{0.04\%}{0.08\%} = 0.5$；

⑤ 查表，$n = 5$ 时，$Q_{0.90} = 0.64$；$Q < Q_{0.90}$，所以 22.44 应予保留。

如果测定次数比较少，如 $n = 3$，而且 Q 值与查表所得 Q 值相近，这时为了慎重起见，最好是再补加两次，然后确定可疑值的取舍。

总之，误差是客观存在的，但却是有规律的。在了解误差的来源、误差的处理等过程的基础上，努力培养良好的实验习惯、精益求精的工作作风和实事求是的科学态度是非常重要的。

3.3 实验结果的整理与表达

化学实验中，往往记录大量的数据，这些数据的正确记录和处理将对结果有很大的影响，通常数据记录及处理采用 3 种方法：列表法、作图法、解析法。

3.3.1 列表法

列表法的作用是把实验数据整齐而有规则地用表格的形式列出来，便于处理运算和检查差错。作表格时应注意以下几点。

（1）表格名称 每一表格应有一简明而完整的名称。

（2）栏与栏头 将表格分成若干列（或行），称为栏。

每一变量应占表中一栏。每一栏的第一列（或第一行）称为栏头，在栏头中应尽量用国家规定的标准符号来表示该栏的物理量，物理量等于数值乘以单位，如 $p=500\mathrm{kPa}$。由于在表中列出的常常是一些纯数（数值），因此，栏头的表达式也应该是一纯数，这就是说应当是量的符号除以单位的符号，例如 $p/\mathrm{kPa}=500$，或者是这些纯数的数学函数，例如 $\ln(p/\mathrm{kPa})$。

（3）数值的表示　应尽可能以列表示，列中每项数值应把位数和小数点对齐，使数值变化一目了然。尽量用指数形式表示数据，相同指数可放在栏头内。

（4）主变量的选择　通常选择较简单的变量作为主变量，例如温度、时间等。主变量最好是均匀间隔地增加。主变量应列在第一栏。

3.3.2　作图法

用作图法表示实验数据能清楚地显示出数据的变化规律，如极大点和极小点、转折点、周期性等。从图上易找出所需数据，可进行图解微分和图解积分。有时还可作图外推，以求得实验难以获得的量。下面简略介绍作图法要点。

（1）坐标纸　通常用直角毫米坐标纸，有时也用对数或半对数坐标纸。在作三组分相图时则用三角坐标纸。

（2）坐标轴　一般以主变量为横轴，以应变量（函数）为纵轴。坐标轴的标注也应该是一纯数的数学函数。坐标比例尺的选择原则如下所述。

① 能表示出实验读数的全部有效数字，使图上读出的各物理量的精度与测量时的精密度一致。

② 方便易读。通常应使单位坐标格子所代表的变量为简单整数（应选 1、2、5 倍，不宜用 3、7、9 的倍数）。图纸不宜小于 $10\mathrm{cm}\times10\mathrm{cm}$。

③ 充分利用图纸，不必把坐标的原点作为变量的零点。曲线若为直线或近似直线，应尽量安置在图纸的对角线附近。

在纵轴的左面和横轴的下面每隔一定距离（例如 1cm 间距）写下该处变量的数值，以便作图及读数，但不要将实验值写在轴旁。

（3）代表点　是指测量的各数据在图上的点。数据点可用△、×、○、⊙、□等不同符号表示，其大小粗略表明测量的误差范围。

（4）曲线　绘制好代表点后，按代表点的分布情况作一曲线。曲线不需全部通过各代表点，而应遵照"最小二乘法"原理作出。曲线应尽可能光洁圆滑。

（5）图名和说明　最后应在图上注明图名以及主要测量条件或其他必要说明。

3.3.3　解析法

解析法是指将实验数据处理后归纳为一个方程式，以便对实验结果做理论分析或对方程式做进一步的数学处理，从而找出实验数据中的规律性结论。

3.4　计算机作图

回归方程一般都要借助计算机拟合。下面介绍一种拟合直线形方程的普遍化方法，其十分简便。

利用计算机能十分快捷、出色地处理实验数据。若使用 Excel 电子表格就不用编程即可很快完成列表、作图、拟合解析式等工作。现以饱和蒸气压实验数据处理为例，说明其步骤。

① 将实验所得的原始数据输入 Excel 电子表格。例如，在 A 列中输入实验温度 $(t/℃)$，在 B 列中输入实验压力 (p/Pa)，再利用电子表格的公式与函数功能求得呈线性关系的自变量及函数。在本例中可在 C 列中输入公式"$1/(A+273.15)$"，在 D 列中输入公式"$\ln B$"，即可得到自变量 K/T 及函数 $\ln(p/Pa)$，如表 3.2 所列。

表 3.2　水的饱和蒸气压实验数据

A	B	C	D
$t/℃$	$p/10^3 Pa$	$10^3 K/T$	$\ln(p/Pa)$
87.42	64.22	2.7734	11.0701
90.05	70.58	2.7533	11.1645
92.43	77.20	2.7354	11.2542
94.58	83.40	2.7194	11.3314
96.66	89.84	2.7041	11.4058
98.71	96.15	2.6892	11.4737
100.12	101.08	2.6790	11.5237

② 选定待显示于图表中的数据所在单元格区。在本例中应选 $C1:D8$。

③ 单击常用工具栏上的"图表向导"按钮，或者单击"插入"菜单上的"图表"命令，打开"图表向导"对话框。此对话框的标题为"图表向导-4 步骤之 1-图表类型"，选中"标准类型"选项卡，在"图表类型"列表中单击选择"XY 散点图"。再在"子图表类型"中单击"平滑散点图"。

④ 单击"下一步"按钮，进入四步骤之 2，设定图表数据源。在本例中，Excel 会根据第一步中选中的数据，自动将数据的来源选择为系列产生于列。

⑤ 单击下一步，进入步骤 3，设定"图表选项"。首先选中"标题"选项卡，将"图表标题"设置为"水的饱和蒸气压"；"分类（X）轴"设置为"$10^3 K/T$"，"数值（Y）轴"设置为"$\ln(p/Pa)$"。选中"坐标轴"选项卡，取默认值；选中"网格线"选项卡，都选中 X、Y 轴的主要网格线和次要网格线；选中"图例"选项卡，取消"显示图例"；选中"数据表"选项卡，"数据表"取"无"。单击下一步即可得散点图。

⑥ 单击"图表"菜单中的添加趋势线命令，打开"添加趋势线"对话框，在"类型"选项卡中单击所需的回归趋势线类型"线型"，在本例中选取的是直线。选中"选项"选项卡，可设置趋势的名称、是否需要方差 R^2 等。单击"确定"，即完成作图并得到直线方程式。

⑦ 若得到的图表感到不够美观，整个图表的布局也不合理，可进一步修饰图表的外观，对图表格式化。先单击"图表"工具栏中最左侧的"图表对象"下拉框旁的下拉箭头，在图表项列表中选中某一项，即可设置它的颜色、大小、粗细等。例如，水的饱和蒸气压数据图如图 3.2 所示。

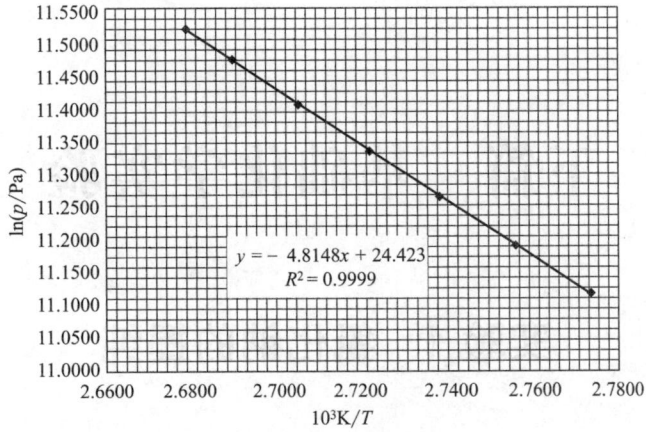

图 3.2　水的饱和蒸气压

下篇　基础化学实验

实验 1　氯化钠的提纯

实验目的

① 通过沉淀反应，了解提纯氯化钠的方法。

② 练习台秤和酒精灯的使用以及过滤、蒸发、结晶、干燥等基本操作。

实验原理

粗食盐中含有不溶性杂质（如混沙）和可溶性杂质（主要是 Ca^{2+}、Mg^{2+}、K^+ 和 SO_4^{2-}），其中不溶性杂质可用溶解和过滤的方法除去。可溶性杂质可用下列方法除去。

在粗食盐溶液中加入稍微过量的 $BaCl_2$ 溶液，将 SO_4^{2-} 转化为难溶解的 $BaSO_4$ 沉淀，通过过滤除去：

$$Ba^{2+} + SO_4^{2-} =\!=\!= BaSO_4(s)$$

在滤液中加入 $NaOH$ 和 Na_2CO_3 溶液，发生下列反应：

$$Mg^{2+} + 2OH^- =\!=\!= Mg(OH)_2(s)$$

$$Ca^{2+} + CO_3^{2-} =\!=\!= CaCO_3(s)$$

$$Ba^{2+} + CO_3^{2-} =\!=\!= BaCO_3(s)$$

食盐溶液中的杂质 Ca^{2+}、Mg^{2+} 以及沉淀 SO_4^{2-} 时加入的过量 Ba^{2+} 转化为难溶的 $CaCO_3$、$Mg(OH)_2$ 及 $BaCO_3$ 沉淀，并通过过滤的方法除去。过量的 $NaOH$ 和 Na_2CO_3 用盐酸中和除去。少量可溶性的杂质（如 KCl），在蒸发浓缩和结晶过程中残留在溶液中，不会和 $NaCl$ 同时结晶出来。

仪器、药品和材料

托盘天平；小烧杯；玻璃棒；陶土网；普通漏斗；蒸发皿；试管；酒精灯；滴管；量筒；布氏漏斗；循环水真空泵。

粗食盐；$BaCl_2$（1mol/L）；$NaOH$（2mol/L）；$NaOH$（1mol/L）；Na_2CO_3（1mol/L）；HCl（2mol/L）；$(NH_4)_2C_2O_4$（0.5mol/L）；镁试剂。

pH 试纸；定性滤纸；蒸馏水。

实验内容

（1）粗食盐的提纯

① 在台秤上，称取 8g 粗食盐，放入小烧杯中，加 30mL 蒸馏水，用玻璃棒搅动，加热使其溶解。至溶液沸腾时，在搅动下一滴一滴加入 1mol/L $BaCl_2$ 溶液至沉淀完全（约 2mL），继续加热，使 $BaSO_4$ 颗粒长大，易于沉淀和过滤。为了检验沉淀是否完全，可将烧杯从陶土网上取下，待沉淀沉降后，在上层清液中加入 1～2 滴 $BaCl_2$ 溶液，观察澄清液中

是否还有浑浊现象，如果无浑浊现象，说明 SO_4^{2-} 已完全沉淀；如果仍有浑浊现象，则需继续滴加 $BaCl_2$ 溶液，直到在上层清液加入一滴 $BaCl_2$ 后，不再产生浑浊现象为止。沉淀完全后，继续加热 5min，以使沉淀颗粒长大而易于沉降，用普通漏斗过滤。

② 在滤液中加入 1mL 2mol/L NaOH 和 3mL 1mol/L Na_2CO_3 溶液，加热至沸腾。待沉淀沉降后，在上层清液中滴加 1mol/L Na_2CO_3 溶液，至不再产生沉淀为止，用普通漏斗过滤。

③ 在滤液中滴加 2mol/L HCl，用玻璃棒蘸取滤液，在 pH 试纸上试验，直至溶液呈微酸性为止（pH≈6）。

④ 将溶液倒入蒸发皿中，用小火加热蒸发，浓缩至稀粥状，切不可将溶液蒸发干。

⑤ 冷却后，用布氏漏斗真空抽滤，尽量将晶体抽干。然后将结晶放入蒸发皿中，在陶土网上用小火加热干燥。

⑥ 称出产品的质量，并计算产率。

（2）产品纯度的检验　取少量（约 1g）提纯前和提纯后的食盐。分别用 5mL 蒸馏水溶解，然后分别盛于三支试管中，组成三组溶液，对照检验它们的纯度。

① SO_4^{2-} 的检验：在第一组溶液中，分别加入 2 滴 1mol/L $BaCl_2$ 溶液，比较沉淀产生的情况（经提纯的食盐溶液中应该无白色难溶的 $BaSO_4$ 沉淀产生）。

② Ca^{2+} 的检验：在第二组溶液中，分别加入 2 滴 0.5mol/L $(NH_4)_2C_2O_4$（草酸铵）溶液，比较沉淀产生的情况［经提纯的食盐溶液中应无白色难溶的 CaC_2O_4（草酸钙）沉淀产生］。

③ Mg^{2+} 的检验：在第三组溶液中，分别加入 2～3 滴 1mol/L NaOH 溶液，使溶液呈碱性（用 pH 试纸试验），再分别加入 2～3 滴镁试剂❶，比较沉淀产生的情况（经提纯的食盐溶液中应无天蓝色沉淀产生）。

思考题

① 怎样除去粗食盐中的 Ca^{2+}、Mg^{2+}、K^+ 和 SO_4^{2-} 等杂质离子？

② 怎样除去过量的沉淀剂 $BaCl_2$、NaOH 和 Na_2CO_3？

③ 浓缩提纯后的食盐溶液时，为什么不能将溶液蒸干？

④ 怎样检验 NaCl 的纯度？

⑤ 画出布氏漏斗真空抽滤的工艺流程图。

实验 2　溶液的 pH 值

实验目的

① 掌握配制各种溶液的方法。

② 了解在各种 pH 值溶液中各指示剂所显示的特征颜色。

③ 熟练掌握 pH 试纸的使用方法。

④ 初步学习酸度计测定溶液 pH 值方法。

---

❶ 镁试剂是一种有机染料，在酸性溶液中呈黄色，在碱性溶液中呈红色或紫色，但被 $Mg(OH)_2$ 沉淀吸附后，呈天蓝色，因此可以用来检验 Mg^{2+} 的存在。

仪器、药品和材料

烧瓶；烧杯；试管；量筒；PHS-25 型酸度计；气流干燥器。

HCl(0.001mol/L)；NaOH(0.001mol/L)；未知酸溶液（0.001mol/L）；未知碱溶液（0.05mol/L）；HAc(0.1mol/L)；NaAc(0.1mol/L)；HCl(0.1mol/L)；NaOH(0.1mol/L)；CaCl$_2$(0.1mol/L)；NH$_4$Ac(0.1mol/L)；NH$_4$Cl(0.1mol/L)。

蒸馏水；pH 试纸；甲基橙；甲基红；溴百里酚蓝；酚酞；茜素黄；擦镜纸（或滤纸）。

实验内容

（1）配制各种 pH 值的溶液

① 在一只清洁的烧瓶中装入 400mL 蒸馏水并加热到沸腾，把一只小烧杯倒扣在烧瓶口上，让它冷却（蒸馏水中往往溶有 CO$_2$ 而微显酸性，加热可驱出 CO$_2$）。煮沸过的蒸馏水，将作为一种 pH＝7 的溶液，并将用于稀释下列溶液。

② 从试剂台上取 5mL 0.001mol/L HCl 溶液，用 45mL 煮沸过的蒸馏水加以稀释，搅拌。最终溶液中的 H$_3$O$^+$ 浓度是 0.0001mol/L(pH＝4)。

③ 由 5mL 上述 pH 为 4 的溶液配制 50mL pH 为 5 的溶液。再由 5mL pH 为 5 的溶液配制 50mL pH 为 6 的溶液。

④ 类似地，用 0.001mol/L NaOH 溶液，依次地配制 pH 为 10、9 和 8 的溶液。

取 5mL pH 范围从 3～11 的 9 种溶液分别放在 9 支清洁和干燥的试管中，向每支试管中加入（不多于 2 滴）甲基橙指示剂溶液，摇动试管并观察每一支试管中产生的颜色。把这些结果记录在数据表内。

相似地，取新鲜的样品用指示剂甲基红、溴百里酚蓝、酚酞和茜素黄（不多于 2 滴）进行试验，结果填入表 4.1。

表 4.1 实验结果

pH	甲基橙	甲基红	溴百里酚蓝	酚酞	茜素黄
3					
4					
5					
6					
7					
8					
9					
10					
11					

（2）测定未知酸和碱溶液 pH 值

① 用各种指示剂测定溶液 pH 值　用清洁干燥的量筒，从试剂台上取 25mL 的未知酸溶液，其中每 1mL 含有 0.001mol 的 HX。向 5 支清洁干燥的试管中各加入 5mL 酸液，再向各试管中加入不同的指示剂 2 滴，记录所观察到的颜色。

用相同的方法，向 0.05mol/L 的未知碱溶液中加入各种指示剂，记录产生的颜色（填入表 4.2），碱溶液是试剂台上提供的。

② 用 pH 计（酸度计）测定溶液 pH 值　pH 计测定溶液的 pH 可准确到 0.1pH 值单位，测量精度较高，是工业生产中常用仪器。

用 2 只洁净干燥的烧杯，分别加入 50mL 未知酸和未知碱溶液，并测定和记录 pH 值（填入表 4.2），其测定的方法见酸度计使用说明。

表 4.2　未知酸和未知碱的测定

测定方式	未知酸	未知碱
甲基橙		
甲基红		
溴百里酚蓝		
酚酞		
茜素黄		
pH 计		

（3）计算酸和碱解离常数 $\left(K=\dfrac{X^2}{C-X}\right)$

① 假定未知酸是一元强酸 HX，计算 $HX+H_2O \Longrightarrow H_3O^+ + X^-$ 的解离常数（请注意，X^- 的浓度等于 H_3O^+ 浓度，HX 浓度是初始浓度减去解离的那部分浓度）。

② 计算 $MOH \Longrightarrow M^+ + OH^-$ 解离常数，已知 $[OH^-]=\dfrac{1.0 \times 10^{-14}}{[H_3O^+]}$。

（4）缓冲溶液的配制及相关测定　配制 pH＝4.74 的缓冲溶液 50mL，实验室现有 0.1mol/L HAc 和 0.1mol/L NaAc 溶液，应该怎样配制？根据计算结果配制好后，用 pH 计测定是否符合要求，然后在缓冲溶液中，加入 0.5mL 0.1mol/L HCl（约 10 滴），用 pH 计测定其 pH 值，再加入 1mL 0.1mol/L NaOH（约 20 滴），用 pH 计测定其 pH 值，填入表 4.3，并与计算值比较。

表 4.3　缓冲溶液 pH 值比较

缓冲溶液	pH 计算值	pH 测定值
加入 0.5mL 0.1mol/L HCl		
再加入 1mL 0.1mol/L NaOH		

（5）用 pH 试纸测定盐类水溶液的 pH 值　取少量下列各盐溶液于点滴板上，用广泛 pH 试纸测定其 pH 值：

$CaCl_2$(0.1mol/L)；NaAc(0.1mol/L)；NH_4Ac(0.1mol/L)；NH_4Cl(0.1mol/L)。

思考题

① 如果把等体积的 pH 值为 3 和 pH 值为 5 的溶液混合在一起，混合溶液的 pH 值将是多少？

② 如果每种指示剂能显示出 3 种颜色而不是 2 种颜色，并假定颜色变化不会互相重叠，那么需要多少种指示剂就能包括本实验内容（1）中数据表（pH 值为 3～11）的颜色变化？

③ 在上述每个实验中，为什么要取指示剂的最小用量？

④ 计算下列溶液的 pH 值：

a. 0.1mol/L NH_4Cl 溶液和 0.1mol/L NaAc 溶液。

b. 等体积 HAc(0.1mol/L) 和 NaAc(0.1mol/L) 混合液。

⑤ 设计配制 50mL pH 值为 10 的缓冲溶液的方案。

⑥ 用 pH 计测定溶液 pH 值时，有哪些主要步骤？

实验3 沉淀反应

实验目的

① 学会运用溶度积理论，掌握沉淀反应的规律，并用以预测、验证、分析某些实验现象，以加深对溶度积概念的理解，增加对沉淀反应的感性认识。

② 利用沉淀反应来分离或鉴定某种物质。

仪器、药品和材料

试管；离心试管；滴管；离心机。

$Pb(NO_3)_2$(0.1mol/L)；Na_2S(0.1mol/L)；NaCl(0.5mol/L)；NaCl(0.025mol/L)；NaCl(0.1mol/L)；K_2CrO_4(0.1mol/L)；$AgNO_3$(0.1mol/L)；KI(0.1mol/L)；$MgSO_4$(0.1mol/L)；$NH_3 \cdot H_2O$(2mol/L)；NH_4Cl(1mol/L)；$Pb(Ac)_2$(0.01mol/L)；KI(0.02mol/L)；$Ca(NO_3)_2$(0.1mol/L)；KNO_3(0.1mol/L)；Na_2CO_3(1mol/L)；H_2S(饱和)；$NaNO_3$ 固体。

蒸馏水。

实验内容

(1) 沉淀的生成

① 在试管中加 10 滴 0.1mol/L $Pb(NO_3)_2$，加入等量 0.1mol/L K_2CrO_4 溶液，记录现象。

② 取 10 滴 0.1mol/L $Pb(NO_3)_2$，加入等量 0.1mol/L Na_2S 溶液，记录现象。

③ 根据溶度积判断下列溶液是否有沉淀生成，并用实验证明之。

在两支干燥试管中各加 10 滴 0.1mol/L $Pb(NO_3)_2$ 溶液，然后分别加入 10 滴 0.5mol/L NaCl 和 0.025mol/L NaCl 溶液。

(2) 分步沉淀　向试管中加入 2 滴 0.1mol/L Na_2S 溶液和 5 滴 0.1mol/L K_2CrO_4 溶液，用水稀释至 5mL。然后逐滴加入 0.1mol/L $Pb(NO_3)_2$ 溶液，观察首先生成沉淀的颜色。待沉淀沉降后，继续向清液中滴加 $Pb(NO_3)_2$ 溶液。会出现什么颜色的沉淀？根据有关溶度积数据加以说明。

(3) 沉淀的转化

① 已知 $K_{sp,AgCl} = 1.8 \times 10^{-10}$，$K_{sp,AgI} = 8.5 \times 10^{-17}$，设计利用浓度均为 0.1mol/L 的 $AgNO_3$、NaCl、KI 溶液，实现 AgCl 沉淀转化成 AgI 沉淀。

② 设计制备 Ag_2CrO_4 沉淀的实验，观察其颜色，试验 Ag_2CrO_4 沉淀能否与 0.5mol/L 的 NaCl 发生反应。注意沉淀及溶液的变化，解释观察到的现象。

(4) 沉淀的溶解

① 在试管中加入 2mL 0.1mol/L $MgSO_4$ 溶液，加入 2mol/L $NH_3 \cdot H_2O$ 数滴，此时生成的沉淀是什么？再向此溶液中加入 1mol/L NH_4Cl 溶液，沉淀是否溶解？用离子平衡移动的观点解释上述现象。

② 取 5 滴 0.01mol/L $Pb(Ac)_2$ 溶液，加入 5 滴 0.02mol/L KI 溶液，待沉淀生成，再加入少量固体 $NaNO_3$，振荡试管，观察到 PbI_2 沉淀又溶解，为什么？

（5）用沉淀法分离混合离子

① Pb^{2+}、Ca^{2+}、K^+ 的混合液的沉淀分离：

取 0.1mol/L $Pb(NO_3)_2$、0.1mol/L $Ca(NO_3)_2$、0.1mol/L KNO_3 溶液各 5 滴于同一支试管中，然后加入 H_2S 饱和溶液数滴，振荡试管，产生什么沉淀？离心沉淀后，在清液中再加一滴 H_2S 饱和溶液，若无沉淀出现，则表示 Pb^{2+} 已沉淀完全，离心分离。用滴管将清液移入另一试管中，在清液中加入 1mol/L Na_2CO_3 溶液，直至沉淀完全离心分离。写出分离过程示意图。

② 试设计 Ag^+、Al^{3+}、Fe^{3+} 的混合液的沉淀分离程序。

思考题

① 回答下列问题：

a. 根据溶度积判断 10 滴 0.1mol/L $Pb(NO_3)_2$ 溶液加 10 滴 0.5mol/L NaCl 溶液是否有沉淀产生？

b. 根据溶度积判断 10 滴 0.1mol/L $Pb(NO_3)_2$ 溶液加 10 滴 0.025mol/L NaCl 溶液是否有沉淀产生？

② 估计 Ag_2CrO_4 沉淀与 0.2mol/L NaCl 反应的综合平衡常数。估计该反应的可能性及主要现象。

③ 设计采用沉淀法分离 Ag^+、Fe^{3+}、Al^{3+} 的分离程序。

实验 4　氧化还原反应与电化学

实验目的

① 定性比较一些电极反应的电极电位。

② 试验各种因素对氧化还原反应速率的影响。

③ 观察催化剂对氧化还原反应速率的影响。

仪器、药品和材料

试管；烧杯；滴管；盐桥；电压表。

KI(0.1mol/L)；$FeCl_3$（0.1mol/L）；CCl_4；KBr（0.1mol/L）；碘水；溴水；$FeSO_4$（0.1mol/L）；MnO_2 固体；HCl(1mol/L)；$K_2Cr_2O_7$(0.2mol/L)；浓盐酸；$K_3[Fe(CN)_6]$（0.1mol/L）；$ZnSO_4$(0.2mol/L)；NH_4F（10%）；$H_2C_2O_4$(2mol/L)；H_2SO_4(1mol/L)；$MnSO_4$(0.2mol/L)；$KMnO_4$(0.01mol/L)；$CuSO_4$(0.1mol/L)；$ZnSO_4$(0.1mol/L)；浓氨水；H_2SO_4(2mol/L)。

淀粉-KI 试纸；导线；铜片；锌片；蒸馏水。

实验内容

（1）电极电位与氧化还原反应的关系

① 将 0.5mL 0.1mol/L KI 溶液与数滴 0.1mol/L $FeCl_3$ 溶液在试管中混匀后，加入

0.5mL CCl_4。充分振荡，观察 CCl_4 层的颜色有何变化❶并保留溶液。

② 用 0.1mol/L KBr 溶液代替 0.1mol/L KI 溶液，进行同样实验。反应能否发生？为什么？

③ 分别用碘水和溴水同 0.1mol/L $FeSO_4$ 溶液相互作用，观察现象。

根据实验结果，定性地比较 Br_2/Br^-、I_2/I^-、Fe^{3+}/Fe^{2+} 三个电极电位的相对高低，并指出哪种物质是最强的氧化剂，哪种是最强的还原剂。说明电极与氧化还原反应方向的关系。

（2）各种因素对氧化还原反应的影响

① 浓度：试管中加入少量固体 MnO_2 和 1.5mL 1mol/L HCl 溶液，用湿的淀粉-KI 试纸在管口试验有无气体产生；用浓的 HCl 代替 1mol/L HCl 进行实验，比较两次实验结果，写出反应式并根据能斯特公式原理进行解释。

② 酸度：试管中加入 0.5mL 0.1mol/L KI 溶液和 0.5mL 0.2mol/L $K_2Cr_2O_7$ 溶液，混匀后，观察现象；再加入数滴 2mol/L H_2SO_4 溶液，观察现象；写出反应式并加以解释。

③ 沉淀：试管中加入 0.5mL 0.1mol/L KI 溶液和 5 滴 0.1mol/L $K_3[Fe(CN)_6]$ 溶液，混匀后，再加入 0.5mL CCl_4，充分振荡，观察 CCl_4 层中颜色有无变化；然后加入 5 滴 0.2mol/L 的 $ZnSO_4$ 溶液，充分振荡，观察 CCl_4 层中颜色，进行解释。根据实验现象判断 I^- 能否还原 $[Fe(CN)_6]^{3-}$，以及加入 Zn^{2+} 有何影响❷。

④ 络合剂：在一试管中加入 2 滴 0.1mol/L $FeCl_3$ 溶液和 5 滴 10% NH_4F 溶液，再加入 0.5mL 0.1mol/L KI 溶液和 0.5mL CCl_4，振荡并观察。与实验内容（1）相比较，有何不同？试解释。

（3）催化剂对氧化还原反应速率的影响　取 3 支试管，分别加入 1mL 2mol/L $H_2C_2O_4$ 溶液和数滴 1mol/L H_2SO_4。然后向 1 号管中滴加 2 滴 0.2mol/L $MnSO_4$ 溶液，向 3 号管中加数滴 10% 的 NH_4F 溶液，最后向 3 支试管中分别加入 2 滴 0.01mol/L $KMnO_4$ 溶液混合均匀，观察 3 支试管中红色褪去的快慢。必要时，可用小火加热，进行比较❸。

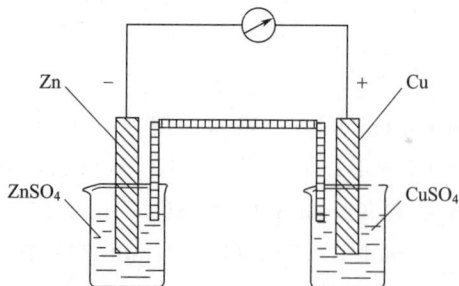

图 4.1　原电池示意

此反应的电动势虽大，但反应速度较慢，Mn^{2+} 对此反应有催化作用，随着反应自身产生 Mn^{2+}，反应变快，如果加入 F^- 把反应产生的 Mn^{2+} 结合起来形成配合物，则反应依旧进行较慢。

（4）原电池　按图 4.1 安装原电池装置，在两只 100mL 烧杯中分别加入 30mL 0.1mol/L $CuSO_4$ 溶液和 0.1mol/L $ZnSO_4$ 溶液，然后在 $CuSO_4$ 溶液中放入铜片，在 $ZnSO_4$ 溶液中放入锌片，再加盐桥连接两只烧杯，将锌片与铜片通过导线分别与电压表的负极与正极相连，记下电压表的读数。

---

❶ 碘溶于四氯化碳中，溶液呈紫红色。溴溶于四氯化碳中，溶液呈棕色。

❷ $2I^- + 2[Fe(CN)_6]^{3-} \rightleftharpoons I_2 + 2[Fe(CN)_6]^{4-}$

　 $2Zn^{2+} + [Fe(CN)_6]^{4-} \rightleftharpoons Zn_2[Fe(CN)_6] \downarrow$

❸ $H_2C_2O_4$ 溶液和 $KMnO_4$ 溶液在酸性介质中能发生如下反应：

$$5H_2C_2O_4 + 2MnO_4^- + 6H^+ \rightleftharpoons 2Mn^{2+} + 10CO_2 + 8H_2O$$

在 $CuSO_4$ 溶液中加入浓氨水至生成的沉淀溶解为止，形成深蓝色溶液，记下电压表读数。

$$Cu^{2+} + 4NH_3 \longrightarrow [Cu(NH_3)_4]^{2+}$$

再在 $ZnSO_4$ 溶液中加入浓氨水至生成的沉淀溶解为止，记下电压表读数。

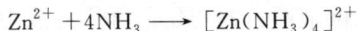

$$Zn^{2+} + 4NH_3 \longrightarrow [Zn(NH_3)_4]^{2+}$$

从上面实验结果，结合能斯特公式说明电压表数字变化的原因。

思考题

① 为什么重铬酸钾能氧化浓盐酸中的氯离子而不能氧化氯化钠中的氯离子？

② 为什么稀 HCl 不能和 MnO_2 反应，而浓盐酸则能反应？这里除 H^+ 浓度改变外，Cl^- 浓度的改变对反应有无影响？

③ 哪些因素影响电极电位？怎样影响？

④ 电动势越大的反应是否进行的速率也越快？催化剂改变反应速率，它能否改变化学反应的方向？

实验 5　配位化合物

实验目的

① 比较配离子和简单离子的性质。

② 比较配离子的稳定性。

③ 了解配合平衡与沉淀反应、氧化还原反应以及介质酸碱性的关系。

④ 了解几种螯合物的应用。

仪器、药品和材料

试管；离心试管；离心机；滴管。

$FeCl_3$（0.1mol/L）；$K_3[Fe(CN)_6]$（0.1mol/L）；KSCN（0.5mol/L）；$Al_2(SO_4)_3$（饱和）；K_2SO_4（饱和）；$Na_3[Co(NO_2)_6]$；铝试剂（0.1%）；$BaCl_2$ 溶液；$Fe_2(SO_4)_3$（0.5mol/L）；HCl（6mol/L）；NH_4SCN（1%）；NH_4F（10%）；$(NH_4)_2C_2O_4$（饱和）；$AgNO_3$（0.1mol/L）；NaCl（0.1mol/L）；$NH_3 \cdot H_2O$（2mol/L）；KBr（0.1mol/L）；$Na_2S_2O_3$（0.5mol/L）；KI（0.1mol/L）；$FeCl_3$（0.5mol/L）；CCl_4；NH_4F（4mol/L）；NaOH（2mol/L）；HCl（1:1）；$NiSO_4$（0.2mol/L）；丁二酮二肟（镍试剂）；$CrCl_3 \cdot 6H_2O$ 晶体；H_3BO_3（0.1mol/L）。

蒸馏水；pH 试纸。

实验内容

（1）配离子和简单离子的性质比较

① $FeCl_3$ 与 $K_3[Fe(CN)_6]$ 的性质比较　分别往两支盛着 0.5mL 0.1mol/L $FeCl_3$ 溶液和 0.1mol/L $K_3[Fe(CN)_6]$ 溶液的试管中，加入几滴 0.5mol/L KSCN 溶液，观察有何变化。两种化合物中都有 Fe(Ⅲ)，为什么实验结果不同？

② K^+、Al^{3+} 和 SO_4^{2-} 的检验　在离心试管中加入 2mL $Al_2(SO_4)_3$ 饱和溶液和 2mL K_2SO_4 饱和溶液，不断搅拌，并把离心试管放在冷水中冷却，即可析出明矾晶体。离心分离，弃去母液（尽量吸干），加少量水洗涤结晶一次，以除去残留的母液。取出晶体，用蒸馏

水溶解，分别用 $Na_3[Co(NO_2)_6]$、铝试剂、$BaCl_2$ 溶液检出其中的 K^+[1]、Al^{3+}[2] 和 SO_4^{2-}。

综合比较上述两个实验结果，讨论配离子与简单离子有什么区别、复盐和络盐有什么区别。

（2）配离子稳定性的比较　往试管中加入 0.5mL 0.5mol/L $Fe_2(SO_4)_3$ 溶液，然后逐滴加入 6mol/L HCl 溶液，观察溶液颜色的变化。再往溶液中加入 1 滴 1% NH_4SCN 溶液，溶液颜色又有何变化？接着往溶液中滴加 10% NH_4F 溶液，观察溶液颜色能否完全褪去。最后往溶液中加几滴 $(NH_4)_2C_2O_4$ 饱和溶液，溶液颜色又有何变化[3]？

从溶液颜色的变化，比较这 4 种 Fe(Ⅲ) 配离子的稳定性，并说明这些配离子之间的转化条件。

（3）配合平衡的移动

① 配合平衡与沉淀反应　往离心管内加入 0.5mL 0.1mol/L $AgNO_3$ 溶液和 0.5mL 0.1mol/L NaCl 溶液，离心分离，弃去清液，并用少量蒸馏水洗涤沉淀，弃去洗涤液，然后加入 2mol/L $NH_3·H_2O$ 至沉淀刚好溶解为止。

往以上溶液中加入 1 滴 0.1mol/L NaCl 溶液，是否有 AgCl 沉淀生成？再加入 1 滴 0.1mol/L KBr 溶液，有无 AgBr 沉淀生成？沉淀是什么颜色的？继续加入 KBr 溶液，至不再产生 AgBr 沉淀为止。离心分离，弃去清液，并用少量蒸馏水把沉淀洗涤，弃去洗涤液，然后加入 0.5mol/L $Na_2S_2O_3$ 溶液直到沉淀刚好溶解为止。

往以上溶液中加 1 滴 0.1mol/L KBr 溶液，是否有 AgBr 沉淀生成？再加入 1 滴 0.1mol/L KI 溶液，有没有 AgI 沉淀产生？

由以上实验，讨论沉淀平衡与配合平衡的相互影响，并比较 AgCl、AgBr、AgI 的 K_{sp} 大小和 $[Ag(NH_3)_2]^+$、$[Ag(S_2O_3)_2]^{3-}$ 的 $K_稳$ 大小。写出实验中每步反应的离子方程式。

② 配合平衡与氧化还原反应　在试管中加入 5 滴 0.5mol/L $FeCl_3$ 溶液，滴加 0.1mol/L KI 至出现红棕色，然后加入 CCl_4，振荡后观察 CCl_4 层颜色。解释现象，并写出有关反应式。

在另一试管滴 5 滴 0.5mol/L $FeCl_3$ 溶液，逐滴加入 10% NH_4F 溶液直至溶液变成无色，再逐滴加入 0.1mol/L KI 溶液，有无红棕色出现？解释现象，写出有关反应式，并讨论配合平衡对氧化还原平衡的影响。

③ 配合平衡和介质的酸碱性　在试管中加入 1mL 0.5mol/L $FeCl_3$ 溶液，再逐滴滴入 4mol/L NH_4F 溶液至无色。将此溶液分成两份，分别滴入 2mol/L NaOH 和 1∶1 的 H_2SO_4（反应会产生 HF，最好在通风橱内进行），观察现象，并写出有关反应方程式，说明酸碱对配合平衡的影响。

（4）螯合物的形成和应用　在 0.5mL 0.2mol/L $NiSO_4$ 溶液中加几滴丁二酮二肟（镍试剂）的酒精溶液，生成桃红色絮状沉淀，这是 Ni^{2+} 的特殊反应，因此可用来检测镍离子。

---

[1] K^+ 的检定法：在中性或含少量醋酸的试液（如果酸度太大可加醋酸使酸度变弱）中，加入 $Na_3[Co(NO_2)_6]$ 溶液，如有 K^+ 存在则生成亮黄色的 $K_3[Co(NO_2)_6]$ 沉淀。

[2] Al^{3+} 的检定法：置 1 滴试液于点滴板上，加 1 滴 0.1% 的铝试剂水溶液和 2 滴 HAc-NaAc 缓冲溶液，如 Al^{3+} 存在，则生成胶态分散的红色沉淀。

[3] $[FeCl_6]^{3-}$ 为黄色，$[FeSCN]^{2+}$ 为血红色，$[FeF_6]^{3-}$ 为无色，$[Fe(C_2O_4)_3]^{3-}$ 为黄色。

该反应中若 H^+ 浓度过高，不利于 Ni^{2+} 生成内络盐；若 OH^- 浓度太高，会生成 $Ni(OH)_2$ 沉淀。因此，此反应合适的 pH 为 5～10，可加少量的氨水调节。

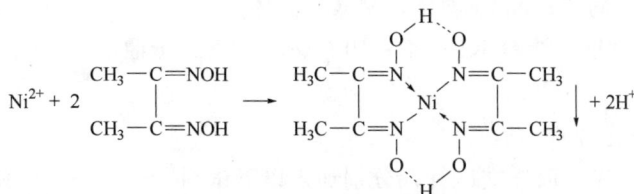

（5）配合物水合异构现象　将少量未潮解的紫色 $CrCl_3 \cdot 6H_2O$ 晶体溶于水中，观察溶液的颜色。将溶液加热，溶液颜色有什么变化❶？

（6）形成配合物使弱酸的酸性发生改变　取一条完整的 pH 试纸，在它一端蘸上 1 滴 0.1mol/L H_3BO_3，记下被 H_3BO_3 润湿处的 pH 的值。待 H_3BO_3 不再扩散时，在距离扩散边界约 0.5～1cm 的干 pH 试纸处，蘸上 1 滴 0.5mol/L 甘油，待两液扩散重叠后，记录重叠处的 pH 值，说明 pH 值变化的原因❷。

思考题

① 总结本实验中所观察到的现象，说明有哪些因素影响配合平衡。

② KSCN 溶液检查不出 $K_3[Fe(CN)_6]$ 溶液中的 Fe^{3+}，这是否表明配合物溶液中不存在 Fe^{3+}？为什么 Na_2S 溶液不能使 $K_4[Fe(CN)_6]$ 溶液产生 FeS 沉淀，而 H_2S 饱和溶液能使铜氨配合物的溶液产生 CuS 沉淀？

③ 已知 $[Ag(S_2O_3)_2]^{3-}$ 比 $[Ag(NH_3)_2]^+$ 稳定，如果把 $Na_2S_2O_3$ 溶液加到 $[Ag(NH_3)_2]^+$ 溶液中，会发生什么变化？

实验6　卤　　　素

实验目的

① 掌握卤素的氧化性和卤素离子的还原性。

② 掌握氯的含氧酸及其盐的氧化性与介质的关系。

③ 了解卤素离子的鉴定方法。

仪器、药品和材料

酒精灯；试管；离心机；离心试管；试管。

KBr(0.1mol/L)；CCl_4；氯水；KI(0.1mol/L)；溴水；碘水；$Na_2S_2O_3$(0.1mol/L)；H_2S（饱和）；浓 H_2SO_4；浓氨水；$FeCl_3$(0.1mol/L)；NaOH(2mol/L)；HCl(2mol/L)；H_2SO_4(12mol/L)；$KClO_3$（饱和）；浓 HCl；NaCl(0.1mol/L)；HNO_3(2mol/L)；HNO_3

---

❶ 无水 $CrCl_3$ 是黄色，溶于水成绿色溶液。将其加热时颜色变暗。利用加入 $AgNO_3$ 生成 AgCl 沉淀和使不同湿度下结晶的晶体在干燥器中用浓 H_2SO_4 脱水的方法，可测定它们的结构式：紫色晶体为 $[Cr(H_2O)_6]Cl_3$，冷溶液的结晶为 $[Cr(H_2O)_5Cl]Cl_2 \cdot H_2O$，热溶液的结晶为 $[Cr(H_2O)_4Cl_2]Cl \cdot 2H_2O$。

❷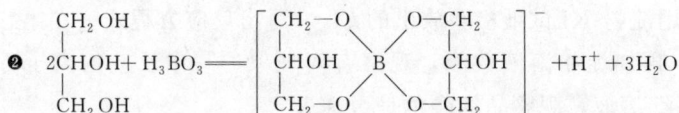

（6mol/L）；H_2SO_4（2mol/L）；$AgNO_3$（0.1mol/L）；淀粉溶液；$NH_3 \cdot H_2O$（6mol/L）；$NaNO_2$（0.1mol/L）；$(NH_4)_2CO_3$（12%）；H_2SO_4（1mol/L）；锌粉；$KClO_3$ 晶体（干燥）；硫粉；KI 固体；KBr 固体；NaCl 固体；MnO_2 固体。

品红溶液；pH 试纸；淀粉-KI 试纸；$Pb(Ac)_2$ 试纸；蒸馏水。

实验内容

（1）**卤素的氧化还原性**

① **卤素的置换次序**　取 3 支试管，分别加入以下试剂。

a. 加 1 滴 0.1mol/L KBr 溶液、5 滴 CCl_4，再滴加氯水，边加边振荡，观察 CCl_4 层中的颜色。

b. 加 1 滴 0.1mol/L KI 溶液、5 滴 CCl_4，再滴加氯水，边加边振荡，观察 CCl_4 层中的颜色。

c. 加 1 滴 0.1mol/L KI 溶液、5 滴 CCl_4，再滴加溴水，边加边振荡，观察 CCl_4 层中的颜色。

从以上实验结果说明卤素的置换次序，比较卤素氧化性的大小，写出反应式。

② **碘的氧化性**　取 2 支试管，各加碘水数滴，注意碘水颜色。然后分别滴加 0.1mol/L $Na_2S_2O_3$ 和 H_2S 饱和溶液，观察每一试管所产生的现象，写出反应式。

③ **氯水对 Br^-、I^- 的混合溶液的作用**　在试管中加入 1mL 0.1mol/L KBr 和 1～2 滴 0.1mol/L KI 的混合溶液以及 0.5mL CCl_4。逐滴加入氯水，同时振荡试管，仔细观察 CCl_4 层的现象（先后出现不同颜色）。写出反应式，并用标准电极电位解释。

（2）**卤素离子的还原性**

往盛着少量 KI 固体的试管中加入 1mL 浓 H_2SO_4，观察反应产物的颜色和状态。把湿的 $Pb(Ac)_2$ 试纸移近管口以检验气体产物。

往盛着少量 KBr 固体的试管中加入 1mL 浓 H_2SO_4，观察反应产物的颜色和状态。把湿的淀粉-KI 试纸移近管口，以检验气体产物。

往盛着少量 NaCl 固体的试管中加入 1mL 浓 H_2SO_4，微热，观察反应产物的颜色和状态。用玻璃棒蘸一些浓氨水，移近试管口以检验气体产物。

往盛少量 NaCl 和 MnO_2 固体混合物的试管中加入 1mL 浓 H_2SO_4，稍稍加热，观察反应产物的颜色和状态。从气体的颜色和气味来判断反应的产物。

往 2 支试管中分别加入 0.5mL 0.1mol/L KI 溶液和 0.5mL 0.1mol/L KBr 溶液，然后各加入 2 滴 0.1mol/L $FeCl_3$ 溶液和 0.5mL CCl_4。充分振荡，观察两试管中 CCl_4 的颜色有无变化，并加以解释。

综合以上 5 个实验，说明 I^-、Br^-、Cl^- 还原性的相对强弱的变化规律，写出所有的反应式。

（3）**次氯酸盐和氯酸盐的氧化性**

① **次氯酸盐的氧化性**　取 2mL 氯水倒入试管中，逐滴加入 2mol/L NaOH 溶液至碱性为止（注意：用 pH 试纸检查，应控制 pH＝9）。将所得溶液分盛于 3 支试管中。在第一支试管中加入数滴 2mol/L HCl，用淀粉-KI 试纸检验放出的 Cl_2，写出反应方程式。在第二支试管中加入 0.1mol/L KI 溶液，再加淀粉溶液数滴，观察有何现象，写出反应的离子方程式。在第三支试管中加入数滴品红溶液，观察品红颜色是否褪去。

根据上述实验，说明 NaClO 具有什么性质。

实验思考题：如果将溴水逐滴加入 NaOH 溶液至碱性为止，再用上面的实验方法实验，是否也有相似的现象发生？

② 氯酸盐的氧化性

a. 在 10 滴 $KClO_3$ 饱和溶液中，加入 2～3 滴浓 HCl，试证明有 Cl_2 产生。写出反应方程式。

b. 取 2～3 滴 0.1mol/L KI 溶液于试管中，加入少量 $KClO_3$ 饱和溶液，再逐滴加入 12mol/L 的 H_2SO_4，并不断振荡试管，观察溶液先呈黄色（I_3^-），后变为紫黑色（I_2 晶体析出），最后变成无色 IO_3^-。写出每一步反应的离子方程式。

c. 取绿豆大小的干燥 $KClO_3$ 晶体与硫粉在纸上均匀混合（$KClO_3$ 和 S 的质量比约为 2∶3），将纸包好卷紧，用铁锤在铁块上锤打。注意，锤打时即发生爆炸。写出反应式。

（4）卤素离子的鉴定

① Cl^- 的鉴定　取 2 滴 0.1mol/L NaCl 溶液于试管中，加入 1 滴 2mol/L HNO_3，再加 2 滴 0.1mol/L $AgNO_3$，观察沉淀的颜色。离心沉降后，弃去清液，在沉淀上加入数滴 6mol/L 氨水，振荡后，观察沉淀的溶解。然后加入 6mol/L HNO_3 酸化，又有白色沉淀析出。此法可鉴定 Cl^- 的存在。

② Br^- 的鉴定　取 2 滴 0.1mol/L KBr 溶液于试管中，加入 1 滴 2mol/L H_2SO_4 和 5～6 滴 CCl_4，然后逐滴加入新配制的氯水，边加边振荡试管，若 CCl_4 层出现黄色或橙黄色，表示 Br^- 存在。

③ I^- 的鉴定

a. 取 2 滴 0.1mol/L KI 溶液和 5～6 滴 CCl_4 滴入试管中，然后逐滴加入氯水，边加边振荡，若 CCl_4 层出现紫红色，表示有 I^- 存在（若加入过量氯水，紫色又褪去，因生成无色 IO_3^-）。

b. 取 2 滴 0.1mol/L KI 溶液于试管中，加入 1 滴 2mol/L H_2SO_4 和 1 滴淀粉溶液。然后加入 1 滴 0.1mol/L $NaNO_2$，出现蓝色表示有 I^- 存在。

④ Cl^-、Br^-、I^- 混合物的分离和鉴定　在离心试管中加入 0.1mol/L NaCl、0.1mol/L KBr 和 0.1mol/L KI 溶液各 2 滴，混合后加入 2 滴 2mol/L HNO_3，再加入 0.1mol/L $AgNO_3$ 溶液至沉淀完全，离心沉降，弃去清液，沉淀用蒸馏水洗两次。

a. Cl^- 的分离和鉴定　在上面得到的沉淀中加入 10～15 滴 12% 的 $(NH_4)_2CO_3$ 溶液，充分搅动，并温热 1min，AgCl 转化为 $[Ag(NH_3)_2]Cl$ 而溶解，AgBr 和 AgI 则仍为沉淀。离心沉降，将沉淀与清液分开，先在清液中加入数滴 0.1mol/L KI 溶液，若有黄色沉淀（AgI）生成，则表示有 Cl^- 存在（或在清液中加入 2mol/L HNO_3 酸化，若有白色沉淀产生，表示有 Cl^- 存在）。

b. Br^- 和 I^- 的鉴定　将上面的沉淀用蒸馏水洗涤两次，弃去清液。在沉淀中加入 5 滴水和少量锌粉，再加入 3～4 滴 1mol/L H_2SO_4，加热、搅动，使沉淀变为黑色离心沉降，清液中有 Br^-、I^-：

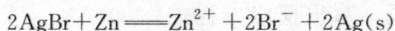
$$2AgBr + Zn \longrightarrow Zn^{2+} + 2Br^- + 2Ag(s)$$

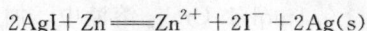
$$2AgI + Zn \longrightarrow Zn^{2+} + 2I^- + 2Ag(s)$$

吸取清液于另一试管中，加入 5～6 滴 CCl_4，再加入 2 滴氯水，摇动后，若 CCl_4 层呈紫红色，则表示有 I^- 存在。继续加入氯水至紫红色褪去，而 CCl_4 层呈橙黄色，则表示有 Br^- 存在。

（5）实验习题　取 1 份未知溶液（其中可能含有 SO_4^{2-}、Cl^-、Br^-、I^-），试设法分离并鉴定。

思考题

① 为什么用 $AgNO_3$ 检测卤素离子时，要同时加些 HNO_3？它有什么作用？向一个未知溶液中加 $AgNO_3$，结果无沉淀产生，能否据此判定溶液中不存在卤素离子？

② 次氯酸盐溶液中，pH 若大于 9，此时加入 KI-淀粉溶液，能观察到什么现象？会发生什么反应？

③ 如何鉴别次氯酸盐和氯酸盐？

④ Cl^-、Br^-、I^- 怎样分离和鉴定？

实验7 铬 和 锰

实验目的

① 了解铬和锰的各种重要价态化合物的生成和性质。

② 了解铬和锰的各种价态之间的转化。

③ 掌握铬和锰化合物的氧化还原性以及介质对氧化还原反应的影响。

④ 掌握 Cr^{3+} 和 Mn^{2+} 的鉴定方法。

仪器、药品和材料

试管；离心试管；离心机；酒精灯；烧杯；玻璃棒。

浓 H_2SO_4；H_2SO_4（3mol/L）；H_2SO_4（1mol/L）；HNO_3（6mol/L）；浓 HCl；HCl（2mol/L）；NaOH（40%）；NaOH（6mol/L）；NaOH（2mol/L）；NaOH（1mol/L）；$CrCl_3$（0.1mol/L）；$FeCl_3$（0.1mol/L）；H_2O_2（3%）；Na_2S（0.1mol/L）；$K_2Cr_2O_7$（0.1mol/L）；$KMnO_4$（0.1mol/L）；$AgNO_3$（0.1mol/L）；$BaCl_2$（0.1mol/L）；$Pb(NO_3)_2$（0.1mol/L）；乙醚；$MnSO_4$（0.1mol/L）；$MnSO_4$（0.01mol/L）；$K_2Cr_2O_4$（0.1mol/L）；Na_2SO_4（0.1mol/L）；$(NH_4)_2Cr_2O_7$ 固体；MnO_2 固体；Na_2SO_3 固体；$NaBiO_3$ 固体。

淀粉-KI 试纸；蒸馏水。

实验内容

（1）铬

① 三价铬化合物的生成和性质

a. 三氧化二铬的生成和性质　在试管中加入半勺 $(NH_4)_2Cr_2O_7$ 固体，加热使其完全溶解，观察产物的颜色和状态。然后把产物分为 3 份，分别加入 2mL 蒸馏水、浓 H_2SO_4、40%NaOH 溶液，加热至沸，观察固体是否溶解。解释，写出反应方程式。

b. $Cr(OH)_3$ 的制备和性质　由 0.1mol/L $CrCl_3$ 溶液和 2mol/L NaOH 溶液制备 $Cr(OH)_3$，并试验其两性性质，写出反应方程式。

c. 三价铬的还原性　在少量 0.1mol/L $CrCl_3$ 溶液中，加入过量的 NaOH 溶液，待沉淀消失后，再加入 3％ H_2O_2 溶液，加热，观察溶液的颜色变化，解释现象并写出反应方程式。

d. 三价铬盐的水解　使 0.1mol/L Na_2S 溶液与 0.1mol/L $CrCl_3$ 溶液作用，证明得到的产物是 $Cr(OH)_3$ 而不是 Cr_2S_3，解释并写出反应方程式。

② 六价铬的化合物的性质

a. CrO_4^{2-} 与 $Cr_2O_7^{2-}$ 在溶液中的平衡和相互转化　在 0.5mL 0.1mol/L $K_2Cr_2O_7$ 溶液中，逐渐滴加 1mol/L NaOH 溶液使之呈碱性，观察颜色有何变化。再用 1mol/L H_2SO_4 酸化，又有何变化？写出反应方程式。

b. $K_2Cr_2O_7$ 的氧化性　将 0.5mL 0.1mol/L $K_2Cr_2O_7$ 溶液，用稀 H_2SO_4 酸化，加入少量固体 Na_2SO_3，观察溶液颜色有何变化。写出反应方程式。

在 0.5mL 0.1mol/L $K_2Cr_2O_7$ 溶液中，加入若干滴浓 HCl，加热，用淀粉-KI 试纸检验逸出气体。观察试纸和溶液颜色的变化，解释现象并写出反应方程式。

c. 微溶性铬酸盐的生成及溶解　在三支试管中，各加入 0.5mL 0.1mol/L K_2CrO_4 溶液，再分别加入 0.1mol/L $AgNO_3$ 溶液、$BaCl_2$ 溶液、$Pb(NO_3)_2$ 溶液，观察沉淀的颜色。弃去清液，这些沉淀是否溶于 6mol/L HNO_3 中？写出反应方程式。若用 HCl 或 H_2SO_4，又会是什么结果？

③ Cr^{3+} 的鉴定　取 1~2 滴含有 Cr^{3+} 的溶液，加入 2mol/L NaOH 溶液，使 Cr^{3+} 转化为 CrO_2^- 后再过量 2 滴，然后加入 3 滴 3％的 H_2O_2，微热至溶液呈浅黄色。待试管冷却后，加入 0.5mL 乙醚，然后慢慢滴入 6mol/L HNO_3 酸化，摇动试管，在乙醚层中出现深蓝色，表示有 Cr^{3+} 存在。写出反应式。

(2) 锰

① 二价锰的化合物的性质　取 3 支试管，各加几滴 0.1mol/L $MnSO_4$ 溶液和 2mol/L NaOH 溶液，观察反应产物的颜色和状态。写出反应方程式。然后将 1 支试管轻轻振荡，使沉淀物与空气充分接触，观察有何变化。在另一支试管中，加入过量 2mol/L HCl 溶液，观察沉淀有否溶解。往第三支试管中加入过量 2mol/L NaOH 溶液，观察沉淀是否溶解。解释之。

② MnO_2 的生成和性质

往 0.5mL 0.01mol/L $KMnO_4$ 溶液中，滴加 0.1mol/L $MnSO_4$ 溶液，观察产物的颜色和状态。写出反应方程式。

取少量 MnO_2 固体粉末，加入 2mL 浓 HCl，观察反应产物的颜色和状态。再加热，溶液的颜色有何变化？有何种气体产生？说明 $MnCl_4$ 的不稳定性。

如用 1mol/L HCl 与 MnO_2 反应，能否产生氯气？请用标准电位计算之。

③ MnO_4^{2-} 的生成

在 2mL 0.1mol/L $KMnO_4$ 溶液中加入 1mL 40％ NaOH 溶液，然后加入少量 MnO_2 固体，微热，搅动后静置片刻，离心沉降，观察上层清液的颜色，并写出反应方程式。

取以上实验所得的绿色清液，加入 3mol/L H_2SO_4 酸化，观察溶液颜色的变化和沉淀的析出，并写出反应方程式。

通过以上实验，试讨论锰的各种价态的稳定性，并作出结论。

④ $KMnO_4$ 在不同介质中的氧化性

a. $KMnO_4$ 在酸性介质中的氧化性 往 0.5mL 0.1mol/L 新配制的 Na_2SO_3 溶液中加 0.5mL 1mol/L H_2SO_4，再加入几滴 0.1mol/L $KMnO_4$ 溶液，观察反应产物的颜色和状态。写出反应方程式。

b. $KMnO_4$ 在中性介质中的氧化性 用 0.5mL 蒸馏水代替 1mol/L H_2SO_4 进行和 a 相同的实验。观察产物的颜色和状态，写出反应方程式。

c. $KMnO_4$ 在碱性介质中的氧化性 用 0.5mL 6mol/L NaOH 溶液代替 1mol/L H_2SO_4 进行和 a 相同的实验。观察现象，写出反应方程式。

根据以上三个实验结果，比较它们的产物有何不同。

⑤ Mn^{2+} 的鉴定 取 2 滴 0.01mol/L $MnSO_4$ 溶液滴入试管中，加入数滴 6mol/L HNO_3，然后加入少量 $NaBiO_3$ 固体，微热，振荡，离心沉降后，上层清液呈紫红色，表示 Mn^{2+} 的存在。

（3）实验习题 各取 0.5mL 0.1mol/L $CrCl_3$ 和 0.1mol/L $FeCl_3$ 溶液，与 0.01mol/L $MnSO_4$ 溶液混合均匀，将其中 Cr^{3+}、Fe^{3+} 与 Mn^{2+} 进行分离并鉴定，画出分离示意图。

思考题

① 如何实现 Cr(Ⅲ) 和 Cr(Ⅳ)、CrO_4^{2-} 和 $Cr_2O_7^{2-}$ 之间的相互转化？说明它们之间的转化条件。

② 为什么铬酸洗液能洗涤仪器？铬酸洗液使用一段时间后为什么就失效了？

③ 写出 3 种可以将 Mn^{2+} 氧化成 MnO_4^- 的强氧化剂，并用反应方程式表示所进行的反应。

④ $Mn(OH)_2$ 是否为两性？将 $Mn(OH)_2$ 放在空气中将发生什么变化？

⑤ $KMnO_4$ 溶液为什么要保存在棕色瓶中？

⑥ $KMnO_4$ 作氧化剂在不同介质中产生的还原产物有何不同？试各举一反应实例说明。

实验 8 铁、钴、镍

实验目的

① 掌握铁、钴、镍氢氧化物的制备和性质。

② 掌握铁、钴、镍盐的氧化还原性。

③ 了解铁、钴、镍的硫化物的生成和性质。

④ 了解铁、钴、镍的配合物的生成以及 Fe^{3+}、Fe^{2+}、Co^{2+}、Ni^{2+} 的鉴定方法。

仪器、药品和材料

试管；酒精灯；滴管。

H_2SO_4（2mol/L）；NaOH（6mol/L）；NaOH（2mol/L）；$CoCl_3$（0.5mol/L）；$CoCl_2$（0.5mol/L）；$CoCl_2$（0.1mol/L）；$NiSO_4$（0.2mol/L）；$NiSO_4$（0.1mol/L）；$FeCl_3$（0.2mol/L）；浓 HCl；HCl（2mol/L）；H_2S（饱和）；氨水（2mol/L）；$(NH_4)_2Fe(SO_4)_2$（0.1mol/L，0.2mol/L）；$K_4[Fe(CN)_6]$；碘水；KSCN（0.1mol/L）；H_2O_2（3%）；浓氨水；丙酮；丁二酮二肟（1%）；硫酸亚铁铵晶体；KSCN 固体。

蒸馏水；淀粉-KI 试纸。

实验内容

（1）二价铁、钴、镍氢氧化物的制备和性质

① $Fe(OH)_2$ 的制备和性质　在试管中放入 1mL 蒸馏水和 1～2 滴 2mol/L H_2SO_4，煮沸以赶尽溶于其中的氧气，然后溶入少量硫酸亚铁铵晶体。在另一试管中加入 1mL 6mol/L NaOH 溶液，煮沸片刻（为什么？）。冷却后，用一滴管吸取 0.5mL NaOH 溶液，插入硫酸亚铁铵溶液（直插至试管底部）内，慢慢放出 NaOH 溶液，观察产物颜色和状态，并试验 $Fe(OH)_2$ 的酸碱性。

用同样的方法，再制 1 份 $Fe(OH)_2$，摇荡后放置一段时间，观察有无变化。写出反应式。

② $Co(OH)_2$ 制备和性质　向 3 支分别盛有 0.5mL 0.5mol/L $CoCl_2$ 溶液的试管中滴加 2mol/L NaOH 溶液，制得 3 份沉淀，注意观察反应产物的颜色和状态。取两份沉淀，试验其酸碱性。取 1 份沉淀静置片刻后，观察沉淀颜色的变化。解释现象并写出反应式。

③ $Ni(OH)_2$ 的制备和性质　向 3 支分别装有 0.5mL 0.2mol/L $NiSO_4$ 溶液的试管中滴加 2mol/L NaOH 溶液，观察反应产物的颜色和状态。写出反应式，并检验 $Ni(OH)_2$ 的酸碱性。$Ni(OH)_2$ 在空气中放置时，颜色是否发生变化？

根据以上实验结果，试对二价铁、钴、镍氢氧化物的酸碱性和还原性作出结论。

（2）三价铁、钴、镍的氢氧化物的制备和性质

① $Fe(OH)_3$ 制备和性质　在装有 2mL 0.2mol/L $FeCl_3$ 溶液的试管中滴加 2mol/L NaOH 溶液，观察反应产物的颜色和状态。然后将沉淀分成两份，向一份中加 0.5mL 浓 HCl，沉淀是否溶解？有无氯气产生？向另一份中加入少量水，并加热至沸，观察有无变化。解释上述现象，写出反应方程式。

② $Co(OH)_3$ 的制备和性质　在 1mL 0.5mol/L $CoCl_3$ 溶液中加入数滴氯水，再滴加 2mol/L NaOH 溶液，观察反应产物的颜色和状态。将溶液加热至沸，静置后，吸去上面的清液，将沉淀用蒸馏水洗两次，然后向沉淀中滴加浓 HCl，微热，观察有何变化。气体产物是什么？写出反应式。最后用水稀释上述溶液，其颜色有何变化？解释现象。

③ $Ni(OH)_3$ 的制备和性质　用与上面制备 $Co(OH)_3$ 相同的方法，由 $NiSO_4$ 溶液制备 $Ni(OH)_3$，检验 $Ni(OH)_3$ 和浓 HCl 作用时是否能产生氯气。

铁、钴、镍三价氢氧化物的颜色与二价氢氧化物有何不同？在酸性溶液中三价铁、钴、镍的氧化性有何不同？

（3）铁、钴、镍的硫化物　在 3 支试管中，分别加入 0.1mol/L $(NH_4)_2Fe(SO_4)_2$、0.1mol/L $CoCl_2$、0.1mol/L $NiSO_4$ 溶液，各加入 2mol/L HCl 酸化，再加入 H_2S 饱和溶液，有无沉淀产生？然后各加入 2mol/L 氨水，有无沉淀产生？向各沉淀中加入 2mol/L HCl，沉淀是否都溶解？

（4）配合物的生成与 Fe^{2+}、Fe^{3+}、Co^{2+}、Ni^{2+} 的鉴定

① 铁的配合物

a. 向盛有 2mL $K_4[Fe(CN)_6]$（黄血盐）溶液的试管中注入约 0.5mL 碘水，摇动试管后再滴入数滴 $(NH_4)_2Fe(SO_4)_2$ 溶液，有何现象产生？此为 Fe^{2+} 的鉴定反应：

$$2[Fe(CN)_6]^{4-} + I_2 =\!=\!= 2[Fe(CN)_6]^{3-} + 2I^-$$

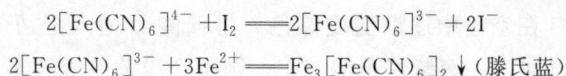
$$2[Fe(CN)_6]^{3-} + 3Fe^{2+} =\!=\!= Fe_3[Fe(CN)_6]_2 \downarrow （滕氏蓝）$$

b. 向盛有 2mL 0.2mol/L $(NH_4)_2Fe(SO_4)_2$ 溶液的试管中注入碘水，摇动试管后有无现象？将溶液分成两份，并各滴入数滴 0.1mol/L KSCN 溶液，然后向其中一支试管中加入约 1mL 3% H_2O_2 溶液，观察两试管中颜色的变化，呈血红色者为 Fe^{3+} 的鉴定反应：

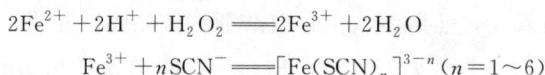

$$2Fe^{2+} + 2H^+ + H_2O_2 \!\!=\!\!=\!\! 2Fe^{3+} + 2H_2O$$
$$Fe^{3+} + nSCN^- \!\!=\!\!=\!\! [Fe(SCN)_n]^{3-n}(n=1\sim6)$$

用电极电位解释为什么 I_2 能氧化 $[Fe(CN)_6]^{4-}$ 而不能氧化 Fe^{2+}。

c. 向盛有 1mL 0.2mol/L $FeCl_3$ 溶液的试管中，滴入浓氨水直至过量，观察沉淀是否溶解。

② 钴的配合物

a. 向盛有 0.5mL 0.1mol/L $CoCl_2$ 溶液中，加入少量固体 KSCN，观察固体周围的颜色。再加入 1mL 丙酮，振荡后，观察水相和有机相的颜色。蓝色的 $[Co(SCN)_4]^{2-}$ 生成可用来鉴定 Co^{2+}。

b. 向 0.5mL 0.1mol/L $CoCl_2$ 溶液中，慢慢滴入 2mol/L 氨水至生成沉淀，然后滴浓氨水至生成的沉淀刚好溶解为止，静置一段时间后，观察溶液颜色有何变化。

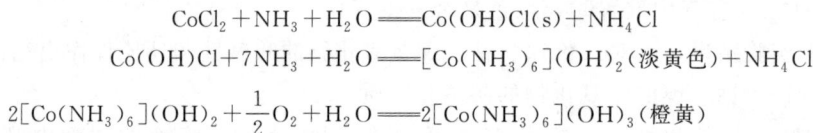

$$CoCl_2 + NH_3 + H_2O \!\!=\!\!=\!\! Co(OH)Cl(s) + NH_4Cl$$
$$Co(OH)Cl + 7NH_3 + H_2O \!\!=\!\!=\!\! [Co(NH_3)_6](OH)_2(淡黄色) + NH_4Cl$$
$$2[Co(NH_3)_6](OH)_2 + \frac{1}{2}O_2 + H_2O \!\!=\!\!=\!\! 2[Co(NH_3)_6](OH)_3(橙黄)$$

③ 镍的配合物

a. 向 0.1mol/L $NiSO_4$ 溶液中，加入几滴 2mol/L 氨水，微热，观察绿色碱式盐沉淀的生成。然后加入 2mol/L 氨水，观察沉淀的溶解和溶液的颜色，写出反应方程式。

将上述溶液分成三份：第一份加入 2mol/L NaOH，第二份加入 2mol/L H_2SO_4，第三份加热。观察有何变化，说明镍氨配合物的稳定性。

b. 在 5 滴 0.1mol/L $NiSO_4$ 溶液中，加入 5 滴 2mol/L 氨水，再加入 1 滴 1% 丁二酮二肟。由于 Ni^{2+} 与丁二酮二肟生成稳定的螯合物而产生红色沉淀，因此该反应可用来鉴定 Ni^{2+}。反应方程式见实验 5 "配位化合物"。

（5）实验习题

自行设计分离和鉴定以下离子，并画出分离示意图：

① Fe^{2+} 和 Co^{2+}。

② Cr^{3+}、Fe^{3+} 和 Ni^{2+}。

思考题

① 结合实验结果，比较二价铁、钴、镍还原性大小和三价铁、钴、镍的氧化性大小。

② 在碱性介质中氯水能把二价钴氧化成三价钴，而在酸性介质中三价钴又能把氯离子氧化成氯气，两者有无矛盾？为什么？

③ 为什么在碱性介质中二价铁易被空气中的氧气氧化成三价铁？

④ 如何鉴别 Fe^{3+}、Fe^{2+}、Co^{2+}、Ni^{2+}？

⑤ 有一浅绿色晶体 A 可溶于水得到溶液 B，于 B 中注入饱和 $NaHCO_3$ 溶液，有白色沉淀 C 和气体 D 生成。C 在空气中逐渐变成棕色，将气体 D 通入澄清的石灰水会变浑浊。若将溶液 B 加以酸化，再加入一滴紫红色溶液 E，则得到浅黄色溶液 F。于 F 中注入黄血盐溶

液，立即产生深蓝色的沉淀 G。

若溶液 B 中注入 $BaCl_2$ 溶液，有白色沉淀 H 析出，此沉淀不溶于强酸。

A、B、C、D、E、F、G、H 分别为什么物质？写出分子式，并写出有关的反应方程式。

实验 9　硫酸亚铁铵的制备

实验目的

① 了解复盐的制备方法。

② 熟练过滤、蒸发、结晶等基本操作。

③ 了解目测比色法检验产品质量的方法。

实验原理

铁溶于稀硫酸中生成硫酸亚铁，它与等物质的量的硫酸铵在水溶液中相互作用，即生成溶解度较小的浅蓝绿色硫酸亚铁铵 $FeSO_4 \cdot (NH_4)_2SO_4 \cdot 6H_2O$ 复盐晶体，反应式如下：

$$Fe + H_2SO_4 \xrightarrow{\quad} FeSO_4 + H_2(g)$$
$$FeSO_4 + (NH_4)_2SO_4 + 6H_2O \xrightarrow{\quad} FeSO_4 \cdot (NH_4)_2SO_4 \cdot 6H_2O$$

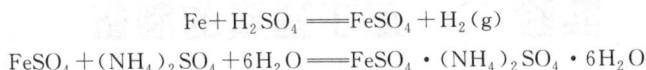

在空气中亚铁盐通常都易被氧化，但形成的复盐比较稳定，不易被氧化。

仪器、药品和材料

台秤；陶土网；酒精灯；布氏漏斗；吸滤瓶；真空泵；烧杯；比色管（25mL）；蒸发皿；表面皿。

$HCl(2mol/L)$；$H_2SO_4(3mol/L)$；$NaOH(2mol/L)$；$Na_2CO_3(10\%)$；$KSCN(1mol/L)$；$(NH_4)_2SO_4$ 固体；铁屑。

pH 试纸；滤纸。

实验内容

（1）铁屑表面油污的去除　称取 4g 铁屑，放在小烧杯中，加入 20mL 10% Na_2CO_3 溶液，小火加热约 10min，用倾析法除去碱液，用水把铁屑冲洗干净至中性备用。

（2）硫酸亚铁的制备　在盛有 4g 铁屑的小烧杯中倒入 30mL 3mol/L H_2SO_4 溶液，盖上表面皿，放在陶土网上用小火加热，使铁屑和 H_2SO_4 反应直至不再有气泡冒出为止（约需 20min）。在加热过程中应不时加入少量水，以补充被蒸发掉的水分，这样做可以防止 $FeSO_4$ 结晶出来。趁热减压过滤，滤液立即转移至蒸发皿中，此时溶液的 pH 值应在 1 左右。

（3）硫酸亚铁铵的制备　根据 $FeSO_4$ 的理论产量，按照反应式计算所需固体 $(NH_4)_2SO_4$ 的质量。在室温下将称取的 $(NH_4)_2SO_4$ 配制成饱和溶液加到 $FeSO_4$ 溶液中，混合均匀，并用 3mol/L H_2SO_4 溶液调节 pH 值为 1～2。用小火蒸发浓缩至表面出现晶体膜为止（蒸发过程中不宜搅动）。放置使溶液慢慢冷却，硫酸亚铁铵即可结晶出来。用减压过滤法滤出晶体，把晶体用滤纸吸干。观察晶体的形状和颜色，称出质量并计算产率。

（4）产品检验

① 试用实验方法证明产品中含有 NH_4^+、Fe^{2+} 和 SO_4^{2-}。

② Fe^{3+} 的限量分析：

称取 1g 产品置于 25mL 比色管中，用 15mL 不含氧的蒸馏水溶解，加入 2mL 2mol/L HCl 和 1mL 1mol/L KSCN 溶液，再加不含氧的蒸馏水至 25mL 刻度，摇匀后，将可呈现的红色和下列标准溶液的红色比较，确定 Fe^{3+} 的含量符合哪一级的试剂规格。

③ 标准溶液的配制：

在 3 支比色管中分别加入含有下列 Fe^{3+} 的标准溶液各 15mL（由实验室配制）。

a. 含 Fe^{3+} 0.5mg（符合Ⅰ级试剂）。

b. 含 Fe^{3+} 0.10mg（符合Ⅱ级试剂）。

c. 含 Fe^{3+} 0.20mg（符合Ⅲ级试剂）。

然后用与处理试样相同的方法将 Fe^{3+} 的标准溶液配制成 25mL 红色溶液。

思考题

① 铁屑表面的油污是怎样除去的？

② 为什么制备硫酸亚铁铵晶体时，溶液必须呈酸性？

③ 如何计算 $FeSO_4$ 的理论产量和反应所需 $(NH_4)_2SO_4$ 的质量？

④ 怎样证明产品中含有 NH_4^+、Fe^{2+} 和 SO_4^{2-}？怎样分析产品中 Fe^{3+} 的含量？

实验 10　正丁基溴的制备

实验目的

① 学习由醇制备卤代烷的原理和方法。

② 学习蒸馏、洗涤、干燥等基本操作技术。

实验原理

主反应：

$$NaBr + H_2SO_4 \longrightarrow HBr + NaHSO_4$$

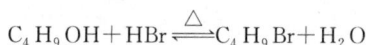

$$C_4H_9OH + HBr \overset{\triangle}{\rightleftharpoons} C_4H_9Br + H_2O$$

副反应：

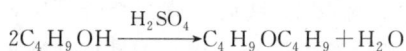

$$2C_4H_9OH \xrightarrow{H_2SO_4} C_4H_9OC_4H_9 + H_2O$$

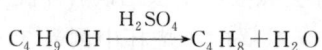

$$C_4H_9OH \xrightarrow{H_2SO_4} C_4H_8 + H_2O$$

仪器和药品

圆底烧瓶；蒸馏头；回流冷凝管；直形冷凝管；接引管；锥形瓶；烧杯；分液漏斗；量筒；温度计套管；温度计；电热套。

正丁醇（6.2mL，0.068mol）；无水溴化钠（8.3g，0.08mol）；浓硫酸（$d=1.84$）（10mL，0.17mol）；Na_2CO_3（10%）；无水 $CaCl_2$。

实验内容

在 100mL 圆底烧瓶中，放入 10mL 水，小心加入 10mL 浓 H_2SO_4，混合均匀后冷却至室温。依次加入 6.2mL 正丁醇和 8.3g 研细的无水 NaBr。充分振摇后，加入几粒沸石尽快装上回流冷凝管，在其上口接一溴化氢气体吸收装置，将圆底烧瓶放在电热套中，小心加热至沸腾，保持回流 30min。

反应完成后，将反应物冷却至室温。卸下回流冷凝管，向圆底烧瓶中再补加几粒沸石，用蒸馏头连接直形冷凝管进行蒸馏。仔细观察馏出液，直到无油状液滴蒸出为止。

将馏出液倒入分液漏斗中，加入 10mL 水洗涤，将下层粗产物放入一个干燥的小锥形瓶中，然后加入 3mL 浓 H_2SO_4，边加边振摇锥形瓶。将混合物慢慢地倒入分液漏斗中静置分层，放出下层的浓 H_2SO_4。余下的有机层依次用 10mL 水、5mL 10% Na_2CO_3 溶液和 10mL 水洗涤。将下层产物放入干燥的小锥形瓶中，加入约 2g 块状的无水 $CaCl_2$，间歇振荡锥形瓶，直到液体澄清为止。

将干燥后的产物小心地滤入小蒸馏烧瓶中，投入几粒沸石，安装好蒸馏装置。在电热套中小心加热蒸馏，收集 99～102℃的馏分。

纯正丁基溴为无色透明液体，沸点为 101.6℃，d_4^{20} 为 1.275。

思考题

① 本实验有哪些副反应？如何减少这些副反应？

② 反应时 H_2SO_4 的浓度过高或过低有何影响？

③ 试解释各步骤洗涤的目的。

实验 11　乙苯的制备

实验目的

① 学习 Friedel-Crafts 法制备乙苯的原理和方法，加深对烷基化反应特点的认识。

② 学习气体吸收和无水操作技术。

③ 巩固分馏、蒸馏等实验技术。

实验原理

主反应：

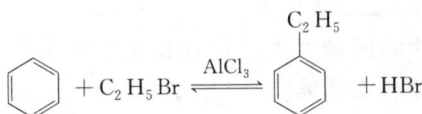

副反应：

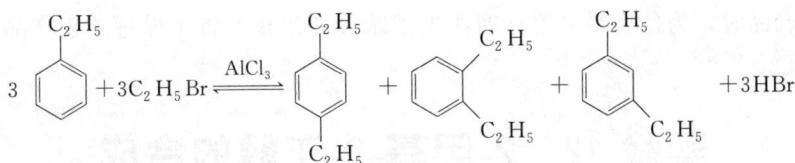

仪器和药品

三口烧瓶；圆底烧瓶；滴液漏斗；分液漏斗；玻璃漏斗；回流冷凝管；接引管；导气接头；磁力搅拌器；磁力搅拌子；刺形分馏柱；蒸馏头；温度计套管；温度计；电热套；烧杯；量筒。

溴乙烷（3.8mL，0.05mol）；苯❶（22.2mL，0.25mol）；无水 $AlCl_3$❷（0.75g）；浓

---

❶ 此实验最好用无噻吩的苯。要除去苯中所含噻吩，可用硫酸多次洗涤（每次用相当于苯体积 15% 的浓 H_2SO_4）直到不含噻吩为止，然后依次用水、10% NaOH 溶液和水洗涤，用无水 $CaCl_2$ 干燥后蒸馏。检验苯中噻吩的方法：取 1mL 样品，加 2mL 0.1% 的靛红在浓 H_2SO_4 溶液中，振荡数分钟，若有噻吩，酸层将呈现浅蓝绿色。

❷ 无水 $AlCl_3$ 暴露在空气中，极易吸水潮解而失效。应当用新升华过的或包装严密的试剂，称取动作要迅速。

HCl；无水 $CaCl_2$。

实验内容

本实验所用药品必须是无水的，所用仪器必须是干燥的❶。

在 250mL 三口烧瓶上分别安装滴液漏斗和回流冷凝管。冷凝管上口连接气体吸收装置。

三口烧瓶中迅速加入 0.75g 无水 $AlCl_3$、15mL 苯和磁力搅拌子。滴液漏斗中加入 3.8mL 溴乙烷和 7.2mL 苯的混合液。固定好装置。开动磁力搅拌器，自滴液漏斗中缓慢地滴加混合液。当观察到有 HBr 气体逸出，并有不溶于苯的红棕色配合物生成时，表明反应已经开始❷。控制好滴加速度，使反应不至于过于剧烈（即 HBr 的逸出速度不至太快）。加料完毕后，继续搅拌。当反应缓和下来时，开始加热，控制温度约 60℃，并在此温度保持 1h。然后停止加热和搅拌。

待反应物冷却后，在通风橱内，将反应物慢慢地倒入盛有 25g 碎冰、25mL 水及 2.5mL 浓 HCl 混合物的烧杯中，同时用玻璃棒不断搅拌，使配合物完全分解。

用分液漏斗分去水层，烃层用等体积的水洗涤若干次，分离出烃层。用适量的块状无水 $CaCl_2$ 干燥。

将干燥后的液体小心地倒入 100mL 圆底烧瓶中，装好刺形分馏柱，在电热套中加热分馏，馏出速度控制在每秒 1 滴。当温度到达 85℃时，停止加热，稍稍冷却后把分馏装置改装成蒸馏装置，在电热套中加热蒸馏，收集 132～139℃的馏分❸。

纯乙苯是无色透明液体，d_4^{20} 为 0.8672；n_D^{20} 为 1.4959，沸点为 136.3℃，凝固点为 -94℃；微溶于水，溶于乙醇、苯、乙醚和四氯化碳。

思考题

① 做本实验时需要特别注意什么问题？

② 为什么在本实验中苯的用量大大超过理论量？如果将苯的用量减少（例如减少为 0.1mol 或 0.15mol），会产生什么结果？

③ 为什么将溴乙烷滴加到苯中，而不是将它与苯直接混合反应？

④ 反应完毕后，为什么要将混合物倒入稀 HCl 中？为什么要用冰？

⑤ 分离产品时，为什么要采用分馏法先把苯分离出来？将干燥过的粗产品直接进行蒸馏有什么不好？

实验 12　2-甲基-2-丁醇的合成

实验目的

① 学习由卤代烃与镁反应制备 Grignard 试剂的原理和方法。

② 学习用 Grignard 试剂与酮反应制备叔醇的原理和方法。

③ 学习滴液、回流及蒸馏等装置的安装和使用方法。

---

❶ 仪器或药品不干燥，将严重影响实验结果或使反应难以进行。

❷ 此红棕色配合物是催化剂，反应即发生在配合物与苯的界面处。

❸ 85～132℃的馏分为含少量乙苯的苯，另外用瓶收集。如果将此馏分再分馏一次，可再回收一部分乙苯。139℃以上的残液中含有二乙苯及多乙苯。

实验原理

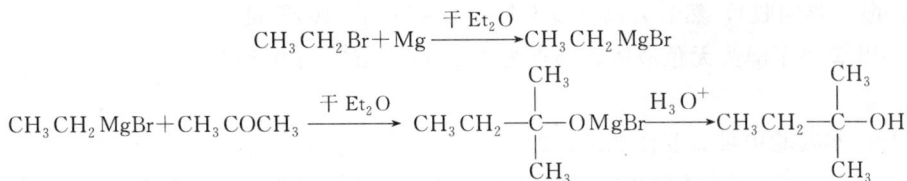

仪器和药器

三口烧瓶；回流冷凝管；$CaCl_2$ 干燥管；滴液漏斗；分液漏斗；蒸馏头；接引管；温度计；磁力搅拌器；电热套；锥形瓶；烧杯；量筒。

溴乙烷（10mL，0.13mol）；镁带（1.75g，0.072mol）；无水丙酮（5mL，0.068mol）；浓 H_2SO_4；无水乙醚；乙醚；Na_2CO_3（10%）；无水 K_2CO_3。

实验内容

（1）乙基溴化镁的制备　本实验所用的试剂必须是无水的，所用的仪器必须是干燥的。

将干燥的 250mL 三口烧瓶的中口用玻璃塞塞起来，两个侧口分别安装滴液漏斗和回流冷凝管，回流冷凝管的上口装上 $CaCl_2$ 干燥管以防止空气中的水汽侵入。将上述装置固定在磁力搅拌器上。

三口烧瓶内分别加入 1.75g 洁净干燥的镁带❶、10mL 无水乙醚❷和磁力搅拌子；滴液漏斗中分别加入 8mL 无水乙醚和 10mL 干燥的溴乙烷。从滴液漏斗先放出 5～7mL 混合液入烧瓶中，同时开动磁力搅拌。如果 10min 后还没有明显的反应现象❸，可稍微加热。反应发生后，慢慢滴加混合液，保持反应物正常地沸腾与回流。如果反应进行得过于剧烈，则要暂时停止滴加混合液。溴乙烷混合液加完后，关闭滴液漏斗的旋塞。等反应缓和后，适当加热，继续保持缓和的回流至镁几乎全部作用完毕❹。

（2）2-甲基-2-丁醇的制备　将制好的乙基溴化镁溶液冷却至室温后，在不断搅拌下从滴液漏斗中缓缓滴加 5mL 无水丙酮❺和 5mL 无水乙醚的混合液。随着混合液的滴入，会发生剧烈反应并形成白色沉淀❻。加完丙酮混合液后，继续搅拌 15min 以上，使反应混合液冷却至室温（或放置过夜）。

在不断搅拌下，从滴液漏斗中慢慢滴加 4mL 浓 H_2SO_4 和 45mL 水的混合液，以分解加成产物。反应很剧烈，首先生成白色絮状沉淀。随着稀 H_2SO_4 的加入，沉淀又溶解。将反应混合物倒入分液漏斗中，静置分层。放出下面的水层（暂时保留），上面的醚层用 10mL 10% 的 Na_2CO_3 溶液洗涤。将分出的碱液与前面保留的水液合并，用乙醚萃取两次，每次

---

❶ 镁带表面通常附着一层氧化膜，必须将其除去，否则反应很难进行。简便的方法是在使用前用细砂纸将其表面擦亮，并剪成小段。这样处理过的镁带应立即使用。

❷ 无水乙醚可用分析纯的乙醚来制备：在盛有约 300mL 乙醚的 500mL 锥形瓶内，投入无水 $CaCl_2$，浸泡 3～4 天。

❸ 镁与卤代烷反应时放出的热量足以使乙醚沸腾。根据乙醚沸腾的情况，即可判断反应进行得是否剧烈。溴乙烷的沸点很低，如果沸腾得太厉害，它会从冷凝管上口逸出而损失掉。

❹ Grignard 试剂与空气中的氧、水分、二氧化碳都能起作用，所以制成的乙基溴化镁溶液不宜久放，应紧接着做后面的加成反应。

❺ 丙酮事先应该用无水 K_2CO_3 干燥处理。

❻ 若反应物中含杂质较多，白色的固体加成物就不易生成，混合物会变成灰色的黏稠物质。

用 6mL 乙醚。合并后的乙醚溶液用无水 K_2CO_3 充分干燥❶。

将干燥过的乙醚溶液小心地倒入 25mL 圆底烧瓶中，安装好蒸馏装置，用电热套加热，先蒸出乙醚（要回收），然后升高温度蒸馏，收集 100～104℃的馏分。

纯 2-甲基-2-丁醇为无色液体，沸点为 102.4℃，d_4^{15} 为 0.813。

思考题

①　指出本实验中最需要注意的问题。

②　在制备 Grignard 试剂和进行加成反应时，如果使用普通乙醚和含水的丙酮，对反应会有什么影响？

③　用 Grignard 试剂制备 2-甲基-2-丁醇还可以选用其他什么原料？写出反应式，并对这几种不同的路线进行比较。

实验 13　茶叶中咖啡因的提取

实验目的

①　了解从茶叶中提取咖啡因的原理与方法。

②　掌握索氏提取器的使用方法。

③　学习升华原理及其操作技术。

实验原理

茶叶中含有多种生物碱，其主要成分为含量约 3％～5％的咖啡碱（又称咖啡因），并含有少量互为异构体的茶碱和可可碱。它们都是杂环化合物嘌呤的衍生物，其结构式及母核嘌呤的结构式如下：

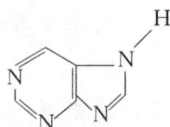

嘌呤

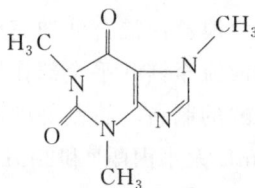

咖啡因
(1,3,7-三甲基-2,6-二氧嘌呤)

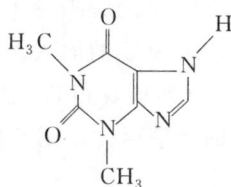

茶碱
(1,3-二甲基-2,6-二氧嘌呤)

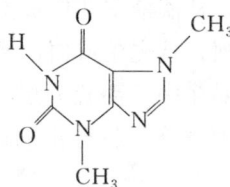

可可碱
(3,7-二甲基-2,6-二氧嘌呤)

此外，茶叶中还含有 11％～12％的丹宁酸（又名鞣酸），0.6％的色素、纤维素、蛋白质等。

---

❶　2-甲基-2-丁醇能够与水形成恒沸混合物，沸点为 87.4℃。如果干燥得不彻底，就会有相当量的液体在 95℃以下被蒸出。如果这样就需要重新干燥和蒸馏。

含结晶水的咖啡因为无色针状结晶，易溶于水、乙醇、氯仿、丙酮；微溶于石油醚；难溶于苯和乙醚。咖啡因在 100℃时失去结晶水并开始升华，120℃时升华相当显著，至 178℃时升华很快。无水咖啡因的熔点为 234.5℃。

咖啡因可通过测定熔点及采用光谱法加以鉴别，还可通过其水杨酸盐进一步确证。作为弱碱性化合物，咖啡因能与水杨酸作用生成水杨酸盐，其熔点为 138℃。

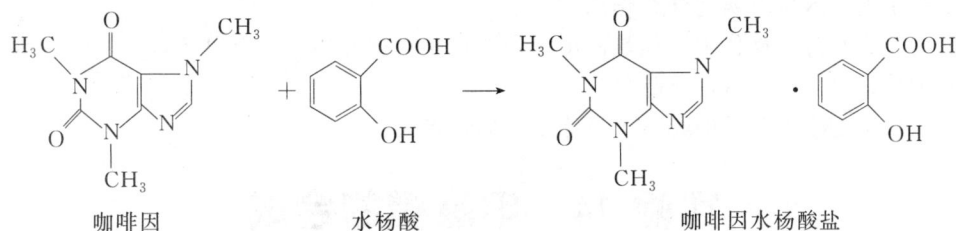

咖啡因　　　　　　　　水杨酸　　　　　　　　咖啡因水杨酸盐

为了提取茶叶中的咖啡因，本实验利用咖啡因易溶于乙醇、易升华等特点，以 95％乙醇作溶剂，通过索氏提取器进行连续提取，然后浓缩、焙炒得到粗咖啡因。粗咖啡因还含有其他一些生物碱和杂质，可通过升华提纯得到纯咖啡因。

工业上，咖啡因主要通过人工合成制得。它具有刺激心脏、兴奋大脑神经及利尿等作用，因此可作为中枢神经兴奋药。它也是复方阿司匹林（APC）等药物的组分之一。

仪器和药品

索氏提取器；电热套；表面皿；蒸发皿；玻璃漏斗；不锈钢刮铲；锥形瓶；烧杯。

茶叶末（9g）；95％乙醇（100mL）；生石灰（1.5g）。

实验内容

称取 9g 茶叶末，装入滤纸套筒中❶，再将套筒小心地插入索氏提取器中。量取 100mL 95％乙醇加入烧瓶中，投入几粒沸石，安装好提取装置❷。用电热套加热，连续提取 2～3h，此时提取液颜色已经较淡，待提取液刚刚虹吸流回烧瓶时，立即停止加热。

稍冷后，将提取装置改装成蒸馏装置，重新投入几粒沸石，进行蒸馏，蒸出大部分乙醇（要回收）❸。趁热将烧瓶中的残液（约 5～10mL）倒入表面皿中，加入约 2g 研细的生石灰粉❹，使成糊状，于蒸汽浴上将溶剂蒸干，其间要用玻璃棒不断搅拌，使成颗粒状物。再将固体颗粒转移到蒸发皿中，放在电热套上小心地将固体焙炒至干。

稍冷后，在蒸发皿上覆盖一张刺有许多小孔的滤纸，滤纸上再扣一只口径合适的玻璃漏斗，小心地加热升华❺，若漏斗上有水汽则用滤纸擦干。当滤纸上出现许多白色毛状结晶时，暂停加热，让其自然冷却至 100℃左右。小心取下漏斗，揭开滤纸，用刮铲将滤纸正反两面的咖啡因晶体刮下。残渣经拌和后可再次升华。合并两次收集的咖啡因，称重并测定熔点。

---

❶ 滤纸套大小既要紧贴器壁，又能方便取放，其高度不得超过虹吸管；滤纸包茶叶末时要严紧，防止茶叶末漏出堵塞虹吸管；纸套上面折成凹形，以保证回流液均匀浸润被萃取物。

❷ 索氏提取器的虹吸管极易折断，安装和拆卸装置时必须特别小心。

❸ 烧瓶中乙醇不可蒸得太干，否则残液很黏，转移时损失较大。

❹ 生石灰起吸水和中和作用，以除去部分酸性杂质，还作为载体以利于后面的升华操作。

❺ 在萃取回流充分的情况下，升华操作是实验成功的关键。升华过程中，始终都需要控制好升华温度。如温度太高，会使产物发黄。

纯咖啡因的熔点为 234.5℃。

思考题

① 索氏提取器的使用原理是什么？与直接用溶剂回流提取比较有何优点？

② 从茶叶中提出的粗咖啡因有绿色光泽，为什么？

③ 用升华法提纯物质有何优点及局限性？

④ 升华前加入生石灰起什么作用？

⑤ 为什么在升华操作中，加热温度一定要控制在被升华物熔点以下？

⑥ 为什么升华前要将水分除尽？

⑦ 试指出咖啡因分子中哪一个氮原子的碱性最大？

实验 14 甲基橙的合成

实验目的

① 学习重氮化反应和偶联反应制取甲基橙的原理和方法。

② 学习抽滤、洗涤、重结晶等基本操作技术。

实验原理

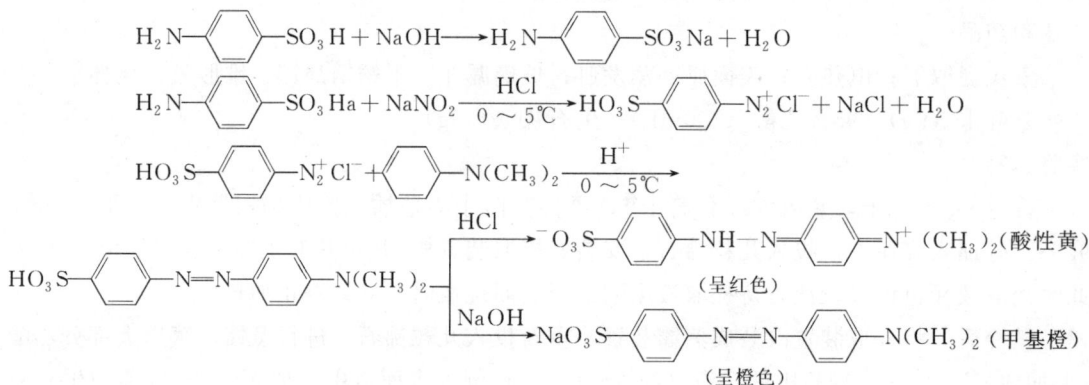

仪器和药品

烧杯；玻璃棒；温度计；量筒；布氏漏斗。

对氨基苯磺酸（2.1g，0.01mol）；N,N-二甲基苯胺（1.3mL，0.01mol）；亚硝酸钠（0.8g，0.011mol）；NaOH（5%）；浓 HCl；冰醋酸；乙醇；乙醚；冰块；刚果红试纸。

实验内容

(1) 对氨基苯磺酸的重氮化反应 在 150mL 烧杯中放入 10mL 5% NaOH 溶液和 2.1g 粉状对氨基苯磺酸晶体，温热使后者完全溶解。另溶解 0.8g 亚硝酸钠于 6mL 水中，加入上述对氨基苯磺酸盐溶液中，用冰-水浴冷却至 0～5℃。

在另一个烧杯中放入 3mL 浓 HCl 和 10g 冰屑，也用冰-水浴冷却至 5℃以下。

将对氨基苯磺酸钠与亚硝酸钠的混合液在不断搅拌下缓缓倒入冰冷的盐酸溶液中，用刚果红试纸检验，始终保持反应液为酸性。如果冰都熔化了，可补加少量冰屑，以控制反应温度始终在 5℃以下。为保证反应完全，继续在冰-水浴中放置 15min 以上。

(2) 生成甲基橙的偶联反应 将 1.3mL N,N-二甲基苯胺和 1mL 冰醋酸的混合液冷却至 5℃以下。然后在不断搅拌下，将此冰冷的混合液慢慢加到上述冰冷的重氮盐溶液中。加完后，继续搅拌 10min，此时有红色的酸性黄沉淀产生。再在不断搅拌下，慢慢加入 25mL 5% NaOH 溶液，直至反应物变为橙色。这时的反应液呈碱性，粗制的甲基橙以细粒状沉淀析出。

（3）甲基橙的分离和提纯　将上述烧杯中的反应物加热至沸，使粗制的甲基橙溶解，冷至室温后，再在冰-水浴中冷却，使甲基橙晶体完全析出。用布氏漏斗抽滤，晶体依次用少量水、乙醇、乙醚洗涤，取出产品，在 50℃以下干燥后称重。

若要得到较纯产品，可用溶有少量 NaOH（约 0.1~0.2g）的沸水（每克粗产品约需 25mL）进行重结晶。待结晶析出完全后，用布氏漏斗抽滤，晶体依次用少量乙醇、乙醚洗涤，可得到橙色的小叶片状甲基橙晶体。

将少许甲基橙溶于水中，加几滴稀 HCl 溶液，接着用稀 NaOH 溶液中和，观察颜色的变化。

纯甲基橙为橙色的鳞状晶体或粉末，稍溶于水，不溶于乙醇；用作 pH 指示剂，变色范围为 3.1~4.4，由红色变黄色；也用作酸碱滴定的指示剂。

思考题

① 实验中为什么要将反应温度控制在 5℃以下？温度偏高对反应有什么影响？

② 制备重氮盐时，为什么要先把对氨基苯磺酸转变成钠盐？若先将对氨基苯磺酸与盐酸混合，再滴加亚硝酸钠溶液进行重氮化反应，可以吗？为什么？

③ 试结合本实验讨论一下重氮化反应和偶联反应的条件。

④ 抽滤收集甲基橙晶体时，依次用水、乙醇、乙醚洗涤的目的是什么？

⑤ 试解释甲基橙在酸碱介质中的变色原因。

实验 15　乙酰苯胺的合成

实验目的

① 学习苯胺发生 N-酰化的原理和方法。

② 学习回流、脱色、重结晶、抽滤等基本操作技术。

实验原理

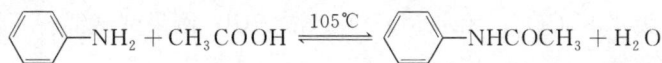

仪器和药品

圆底烧瓶；锥形瓶；刺形分馏柱；温度计；烧杯；布氏漏斗；玻璃棒；量筒；表面皿；电热套。

苯胺（5mL，0.055mol）；冰醋酸（7.4mL，0.13mol）；活性炭；锌粉。

实验内容

在 100mL 圆底烧瓶中，加入 5mL 苯胺、7.4mL 冰醋酸和 0.1g 锌粉。装上一支刺形分馏柱，柱顶插一支 150℃的温度计，支管用一段乳胶管与一根玻璃管相连，玻璃管下端伸入一个小锥形瓶中，以收集蒸出的水和醋酸。

将圆底烧瓶置于电热套中小心加热至沸腾，控制温度，保持温度计读数在 105℃左右。

约 40～60min 后，反应所生成的水（含少量醋酸）可完全蒸出（馏出液总体积约 4mL）。此时温度计读数会下降，表示反应已经完成，停止加热。

在不断搅拌下趁热将反应混合物倾入盛有 100mL 水的烧杯中，冷却至室温后用布氏漏斗抽滤析出的固体，并用少量冷水洗涤固体以除去残留的酸液。

将粗产品放入盛有 150mL 水的烧杯中，加热至沸腾。如果还有未溶解的油珠，可补加少量热水，直到油珠完全溶解为止。稍冷后，加入约 0.5g 粉末状的活性炭，用玻璃棒搅拌并煮沸 1～2min，趁热用事先预热好的布氏漏斗抽滤，并尽快将滤液转移到一个小烧杯中。冷却滤液，乙酰苯胺即呈无色片状晶体析出。用布氏漏斗抽滤，产品放表面皿上晾干。

纯乙酰苯胺为无色片状晶体，熔点为 114.3℃。

思考题

① 在本实验中为何要控制分馏柱上端的温度在 105℃ 左右？温度过高有何后果？

② 在本实验中锌粉的作用是什么？

③ 加活性炭脱色前，为何要先将乙酰苯胺热饱和溶液降温？

④ 在重结晶操作中，怎样才能得到产率高、质量好的产品？

实验 16 苯甲醇和苯甲酸的制备

实验目的

① 学习用苯甲醛通过 Cannizzaro 反应制备苯甲醇和苯甲酸的原理和方法。

② 学习萃取、洗涤、蒸馏、抽滤、重结晶等基本操作技术。

实验原理

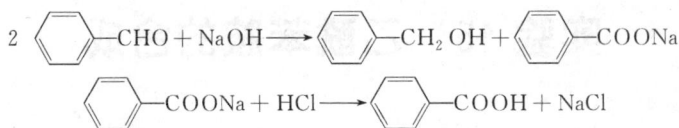

仪器和药品

锥形瓶；分液漏斗；圆底烧瓶；回流冷凝管；空气冷凝管；蒸馏头；接引管；温度计套管；温度计；布氏漏斗；软木塞；橡胶塞；表面皿；烧杯；量筒；电热套。

NaOH（11g，0.275mol）；苯甲醛（12.6mL，0.125mol）；苯；$NaHSO_3$（饱和）；Na_2CO_3（10%）；无水 K_2CO_3；无水 $MgSO_4$；浓 HCl；刚果红试纸。

实验内容

(1) Cannizzaro 反应　在 125mL 锥形瓶中，放入 11g 固体 NaOH 和 11mL 水，溶解后冷却至室温。加入 12.6mL 新蒸馏过的苯甲醛，用软木塞或橡胶塞塞紧瓶口，用力振摇，使反应混合物充分混合，最后形成白色糊状物。塞紧瓶口，放置过夜（此步操作可在前次实验完成）。

(2) 苯甲醇的分离和纯化　向上述糊状反应混合物中加入 40～45mL 水，微热并不断搅拌，使其中的苯甲酸盐全部溶解。冷却至室温后，将溶液倒入分液漏斗中，用 30mL 苯分 3 次萃取苯甲醇。保存萃取后的水溶液供实验内容（3）使用。合并苯萃取液，依用 5mL $NaHSO_3$ 饱和溶液、10mL 10% Na_2CO_3 溶液和 10mL 冷水洗涤。分离出苯溶液，用无水 K_2CO_3 或无水 $MgSO_4$ 干燥。

将干燥后的苯溶液倒入小圆底烧瓶中，装好蒸馏装置，先用沸水浴加热，蒸去苯（一定要倒入回收瓶内！），移去沸水浴，稍冷后，将回流冷凝管换成空气冷凝管，在电热套中加热蒸馏，收集 $198 \sim 204℃$ 的馏分。

纯苯甲醇为无色液体，稍有芳香气味，熔点为 $-15.3℃$，沸点为 $205.3℃$，d_4^{20} 为 1.0419，n_D^{20} 为 1.5392；稍溶于水，能与乙醇、乙醚、苯等混溶。

（3）苯甲酸的制备　将苯萃取后的水溶液〔实验内容（2）中保存〕用浓 HCl 酸化至强酸性（刚果红试纸变蓝），充分冷却使苯甲酸析出完全。用布氏漏斗抽滤，并用少量冷水洗涤，取出产物，放在表面皿上晾干。粗苯甲酸可用水重结晶。

纯苯甲酸为无色针状晶体，d_4^{15} 为 1.2659，熔点为 $122.4℃$，沸点为 $249℃$，在 $100℃$ 升华；微溶于水，溶于乙醇、乙醚、氯仿、苯、二硫化碳和松节油；加热至 $370℃$ 分解成苯和二氧化碳。

思考题

① 在本实验中为何要用新蒸馏过的苯甲醛？

② 苯萃取液为何要用 $NaHSO_3$ 饱和溶液和 Na_2CO_3 溶液洗涤？

③ 试比较 Cannizzaro 反应和羟醛缩合反应在醛的结构及反应条件上有何不同？

④ 在实验内容（1）中能否用玻璃塞代替软木塞或橡胶塞塞紧瓶口？

实验 17　乙酸乙酯的合成

实验目的

① 学习酯化反应的原理和乙酸乙酯的制备方法。

② 学习蒸馏、洗涤等操作技术。

实验原理

主反应：

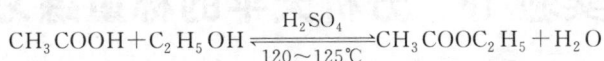

$$CH_3COOH + C_2H_5OH \underset{120 \sim 125℃}{\overset{H_2SO_4}{\rightleftharpoons}} CH_3COOC_2H_5 + H_2O$$

副反应：

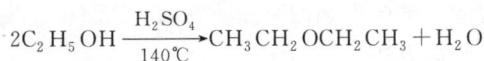

$$2C_2H_5OH \xrightarrow[140℃]{H_2SO_4} CH_3CH_2OCH_2CH_3 + H_2O$$

仪器和药品

三口烧瓶；圆底烧瓶；滴液漏斗；蒸馏头；接引管；锥形瓶；温度计套管；温度计；分液漏斗；直形冷凝管；烧杯；量筒；电热套。

95% 乙醇（23mL，0.37mol）；冰醋酸（14.3mL，0.25mol）；浓硫酸（$d=1.84$，3mL）；Na_2CO_3（饱和）；NaCl（饱和）；$CaCl_2$（饱和）；无水 K_2CO_3。

实验内容

在三口烧瓶中放入 3mL 95% 乙醇，然后一边摇动烧瓶，一边慢慢加入 3mL 浓 H_2SO_4，混合均匀并加入几粒沸石。

在滴液漏斗中放入 20mL 95% 乙醇和 14.3mL 冰醋酸的混合液。将滴液漏斗装在三口烧瓶的侧口，另一侧口用玻璃塞塞住。三口烧瓶的中口装上蒸馏头，并依次与直形冷凝管、接引管及锥形瓶连接，接引管伸入一锥形瓶中，蒸馏头上安装温度计，将整个装置固定好。

将三口烧瓶置于电热套中加热，使烧瓶中的反应液温度升高到120℃左右，然后将滴液漏斗中的混合液慢慢地滴入三口烧瓶中。控制滴液速度和酯蒸出速度大致相等（约每秒钟1滴），并维持反应温度在120～125℃之间。待混合液滴加完后，继续加热约10min，直到不再有液滴蒸出为止。

向馏出液中慢慢地加入 Na_2CO_3 饱和溶液（约10mL），时加摇动，直到无 CO_2 气体逸出为止（用pH试纸检验，酯层应呈中性）。将混合液倒入分液漏斗中，充分振摇（注意活塞放气）后，静置。放出下面的水层。酯层用等体积（约10mL）NaCl饱和溶液洗涤，放出下层水液，再用等体积（约10mL）的 $CaCl_2$ 饱和溶液洗涤两次，放出下层废液。将酯层从分液漏斗的上口倒入干燥的小锥形瓶内，加入无水 K_2CO_3 干燥。

将干燥后的粗乙酸乙酯小心地滤入小蒸馏烧瓶中，安装好蒸馏装置，在水浴上加热蒸馏，收集74～80℃的馏分。

纯乙酸乙酯为无色液体，具有果香气味；熔点为 $-83.6℃$，沸点为77.1℃，d_4^{20} 为0.9005，n_D^{20} 为1.3723；微溶于水，溶于乙醇、氯仿、乙醚和苯等；易着火，其蒸气和空气形成爆炸性混合物，爆炸极限为2.2%～11.2%。

思考题

① 本实验中浓 H_2SO_4 起何作用？

② 本实验使用的是过量的乙醇，而不是过量的醋酸，为什么？

③ 蒸出的粗乙酸乙酯中主要有哪些杂质？

④ 能否用浓 NaOH 溶液代替 Na_2CO_3 饱和溶液？

⑤ 用 $CaCl_2$ 饱和溶液洗涤的目的是什么？为何先要用饱和 NaCl 溶液洗涤？能否用水代替它？

实验 18 分析天平的称量练习

实验目的

① 了解分析天平的构造，学会正确的称量方法。

② 初步掌握差减法的称样方法。

③ 了解在称量中如何运用有效数字。

仪器和药品

电光天平和砝码；瓷坩埚；称量瓶。

试样（不易吸潮的结晶试剂）。

实验内容

① 做好称量前的准备，调整及测定天平零点。

② 取1只洁净、干燥的瓷坩埚，按半自动电光天平称量法的操作步骤，在分析天平上准确称出其质量（准确到0.1mg），记录为 m(g)。

③ 取1只装有试样的称量瓶，按照差减法的操作步骤准确取0.2～0.5g试样（准确到0.1g）于瓷坩埚中。称量瓶和原试样总质量设为 m_1(g)，倾出试样后称量瓶和余下试样总

质量设为 $m_2(g)$，则取出试样的质量为 $(m_1-m_2)(g)$。

④ 在分析天平上再称出瓷坩埚和取出的试样总质量，记录为 $m_3(g)$。

⑤ 首先检查 m_1 与 m_2 差值是否符合要求（即是否在 $0.2\sim0.5$ 之间）。再检查瓷坩埚中增加的质量（即 m_3-m）是否等于称量瓶中倾出试样的质量（即 m_1-m_2）。如果不相等，求出差值，此绝对差值应小于 0.5mg。如果不符合要求，应分析原因并重新称量。

⑥ 称量完毕，做好称量后的结束工作。经指导教师检查符合要求后，将坩埚中的试样倒入指定的回收器皿中。坩埚用毛刷刷净，放回原处。

数据记录与计算（表 4.4）

表 4.4　数据记录表（例）

称量瓶+试样质量（取样前）	$m_1=16.7549g$
称量瓶+试样质量（取样后）	$m_2=16.4338g$
倾出试样质量	0.3211g
坩埚+倾出试样质量	$m_3=18.7353g$
空坩埚的质量	$m=18.4139g$
加入试样的质量	0.3214g
绝对差值	0.0003g

注意事项

① 使用分析天平时应严格遵守分析天平的使用规则。

② 天平的水平位置、重心、分度值都已调好，学生不用另调。一般电光天平的最小分度值为 0.1g。如天平的零点偏离投影屏上的"0"线不太大，可拨动调节杆调节；如偏离太大须报告指导教师，不要自行调节。

讨论

可联系实验中的问题或思考题，结合自己的体会加以讨论。

思考题

① 为了保护玛瑙刀口，使用分析天平时应注意哪些？

② 使用电光天平为什么要调整零点？是否每次都要调整？

实验 19　酸碱标准溶液的配制和比较

实验目的

① 练习滴定操作，初步掌握准确判断终点的方法。

② 练习酸碱标准溶液的配制和浓度的比较。

③ 熟悉甲基橙和酚酞指示剂的使用和终点的变化，初步掌握酸碱指示剂的选择方法。

实验原理

浓盐酸易挥发，固体 NaOH 容易吸收空气中的水分和 CO_2，因此不能直接配制标准浓度的 HCl 和 NaOH 标准溶液，只能先配制近似浓度的溶液，然后用基准物质标定其准确浓度。也可用另一已知标准浓度的标准溶液滴定该溶液，再根据它们的体积比求得该溶液的浓度。

酸碱指示剂都具有一定的变色范围。0.1mol/L NaOH 和 HCl 溶液的滴定，是强碱与强酸的滴定，其滴定的突跃范围为 pH＝4～10，应当选用在此范围内变色的指示剂，例如甲基橙或酚酞指示剂等。NaOH 溶液和 HAc 溶液的滴定，是强碱和弱酸的滴定，其突跃范围处于碱性区域，应选用在此区域内变色的指示剂（如酚酞）。

仪器和药品

酸式滴定管和碱式滴定管（50mL）；锥形瓶（250mL）。

浓 HCl（密度 1.19g/mL）；NaOH 固体；甲基橙指示剂。

实验内容

（1）溶液的配制

① 0.1mol/L NaOH 溶液的配制：在台秤上粗称 2.5～3g NaOH 置于烧杯中，用新煮沸除去 CO_2 并冷却至室温的蒸馏水洗去 NaOH 表面的 Na_2CO_3，每次加水 10～15mL，迅速摇动，马上弃去洗涤液，洗 1～2 次；在剩下的 NaOH 中加入 500mL 蒸馏水，搅拌，待 NaOH 溶解后转入试剂瓶，摇匀，塞紧橡胶塞，贴上标签，备用。

② 0.1mol/L HCl 溶液的配制：用量筒量取浓 HCl 4～4.5mL 加入 500mL 蒸馏水中，搅匀，转移至试剂瓶，摇匀，塞紧玻璃塞，贴上标签，备用。

（2）酸碱溶液相对浓度的比较

① 用 0.1mol/L NaOH 溶液洗涤碱式滴定管 3 次，每次用 5～10mL，然后将 NaOH 溶液注入碱式滴定管，调至 0.00mL 刻度处。

② 用 0.1mol/L 的 HCl 溶液洗涤酸式滴定管 3 次，每次用 5～10mL，然后将 HCl 溶液注入酸式滴定管至 0.00mL 刻度处。

③ 由碱式滴定管中以每秒 3～4 滴的速度放出 25mL 左右的 NaOH 溶液于 250mL 锥形瓶中，加甲基橙指示剂 1 滴，用 0.1mol/L HCl 溶液滴定至溶液出现橙色。然后从碱式滴定管中再滴入几滴 NaOH 溶液，此时溶液又变为黄色。再用 HCl 溶液滴定至橙色，如此反复滴定，观察终点颜色的突变，准确掌握终点。

为准确地判断终点，眼睛必须一直注视着溶液的颜色变化，视线不能移开，特别是在接近终点时更是如此，稍一疏忽就有可能滴定过终点。待已熟练掌握终点颜色的变化后，就进行 NaOH 和 HCl 溶液相对浓度的比较。

④ 从碱式滴定管中，以每秒 3～4 滴的速度向 250mL 锥形瓶中加入 0.1mol/L 的 NaOH 溶液 25.00mL，加甲基橙指示剂 1～2 滴，用 0.1mol/L 的 HCl 溶液滴定到终点，记录读数 V_1，如此反复 3 次，记录读数分别为 V_1、V_2 和 V_3。

⑤ 计算滴定的平均相对偏差，要求平均相对偏差不大于 0.2％。

数据记录与计算

数据记录于表 4.5 中。

表 4.5 数据记录表（例）

记录项目	1	2	3
NaOH 终读数/mL			
NaOH 初读数/mL			
V_{NaOH}/mL			

续表

记录项目	1	2	3
HCl 终读数/mL			
HCl 初读数/mL			
V_{HCl}/mL			
V_{NaOH}/V_{HCl}			
$\overline{V}_{NaOH}/\overline{V}_{HCl}$			
个别测定的绝对偏差			
相对平均偏差			

讨论

联系实验中的问题，结合自己的体会加以讨论。

思考题

① 标准溶液在装入滴定管前为什么要用该溶液润洗内壁 2～3 次？用于滴定的锥形瓶和烧杯是否要干燥？是否需要用标准溶液润洗？为什么？

② 配制 HCl 溶液和 NaOH 溶液所用的水的体积，是否需要准确地量取？为什么？

③ 用 HCl 溶液滴定 NaOH 标准溶液时可否用酚酞作为指示剂？

实验 20　酸碱标准溶液浓度的标定

实验目的

① 进一步练习滴定操作。

② 学习酸碱溶液浓度的标定方法。

实验原理

标定酸溶液和碱溶液所用的基准物质有多种，本实验中各介绍一种常用的基准物质。

用基准物质邻苯二甲酸氢钾（$KHC_8H_4O_4$）以酚酞为指示剂标定 NaOH 标准溶液的浓度。

邻苯二甲酸氢钾的结构式为 　，其中只有一个可电离的 H^+。标定时的反应式为：

$$KHC_8H_4O_4 + NaOH \rightleftharpoons KNaC_8H_4O_4 + H_2O$$

邻苯二甲酸氢钾作为基准物的优点是：①易于获得纯品；②易于干燥，不吸湿；③摩尔质量大，可相对降低称量误差。

用无水 Na_2CO_3 为基准物标定 HCl 标准溶液的浓度。由于 Na_2CO_3 易吸收空气中的水分，因此采用市售基准试剂级的 Na_2CO_3 时应预先于 180℃下使之充分干燥，并保存于干燥器中，标定时常以甲基橙为指示剂。

标定 NaOH 标准溶液与 HCl 标准溶液的浓度时，一般只需标定其中一种，另一种则通过 NaOH 溶液与 HCl 溶液滴定的体积比计算出。标定 NaOH 溶液还是标定 HCl 溶液，取决于采用何种标准溶液测定何种试样。原则上，应标定测定时所用的标准溶液，标定时的条件和测定时的条件（例如指示剂和被测成分等）应尽可能一致。

仪器和药品

酸式滴定管和碱式滴定管（50mL）；锥形瓶（250mL）。

NaOH（固体）；浓 HCl（密度 1.19g/mL）。

硼砂（$Na_2B_4O_7 \cdot 10H_2O$）：存放于装有 NaCl 和蔗糖饱和溶液的干燥器中备用。

邻苯二甲酸氢钾：于 110～120℃ 干燥 1～2h 后冷却，放干燥器中备用。

0.1％酚酞溶液：0.1g 酚酞溶于 100mL 90％乙醇溶液中。

0.1％甲基橙溶液：0.1g 甲基橙溶于 100mL 水中。

0.1％甲基红溶液：0.1g 甲基红溶于 100mL 60％乙醇溶液中。

实验内容

（1）NaOH 溶液的标定　准确称取 0.4～0.5g 邻苯二甲酸氢钾 3 份，分别置于 250mL 锥形瓶中，加入 20～30mL 蒸馏水溶解后，滴加 2～3 滴酚酞指示剂，用新配好的 NaOH 溶液滴定溶液呈微红色，半分钟不褪色即为终点。平行滴定 3 次。记下各次滴定的初始体积（零点体积）和终点体积（mL）。算出 NaOH 溶液的准确浓度后，在装 NaOH 溶液的试剂瓶的标签上填上准确浓度以备用。

（2）HCl 溶液的标定　准确称取 0.4～0.5g $Na_2B_4O_7 \cdot 10H_2O$ 3 份，分别置于 250mL 锥形瓶中，加入 20～30mL 蒸馏水溶解后，滴加 2～3 滴甲基红（或甲基橙）指示剂，用刚刚配好的 HCl 滴液滴定至溶液由黄色变为微红色，即为终点。平行测定 3 次。记下体积用量（mL），算出其准确浓度，在标签上填上准确浓度以备用。

数据记录与计算

① 根据实验数据计算 NaOH 和 HCl 的浓度（注意浓度的有效数字）。

$$c_{NaOH} = \frac{m_{KHC_8H_4O_4} \times 1000}{V_{NaOH} \times 204.2g/mol}$$

$$c_{HCl} = \frac{m_{Na_2B_4O_7 \cdot 10H_2O}}{V_{HCl} \times 381.4g/mol}$$

② 将数据记录于表 4.6 中。

表 4.6 数据记录表（例）

记录项目	1	2	3
称量瓶＋$KHC_8H_4O_4$ 质量(前)/g			
称量瓶＋$KHC_8H_4O_4$ 质量(后)/g			
$KHC_8H_4O_4$ 的质量/g			
NaOH 的终读数/mL			
NaOH 的初读数/mL			
V_{NaOH}/mL			
c_{NaOH}			
$\bar{c}_{NaOH}$			
个别测定的绝对偏差			
相对平均偏差			

记录项目	1	2	3
$c_1 = \dfrac{m_1 \times 1000}{V_{\mathrm{NaOH},1} \times 204.2\mathrm{g/mol}}$			
$c_2 = \dfrac{m_2 \times 1000}{V_{\mathrm{NaOH},2} \times 204.2\mathrm{g/mol}}$			
$c_3 = \dfrac{m_3 \times 1000}{V_{\mathrm{NaOH},3} \times 204.2\mathrm{g/mol}}$			
（式中 m 为基准物的质量）			

讨论

联系实验中的问题，结合自己的体会加以讨论。

思考题

① 为什么 HCl 和 NaOH 标准溶液用间接法配制，而不用直接法配制？

② 如何用滴定管滴加半滴滴定剂？其操作要领是什么？

③ 在标定 NaOH 溶液时，以酚酞为指示剂，规定终点时为微红色且半分钟不褪色即可。但当放置时间稍长，微红色褪去，为什么？

实验 21　碱液中 NaOH 及 Na$_2$CO$_3$ 测定

实验目的

① 了解双指示剂法测定碱液中 NaOH 和 Na$_2$CO$_3$ 含量的原理。

② 了解混合指示剂的使用及其优点。

实验原理

碱液中 NaOH 和 Na$_2$CO$_3$ 的含量，可以在同一份试样溶液中用两种不同的指示剂来测定，这种测定方法即"双指示剂法"。此法方便、快速，在生产中应用普遍。

常用的两种指示剂是酚酞和甲基橙。在试液中先滴加酚酞指示剂，用 HCl 标准溶液滴定至红色刚刚褪去。由于酚酞的变色范围为 pH＝8～9.6，此时不仅 NaOH 完全被中和，Na$_2$CO$_3$ 也被滴定成 NaHCO$_3$，记下此时 HCl 标准溶液的耗用量 V_1。再加入甲基橙指示剂，溶液呈黄色，滴定至终点时呈橙色，此时 NaHCO$_3$ 被滴定成 H$_2$O＋CO$_2$，HCl 标准溶液的耗用量为 V_2，根据 V_1、V_2 可以计算出试液中 NaOH 及 Na$_2$CO$_3$ 的含量 x，计算式如下：

$$x_{\mathrm{NaOH}} = \frac{(V_1 - V_2)c_{\mathrm{HCl}}M_{\mathrm{NaOH}}}{V_{试}}$$

$$x_{\mathrm{Na_2CO_3}} = \frac{2V_2 c_{\mathrm{HCl}}M_{\mathrm{Na_2CO_3}}}{2V_{试}}$$

式中　c——浓度，mol/L；

x——NaOH 或 Na$_2$CO$_3$ 的含量，g/L；

M——物质的摩尔质量，g/mol；

V_1，V_2——溶液的体积，mL。

双指示剂中的酚酞指示剂可用甲酚红和百里酚蓝混合指示剂代替。甲酚红的变色范围为 6.7（黄）~8.4（红），百里酚蓝的变色范围为 8.0（黄）~9.6（蓝），混合后的变色点是 8.3，其酸式呈黄色，其碱式呈紫色，在 pH 值为 8.2 时为樱桃色，变色较敏锐。

仪器和药品

酸式滴定管和碱式滴定管（50mL）；锥形瓶（250mL）。

HCl（0.1mol/L）；甲基橙指示剂；酚酞指示剂。

实验内容

准确称取 0.5~0.7g 混合碱试样置于烧杯中，加蒸馏水约 30mL 并稍加热使其溶解，冷却后转入 100mL 容量瓶，定容，摇匀备用。

准确移取 25.00mL 混合碱试液 3 份，分别置于 250mL 锥形瓶中，加酚酞指示剂 4~5 滴，用 HCl 标准溶液滴定至溶液略带微红色，再滴加半滴，使溶液颜色刚好褪去，记下所用去的 HCl 标准溶液体积 V_1（mL）；然后加入 2~3 滴甲基橙指示剂，继续用 HCl 标准溶液滴定，至溶液由黄色变为橙色，记下第二次所消耗的 HCl 标准溶液体积 V_2（mL）。平行测定 3 份。

数据记录与计算

根据实验数据，按下列公式计算 NaOH 和 HCl 的含量。

$$x_{NaOH} = \frac{(V_1 - V_2)c_{HCl}M_{NaOH}}{V_{试}}$$

$$x_{Na_2CO_3} = \frac{2V_2 c_{HCl}M_{Na_2CO_3}}{2V_{试}}$$

讨论

联系实验中的问题，结合自己的体会加以讨论。

实验 22　EDTA 标准溶液的配制和标定

实验目的

① 学习 EDTA 标准溶液的配制和标定方法。

② 掌握配位滴定的原理，了解配位滴定的特点。

③ 熟悉钙指示剂或二甲酚橙指示剂的使用。

实验原理

乙二胺四乙酸（简称 EDTA，常用 H_4Y 表示）难溶于水，常温下其溶解度为 0.2g/L（约 0.0007mol/L），在分析中通常使用其二钠盐配制标准溶液。乙二胺四乙酸二钠盐的溶解度为 120g/L，可配成 0.3mol/L 以上的溶液，其水溶液的 pH 值约为 4.8，通常采用间接法配制标准溶液。

标定 EDTA 溶液常用的基准物有 Zn、ZnO、$CaCO_3$、Bi、Cu、$MgSO_4 \cdot 7H_2O$、Hg、Ni、Pb 等。通常选用其中与被测物组分相同的物质作基准物，这样，滴定条件较一致，可减小误差。

EDTA 溶液若用于测定石灰石或白云石中 CaO、MgO 的含量，则宜用 $CaCO_3$ 为基准物，首先可加 HCl 溶液，其反应如下：

$$CaCO_3 + 2HCl = CaCl_2 + CO_2 + H_2O$$

　　然后把溶液转移到容量瓶中并稀释，制成钙标准溶液。吸取一定量钙标准溶液，调节酸度至 pH 值≥12，使用钙指示剂，以 EDTA 溶液滴定溶液由酒红色变为纯蓝色，即为终点。其变色原理如下：

　　钙指示剂（常以 H_3Ind 表示）在水溶液中按照下式解离：

$$H_3Ind = 2H^+ + HInd^{2-}$$

　　在 pH 值≥12 的溶液中，$HInd^{2-}$ 与 Ca^{2+} 形成比较稳定的配离子，其反应如下：

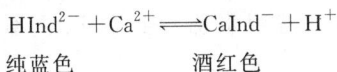

$$HInd^{2-} + Ca^{2+} = CaInd^- + H^+$$
　　　　　纯蓝色　　　　　　酒红色

　　因此，在钙标准溶液中加入钙指示剂时，溶液呈酒红色。当用 EDTA 溶液滴定时，由于 EDTA 能与 Ca^{2+} 形成比 $CaInd^-$ 更稳定的配离子，在滴定终点附近，$CaInd^-$ 不断转化为较稳定的 CaY^{2-}，而钙指示剂则被游离了出来，其反应可表示如下：

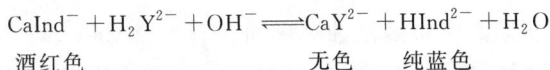

$$CaInd^- + H_2Y^{2-} + OH^- = CaY^{2-} + HInd^{2-} + H_2O$$
　　酒红色　　　　　　　　　　　　无色　　纯蓝色

　　用此法测定钙时，若有 Mg^{2+} 共存〔在调节溶液酸度为 pH 值≥12 时，Mg^{2+} 将形成 $Mg(OH)_2$ 沉淀〕，则 Mg^{2+} 不仅不干扰钙的测定，而且使终点比 Ca^{2+} 单独存在时更敏锐。当 Ca^{2+}、Mg^{2+} 共存时，终点由酒红色至纯蓝色，当 Ca^{2+} 单独存在时则由酒红色到紫蓝色。所以测定单独存在的 Ca^{2+} 时，常常加入少量 Mg^{2+}。

　　EDTA 溶液若用于测定 Pb^{2+}、Bi^{3+}，则宜以 ZnO 或金属锌为基准物，以二甲酚橙为指示剂。在 pH 值约为 5～6 的溶液中，二甲酚橙指示剂本身显黄色，与 Zn^{2+} 的配合物呈紫红色。EDTA 与 Zn^{2+} 形成更稳定的配合物，因此用 EDTA 溶液滴定至终点时，二甲酚橙被游离了出来，溶液由紫红色变为黄色。

　　配位滴定中所用的水，应不含 Fe^{3+}、Al^{3+}、Cu^{2+}、Ca^{2+}、Mg^{2+} 等杂质离子。

仪器和药品

　　台秤；烧杯；表面皿；酸式滴定管；容量瓶（250mL）。

　　以 $CaCO_3$ 为基准物时所用试剂：乙二胺四乙酸二钠（固体，AR）；$CaCO_3$（固体，GR）；镁溶液（溶解 1g $MgSO_4 \cdot 7H_2O$ 于水中，稀释至 200mL）；NaOH（10%）；钙指示剂（固体）。

实验内容

　　(1) 0.02mol/L EDTA 溶液的配制　在台秤上称取配制 500mL 0.02mol/L EDTA 溶液所需的乙二胺四乙酸二钠，溶解于 300mL 热水中。冷却后，转移至细口瓶中用纯水稀释至 500mL，摇匀，如浑浊应过滤。长期放置时，应储存于聚乙烯瓶中。

　　(2) EDTA 溶液的标定　准确称取配制 250mL 0.02mol/L 钙标准溶液所需的 $CaCO_3$ 于 250mL 烧杯中，加纯水少许，盖上表面皿，沿烧杯嘴慢慢滴加数毫升 6mol/L HCl 溶液直至完全溶解（要边滴加盐酸边轻轻摇动烧杯，每加几滴后，待气泡停止出现，再继续滴加）。小火加热煮沸至不冒小气泡为止。冷却至室温，用水冲洗表面皿和烧杯内壁，然后小心地将溶液全部移入 250mL 容量瓶中，稀释至刻度，摇匀，备用。

　　用移液管准确移取 25mL 钙标准溶液于 250mL 锥形瓶中，加 50mL 水、2mL 镁溶液、5mL 10% NaOH 溶液（若溶液出现浑浊，则应适当多加入蒸馏水）和 10mg（绿豆大小）

固体钙指示剂，摇匀后，立即用待标定的 EDTA 溶液滴定至溶液至红色变至蓝色（颜色的深浅与加入的钙指示剂的多少有关），即为终点。平行滴定 3～4 次，记下消耗 EDTA 溶液的体积。计算 EDTA 溶液的浓度（mol/L）及其相对平均偏差。

注意事项

① 配位反应进行缓慢，因此滴定不宜快。滴定应在 30～40℃进行，若室温太低，应将溶液略微加热。

② 若水样中有微量铁、铝存在，可加入 5mL 三乙醇胺（1+2）掩蔽。但水样含铁且含铁量超过 10mg/L 时，掩蔽有困难，需用水稀释到含 Fe^{3+} 不超过 10mg/L、含 Fe^{2+} 不超过 7mg/L。

讨论

联系实验中的问题，结合自己的体会加以讨论。

思考题

如果 EDTA 溶液在长期贮存中因侵蚀玻璃而含有少量 CaY^{2-}、MgY^{2-}，那么在 pH＞12 的碱性溶液中用 Ca^{2+} 标定或在 pH 为 5～6 的酸性介质中用 Zn^{2+} 标定，所得结果是否一致？为什么？

实验 23　水的硬度测定

实验目的

① 了解水的硬度的测定意义和常用的硬度表示方法。

② 掌握 EDTA 法测定水的硬度的原理和方法。

③ 掌握铬黑 T 和钙指示剂的应用，了解金属指示剂的特点。

实验原理

一般含有钙、镁盐类的水叫硬水（硬水和软水尚无明确的界限，硬度小于 5°的，一般可称软水）。硬度有暂时硬度和永久硬度之分。

暂时硬度（暂硬）：水中含有钙、镁的酸式碳酸盐，遇热即成碳酸盐沉淀而失去其硬度。其反应式如下：

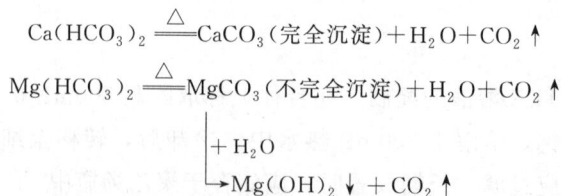

$$Ca(HCO_3)_2 \xrightarrow{\triangle} CaCO_3(完全沉淀) + H_2O + CO_2 \uparrow$$

$$Mg(HCO_3)_2 \xrightarrow{\triangle} MgCO_3(不完全沉淀) + H_2O + CO_2 \uparrow$$

$$\left. \begin{array}{l} + H_2O \\ \longrightarrow Mg(OH)_2 \downarrow + CO_2 \uparrow \end{array} \right.$$

永久硬度（永硬）：水中含有钙、镁的硫酸盐、氯化物、硝酸盐，在加热时亦不沉淀（但在锅炉运行温度下，溶解度低的可析出而成为锅垢）。

暂硬和永硬的总称为"总硬"。由镁离子形成的硬度称为"镁硬"，由钙离子形成的硬度称为"钙硬"。

水中钙、镁离子含量，可用 EDTA 配位滴定法测定。钙硬测定的原理与以 $CaCO_3$ 为基准物标定 EDTA 标准溶液浓度相同。总硬则是以铬黑 T 为指示剂，控制溶液的 pH 约为 10，以 EDTA 标准溶液滴定。根据 EDTA 溶液的浓度和用量，可算出水的总硬，由总硬减去钙硬即为镁硬。

水的硬度的表示方法有多种,各国的习惯有所不同。有将水中的盐类都折算成 $CaCO_3$ 而以 $CaCO_3$ 的量作为硬度标准的,也有将盐类合算成 CaO 而以 CaO 的量来表示的。我国目前常用的表示方法:以度(°)计,1 硬度单位表示十万份水中含 1 份 CaO,即 $1° = 10^{-5} mg/L\ CaO$。

$$\text{硬度}(°) = \frac{c_{EDTA} V_{EDTA} \times \dfrac{M_{CaO}}{1000}}{V_{水}} \times 10^5$$

式中 c_{EDTA}——EDTA 标准溶液的浓度,mol/L;

V_{EDTA}——滴定时用去的 EDTA 标准溶液的体积,mL(若此量为滴定总硬时所耗用的,则所得硬度即为总硬,若此量为滴定钙硬时所耗用的,则所得硬度为钙硬);

$V_{水}$——水样体积,mL;

M_{CaO}——CaO 的摩尔质量,g/mol。

仪器和药品

锥形瓶(250mL);酸式滴定管。

EDTA 标准溶液;$NH_3 \cdot H_2O$-NH_4Cl 缓冲溶液(pH 值为 10;NH_4Cl 27g 溶于适量纯水中,加浓氨水 175mL,加纯水稀释至 500mL);铬黑 T 指示剂(1%;1g 铬黑 T 溶于100mL 三乙醇胺中,此溶液可保存数月以上)。

实验内容

量取澄清的水样 100mL 于 250mL 锥形瓶中,加 5mL $NH_3 \cdot H_2O$-NH_4Cl 缓冲溶液,摇匀。加入 1~2 滴铬黑 T 指示剂,用已标定的 EDTA 标准溶液滴定至溶液由酒红色变为蓝紫色即为终点,记下消耗 EDTA 标准溶液的体积。平行滴定 3~4 次。

计算水的总硬度,以度(°)表示。

数据记录与计算

$$\text{硬度}(°) = \frac{c_{EDTA} \times V_{EDTA} \times \dfrac{M_{CaO}}{1000}}{V_{水}} \times 10^5$$

注意事项

硬度较大的水样,加入氨性缓冲液后可能慢慢地析出 $CaCO_3$、$Mg_2(OH)_2CO_3$ 沉淀,使终点拖长,变色不敏锐。此时可于水样中加 1~2 滴 HCl 溶液(1+1)使之酸化,煮沸除去 CO_2,冷却后加缓冲液。

讨论

联系实验中的问题,结合自己的体会加以讨论。

思考题

① 以铬黑 T 为指示剂用 EDTA 标准溶液滴定水中 Ca^{2+}、Mg^{2+} 总量时,为什么必须用缓冲溶液控制溶液 pH 值为 10?

② 当水样中钙含量很高而镁含量很低,以铬黑 T 为指示剂用 EDTA 标准溶液滴定时,为什么往往得不到敏锐的终点?可采用什么措施提高终点变色的敏锐性?

③ 如果对硬度测定中的数据要求保留 2 位有效数字时，应如何量取 100mL 水样？

实验 24　过氧化氢含量的测定

实验目的

① 掌握应用高锰酸钾法测定过氧化氢含量的原理和方法。

② 掌握高锰酸钾标准溶液的配制和标定。

实验原理

（1）过氧化氢含量的测定　工业品过氧化氢（俗名双氧水）的含量可用高锰酸钾法测定。在稀硫酸溶液中，室温条件下，H_2O_2 被 $KMnO_4$ 定量地氧化，其反应式为：

$$5H_2O_2 + 2MnO_4^- + 6H^+ === 2Mn^{2+} + 5O_2 \uparrow + 8H_2O$$

根据高锰酸钾溶液的浓度和滴定所耗用的体积，可以获得溶液中过氧化氢的含量。

市售的 H_2O_2 约为 30% 的水溶液，极不稳定，滴定前需先用水稀释到一定浓度，以减少取样误差。在要求较高的测定中，商品双氧水中常加入少量乙酰苯胺等有机物质作稳定剂，此类有机物也消耗 $KMnO_4$ 而造成误差，此时，可改用碘量法测定。

（2）高锰酸钾的配制、标定　高锰酸钾是常用的氧化剂之一。市售的高锰酸钾常含有少量杂质，如硫酸盐、氯化物及硝酸盐等，因此不能用精确称量的高锰酸钾来直接配制标准浓度的溶液。用 $KMnO_4$ 配制的溶液要在暗处放置数天，待 $KMnO_4$ 把还原性杂质充分氧化后，再除去生成的 MnO_2 沉淀，标定其标准浓度。光线和 Mn^{2+}、MnO_2 等都能促进 $KMnO_4$ 分解，因此配好的 $KMnO_4$ 应除尽杂质，并保存于暗处。

$KMnO_4$ 标准溶液常用还原剂 $Na_2C_2O_4$ 作基准物来标定。$Na_2C_2O_4$ 不含结晶水，容易精制。用 $Na_2C_2O_4$ 标定 $KMnO_4$ 溶液的反应如下：

$$2MnO_4^- + 5C_2O_4^{2-} + 16H^+ === 2Mn^{2+} + 10CO_2 \uparrow + 8H_2O$$

滴定时可利用 MnO_4^- 本身的颜色指示滴定终点。

仪器和药品

表面皿；锥形瓶（250mL）；酸式滴定管；吸量管。

$Na_2C_2O_4$ 基准物质（于 105℃ 干燥 2h 后备用）；H_2SO_4（1+5）；$KMnO_4$（0.02mol/L）；H_2O_2（30%）；$MnSO_4$（1mol/L）。

实验内容

（1）$KMnO_4$ 溶液的配制　称取 $KMnO_4$ 固体约 1.6g 溶于 500mL 水中，盖上表面皿，加热至沸，并保持微沸状态 1h，冷却后，用微孔玻璃漏斗（3 号或 4 号）过滤。滤液储存于棕色试剂瓶中。将溶液在室温条件下静置 2～3 天后过滤，备用。

（2）用 $Na_2C_2O_4$ 溶液标定 $KMnO_4$ 溶液　准确称取 0.15～0.20g 基准物 $Na_2C_2O_4$ 3 份，分别置于 250mL 锥形瓶中，加入 60mL 水使之溶解。加入 15mL H_2SO_4（1+5），在水浴上加热到 75～85℃，趁热用高锰酸钾标准溶液滴定。开始滴定时反应速度慢，待溶液中产生了 Mn^{2+} 后，滴定速度可加快。直到溶液呈现微红色并持续 30s 内不褪色即为终点。根据 $m_{Na_2C_2O_4}$ 和消耗 $KMnO_4$ 标准溶液的体积计算浓度 c_{KMnO_4}。

（3）H_2O_2 含量的测定　用吸量管移吸取 1.00mL 30% H_2O_2 置于 250mL 容量瓶中，

加水稀释至刻度，充分摇匀。用移液管移取 25.00mL 溶液置于 250mL 锥形瓶中，加 60mL 水、30mL H_2SO_4（1+5），用 $KMnO_4$ 标准溶液滴定溶液至微红色且在 0.5min 内不消失即为终点。

因 H_2O_2 与 $KMnO_4$ 溶液开始反应速度很慢，可加入 $MnSO_4$（相当于 $10 \sim 13mg$ Mn^{2+}）为催化剂，以加快反应速度。

根据 $KMnO_4$ 标准溶液的浓度和滴定过程中消耗的体积，计算试样中 H_2O_2 的含量。

讨论

联系实验中的问题，结合自己的体会加以讨论。

思考题

① 用 $KMnO_4$ 法测定 H_2O_2 时，能否用 HNO_3、HCl 和 HAc 控制酸度？为什么？

② 配制 $KMnO_4$ 溶液时，过滤后的滤器上沾污的产物是什么？应选用什么物质清洗干净？

③ H_2O_2 有哪些重要性质？使用时应注意些什么？试分析 H_2O_2 与 I^- 和 Cl_2 反应的实质，并分别写出反应式。

④ 存放基准物的锥形瓶是否需要干燥？

实验 25　邻二氮菲分光光度法测定铁

实验目的

① 通过分光光度法测定铁的条件实验，学会如何选择分光光度分析的条件。

② 掌握邻二氮菲分光光度法测定铁的原理。

③ 了解 721 型（或 722 型）分光光度计的构造和使用方法。

实验原理

邻二氮菲（简写为 phen）是测定微量铁的一种较好试剂。在 pH 值为 $2 \sim 9$ 的范围内，Fe^{2+} 与邻二氮菲反应生成极稳定的橘红色配合物 $[Fe(phen)_3]^{2+}$，其 $lgK_稳 = 21.3$（20℃），反应式如下：

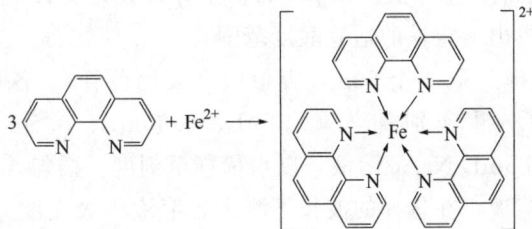

该配合物的最大吸收峰在 510nm 处，摩尔吸光系数 $k_{510} = 1.1 \times 10^4$ $L/(mol \cdot cm)$。

Fe^{3+} 与邻二氮菲也能生成 3：1 的淡蓝色配合物，其 $lgK_稳 = 14.1$。因此，在显色前应预先用盐酸羟胺（$NH_2OH \cdot HCl$）将 Fe^{3+} 还原成 Fe^{2+}，其反应式如下：

$$2Fe^{3+} + 2NH_2OH \cdot HCl \longrightarrow 2Fe^{2+} + N_2 \uparrow + 2H_2O + 4H^+ + 2Cl^-$$

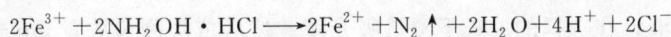

测定时，控制溶液的 pH 值约为 5 较为适宜。酸度高，反应进行较慢；酸度太低，则 Fe^{2+} 水解，影响显色。

本实验方法不仅灵敏度高、稳定性好，而且选择性高。相当于 Fe 量 40 倍的 Sn(Ⅱ)、Al(Ⅲ)、Ca(Ⅱ)、Mg(Ⅱ)、Zn(Ⅱ)、Si(Ⅳ)，20 倍的 Cr(Ⅵ)、V(Ⅴ)、P(Ⅴ)，5 倍的 Co(Ⅱ)、Ni(Ⅱ)、Cu(Ⅱ) 不干扰测定。

分光光度法测定物质含量时，通常要经过取样、显色及测量等步骤。为了使测定有较高的灵敏度和准确度，必须选择适宜的显色反应条件和测量吸光度的条件。通常所研究的显色反应条件有溶液的酸度、显色剂用量、显色时间、温度、溶剂以及共存离子干扰及其消除方法等。测量吸光度的条件主要是测量波长、吸光度范围和参比溶液的选择。

仪器和药品

吸量管；比色皿；容量瓶；移液管；分光光度计；等等。

铁标准溶液（100μg/mL）〔准确称取 0.8634g 分析纯 $NH_4Fe(SO_4)_2 \cdot 12H_2O$ 于 200mL 烧杯中，加入 20mL 6mol/L HCl 和少量水，溶解后转移至 1L 容量瓶中，稀释至刻度，摇匀，备用〕；邻二氮菲（0.15% 水溶液）；盐酸羟胺（10% 水溶液，用时配制）；NaAc（1mol/L）；NaOH（0.1mol/L）；HCl（6mol/L）。

实验内容

（1）条件试验

① 吸收曲线的制作和测量波长的选择　用吸量管吸取 0.0mL、1.0mL 铁标准溶液分别注入两个 50mL 容量瓶（或比色管）中，分别加入 1mL 盐酸羟胺溶液、2mL 邻二氮菲、5mL NaAc 溶液，用水稀释至刻度，摇匀。放置 10min 后，用 1cm 比色皿，以试剂空白（即 0.0mL 铁标准溶液）为参比溶液，在 440～560nm 之间，每隔 10nm 测一次吸光度，在最大吸收峰附近，每隔 5nm 测定一次吸光度。在方格坐标纸上，以波长 λ 为横坐标，吸光度 A 为纵坐标，绘制 A 与 λ 关系的吸收曲线。从吸收曲线上选择测定 Fe 的适宜波长，一般选用最大吸收波长 λ_{max}。

② 溶液酸度的选择　取 7 个 50mL 容量瓶（或比色管）分别加入 1mL 铁标准溶液、1mL 盐酸羟胺、2mL phen，摇匀。然后，用滴定管分别加入 0.0mL、2.0mL、5.0mL、10.0mL、15.0mL、20.0mL、30.0mL 0.1mol/L NaOH 溶液，用水稀释至刻度，摇匀，放置 10min。用 1cm 比色皿，以蒸馏水为参比溶液，在选择的波长下测定各溶液的吸光度。同时，用 pH 计测量各溶液的 pH 值。以 pH 为横坐标，吸光度 A 为纵坐标，绘制 A 与 pH 关系的酸度影响曲线，得出测定铁的适宜酸度范围。

③ 显色剂用量的选择　取 7 个 50mL 容量瓶（或比色管），各加入 1mL 铁标准溶液、1mL 盐酸羟胺，摇匀。再分别加入 0.10mL、0.30mL、0.50mL、0.80mL、1.0mL、2.0mL、4.0mL phen 和 5mL NaAc 溶液，以水稀释至刻度，摇匀，放置 10min。用 1cm 比色皿，以蒸馏水为参比溶液，在选择的波长下测定各溶液的吸光度。以所取 phen 溶液体积 V 为横坐标，吸光度 A 为纵坐标，绘制 A 与 V 关系的显色剂用量影响曲线，得出测定铁时显色剂的最适宜用量。

④ 显色时间　在一个 50mL 容量瓶（或比色管）中，加入 1mL 铁标准溶液、1mL 盐酸羟胺溶液，摇匀。再加入 2mL phen、5mL NaAc，以水稀释至刻度，摇匀。立刻用 1cm 比色皿，以蒸馏水为参比溶液，在选择的波长下测量吸光度。然后依次测量放置 5min、10min、30min、60min、120min 等时间后的吸光度。以时间 t 为横坐标，吸光度 A 为纵坐标，绘制 A 与 t 的显色时间影响曲线，得出铁与邻二氮菲显色反应完全所需要的适宜时间。

（2）铁含量的测定

① 标准曲线的制作　用移液管吸取 $100\mu g/mL$ 铁标准溶液 10mL 于 100mL 容量瓶中，加入 2mL 6mol/L HCl，用水稀释至刻度，摇匀。此溶液为每毫升含 Fe^{3+} $10\mu g$。

在 6 个 50mL 容量瓶（或比色管）中，用吸量管分别加入 0.0mL、2.0mL、4.0mL、6.0mL、8.0mL、10.0mL $100\mu g/mL$ 铁标准溶液，再分别加入 1mL 盐酸羟胺、2mL phen、5mL NaAc 溶液，每加入一种试剂后都要摇匀。然后，用水稀释至刻度，摇匀后放置 10 min。用 1cm 比色皿，以试剂为空白（即 0.0 铁标准溶液），在所选择的波长下，测量各溶液的吸光度。以含铁量为横坐标，吸光度 A 为纵坐标，绘制标准曲线。

由绘制的标准曲线，重新查出相应铁浓度的吸光度，计算 Fe^{2+}-phen 配合物的摩尔吸光系数 k。

② 试样中铁含量的测定　准确吸取适量试液于 50mL 容量瓶（或比色管）中，按标准曲线的制作步骤，加入各种试剂，测量吸光度。从标准曲线上查出并计算试样中铁的含量（$\mu g/mL$）。

③ 数据处理说明　手工绘制各种条件试验曲线、标准曲线以及计算试样中物质的含量，是学生应该掌握的实验基本功，也可让学生同时用计算机进行数据处理。

讨论

联系实验中的问题，结合自己的体会加以讨论。

思考题

① 实验中量取各种试剂时，应分别采用何种量器量取较为合适？为什么？

② 试对所做条件试验进行讨论并选择适宜的测量条件。

③ 怎样用分光光度法测量水样中的全铁（总铁）和亚铁的含量？试拟出一简单步骤。

④ 制作标准曲线和进行其他条件试验时，加入试剂的顺序能否任意改变？为什么？

实验 26　水中微量氟的测定

实验目的

① 了解精密酸度计（pH 计）及氟离子选择性电极的基本结构及工作原理。

② 掌握离子选择性电极的电位测定法。

③ 学会电位分析中标准曲线法及标准加入法两种定量方法。

实验原理

水溶液中的微量氟对人的牙齿具有保健作用，氟可以防止龋齿，但过量的氟会对人体造成危害。采用离子选择性电极法可对水样中的微量氟进行测定。

离子选择性电极是一种电化学传感器，它能将溶液中特定离子的活度转换成相应的电位。以饱和甘汞电极为参比电极，氟离子选择性电极为指示电极，当溶液总离子强度等条件一定时，氟离子浓度在 $10^{-6} \sim 10^{0}$ mol/L 范围内，电池电动势（或氟电极的电极电位）与 $pF\left(=-\lg\dfrac{[F^-]}{\mu g/mL}\right)$ 呈线性关系，可用标准曲线法或标准加入法定量。

凡能与氟离子生成稳定配合物或难溶沉淀的离子，如 Al^{3+}、Fe^{3+}、Ca^{2+}、RE^{3+}、

H^+、OH^- 等会干扰测定，通常采用柠檬酸、磺基水杨酸、EDTA 等掩蔽剂掩蔽，并控制在 pH 值为 5~6 范围内进行测定。

仪器和药品

PHS-2 型酸度计或其他离子计；电磁搅拌器；氟离子选择性电极；饱和甘汞电极；容量瓶（50mL，2 只）；塑料烧杯，（100mL，2 只）；玻璃烧杯（100mL）；移液管（10mL、25mL 各 1 只）；微量注射器（100mL）；铁芯搅拌棒（若干根）。

浓度为 50μg/mL 的氟标准溶液：将分析纯的 NaF 于 120℃ 干燥 2h，冷却后准确称取 0.1105g 溶于去离子水中，转移至 1000mL 容量瓶中，用去离子水稀释至标线，摇匀；将所配溶液立即转入干燥的聚乙烯塑料瓶中保存备用。

总离子强度调节缓冲液（TISAB）：于 1000mL 烧杯中加入 500mL 去离子水、57mL 冰醋酸、58g NaCl 和 12g 柠檬酸钠（$Na_3C_6H_5O_7 \cdot 2H_2O$），搅拌至完全溶解；将烧杯放在冷水浴中，缓缓加入 6mol/L NaOH 溶液并仔细搅匀；用 pH 计测量，使 pH 值在 5.0~5.5 之间；冷却至室温，转入 100mL 容量瓶中，用去离子水稀释至标线，充分摇匀，备用。

实验内容

（1）准备工作　将准备好的氟离子选择性电极和饱和甘汞电极夹在电极夹上。将仪器调到 "mV" 挡，按使用说明调整好仪器。把氟离子选择性电极的接线插头插入酸度计的 "−" 极插孔内，饱和甘汞电极的引线与酸度计的 "+" 极相连。在 100mL 烧杯中加入适量去离子水，滴入 1~2 滴 TISAB，放入铁芯搅拌棒。将电极插入水中适当深度（注意电极不要碰到杯壁及搅拌棒），开动电磁搅拌器清洗氟离子选择性电极直至空白电位值。重复测量一次，最后两次电位数值相近方可使用。

（2）标准曲线法

① 取一只 50mL 容量瓶，加入 TISAB 10mL，用去离子水稀释至标线，摇匀。全部转入干燥的 100mL 塑料烧杯中，放入一根铁芯搅拌棒，开始搅拌，读取平衡电位，即为空白电位。

② 用微量注射器取浓度为 50μg/mL 的氟标准溶液 40μL 注入烧杯中，搅拌 3min，停止 1min，读取并记录平衡电位值。然后以同样方法，连续加入 40μL 氟标准溶液 6 次，每次分别测定平衡电位。

③ 将电极取出，用去离子水冲洗，用滤纸吸干后插入去离子水中，清洗到空白电位。

④ 取试样 25mL 加入 50mL 容量瓶中，加入 TISAB 10mL，用去离子水稀释至标线，摇匀。全部转入干燥的 100mL 塑料烧杯，用滤纸将电极上的水分吸干，将电极插入溶液中，并开始搅拌。在与上述相同的操作条件下测定电位 E_1。

（3）标准加入法　向上述已测定电位 E_1 的水样中加入浓度为 50μg/mL 的氟标准溶液 100μL，搅拌 3min 后在同样的操作条件下读取平衡电位 E_2。

（4）测定结束　将氟离子选择性电极插入去离子水中清洗，必要时更换新鲜去离子水，使电位接近空白电位。氟离子选择性电极保存在水中。按使用说明书关好仪器。先用去离子水后用乙醇洗净微量注射器。

数据记录与计算

（1）原始记录（表 4.7）

表 4.7　数据记录表（例）

氟离子选择性电极空白电位＝＿＿＿＿＿＿ mV

项目	1	2	3	4	5	6
氟标准溶液加入体积						
溶液中浓度/(μg/mL)						
$-\lg \dfrac{[\mathrm{F}^-]}{\mu\mathrm{g/mL}}$						
电位值/mV						

样品 $E_1 = $ ＿＿＿＿＿＿ mV，$E_2 = $ ＿＿＿＿＿＿ mV。

（2）数据处理与计算

① 标准曲线法：样品测定中测得的 E_x 值代入线性回归方程，计算测试溶液中氟的浓度，并根据样品的取样量及样品测试溶液总体积计算出样品中氟含量（mg/L）。

② 标准加入法：将样品测定中测得的 E_x、E_1 值代入下式，计算测试溶液中氟的质量浓度 ρ_x（μg/mL）。

$$\rho_x = \Delta\rho (10^{\Delta E/S} - 1)^{-1}$$
$$\Delta\rho = \rho_s V_s / V_x$$

式中　　ρ_s——加入的标准溶液质量浓度，μg/mL；

V_s——加入的标准溶液体积，mL；

V_x——测试溶液的体积，mL；

S——实验所得的标准曲线的斜率，即 $\lg \dfrac{[\mathrm{F}^-]}{\mu\mathrm{g/mL}}$（或 pF）改变一个单位所对应的电池电动势的变化，mV；

ΔE——$E_1 - E_x$，mV。

根据样品的取样量或样品测试溶液的总体积计算出样品中氟的含量（mg/L）。

注意事项

① 离子选择性电极测定过程中，电位平衡所需时间除与所测离子浓度有关，还与电极状态、溶液温度、搅拌速度及共存离子种类和浓度等因素有关。试验证明，使用氟离子选择性电极时，通常经过 3min 即可达到平衡。测定中，平衡时间应当固定，以减小误差。搅拌时与静态下平衡电位不完全相同，可根据具体情况选用动态测定或静态测定，但同一次实验中必须统一。

② 离子选择性电极在接触浓溶液后再测稀溶液时，电位平衡滞后，难以测准。因此，接触过浓溶液的电极须先用去离子水清洗至接近空白电位值后方可测定稀溶液。

③ 氟离子选择性电极内装电解质溶液，如果晶片内侧附着气泡而使电路不通，可使晶片朝下，轻击电极杆将气泡排除。

④ 氟离子选择性电极使用前，应在纯水中浸泡数小时，或在 1～3mol/L NaF 溶液中浸泡 1～2h 后，再在含有总离子强度调节缓冲液的去离子水中洗到空白电位值。氟离子选择性电极使用完毕，应清洗至空白电位值，阴干，套上电极帽放入电极盒内保存；连续使用期间的间隙时间，可浸在去离子水中。

⑤ 氟离子选择性电极的晶片（或其他选择电极的敏感膜）均应仔细保护，切勿用手指及其他硬物碰擦，以免沾上油污，或机械损伤而影响性能。晶片如沾上油污，用脱脂棉依次蘸酒精、丙酮轻拭，再用去离子水洗净。

⑥ 用纯水清洗氟离子选择性电极时，往往出现电表指针不稳或洗不到原空白电位值的现象，这是水中导电介质过少引起的。加入 1～2 滴 TISAB 即可消除这种现象。其他电极如遇同样现象也可以照此办法予以消除。

⑦ 如果测定水样的酸性或碱性较强，需用适当浓度的 HCl 及 NaOH 溶液调节 pH 值至 5～7 之后再进行测定。

讨论

联系实验中的问题，结合自己的体会加以讨论。

思考题

① 试述氟离子选择性电极测定 F$^-$ 浓度的原理。

② 实验中加入总离子强度调节缓冲液的作用是什么？

③ 实验中氟离子选择性电极和饱和甘汞电极哪个是正极？哪个是负极？写出其电池表达式。

④ 测定电池电动势时，为什么要使用仪器的"mV"挡？

⑤ 比较标准曲线法和标准加入法的应用条件和优缺点。两种方法所得结果有无差异？原因是什么？

实验 27 苯系物的分析

实验目的

① 了解气相色谱填充柱的制备方法，了解气相色谱（热导检测器 TCD 或氢火焰离子化检测器 FID）的使用方法。

② 掌握保留值的测定方法及定量原理。

③ 掌握分离度、校正因子的测定方法和归一法定量原理。

实验原理

苯系物系指苯、甲苯、二甲苯（包括对二甲苯、间二甲苯、邻二甲苯）等组成的混合物。苯系物可用色谱法分离并进行分析。

保留值是非常重要的色谱参数，实验中有关的保留值如下所述。

① 死时间：t_M（当检测器采用 TCD 时，以空气峰的保留时间作为死时间）。

② 保留时间：t_R。

③ 调整保留时间：

$$t'_R = t_R - t_M$$

④ 相对保留值：

$$r_{is} = t'_{R(i)} / t'_{R(s)} \quad （i 为待测组分，s 为参比物质）$$

分离度（R）表示两个相邻色谱峰的分离程度，以两个组分的保留值之差与其平均峰宽值之比定义：

$$R = \frac{2(t_{R_2} - t_{R_1})}{W_1 + W_2}$$

由于检测器对各个组分的灵敏度不同（或响应不同），计算试样中某组分含量时应将色谱图上的峰值加以校正。

$$相对质量校正因子 \quad f' = \frac{A_s/m_s}{A_i/m_i} = \frac{A_s/A_i}{m_s/m_i} \quad （s 为参比物质，i 为待测组分）$$

当采用 TCD 时，常使用苯作为参比物质。

当试样中全部组分都显示出色谱峰时，测量全部峰值经相应的校正因子校准并归一后，计算每个组分的质量分数的方法叫归一法。

$$c_i = \frac{f_i A_i}{\sum(f_i A_i)} \times 100\%$$

式中　c_i——试样中组分 i 的质量分数；

f_i——组分 i 的校正因子；

A_i——组分 i 的峰面积。

仪器和药品

气相色谱仪；微量注射器（1μL、5μL 各一只）；载气钢瓶（使用热导池检测器时只需 H_2，用氢火焰离子化检测器时需用 H_2、N_2 和空气，可用空气压缩机供给）。

101 白色担体（60～80 目）；苯（分析纯）；甲苯（分析纯）；有机皂土-34；邻苯二甲酸二壬酯。

实验内容

（1）色谱柱的准备（由实验室工作人员完成）

① 固定相的准备　固体相的配比：有机皂土-34、邻苯二甲酸二壬酯、101 白色担体的质量比为 3∶2.5∶100。

称取 101 白色担体约 40g。另用 2 个小烧杯分别称取有机皂土-34 约 1.2 g 和邻苯二甲酸二壬酯约 1.0 g。先加入少量苯于有机皂土-34 中，用玻璃棒调成糊状至无结块为止；另用少量苯溶解邻苯二甲酸二壬酯，然后将两者混合，搅匀后，再用苯稀释至体积稍大于担体的体积。将此溶液转入配有回流冷凝器的烧瓶中，将已称好的担体加入，安上回流冷凝器，在水浴上于 78℃回流 2h，取下冷凝器。将固定相倾入大蒸发皿中，在通风橱里使苯挥发，然后于 60℃烘 6h，置于干燥器中冷却，用 60～80 目筛筛过，保存于干燥器中备用。

② 装柱及老化　取长 2m、内径 4mm 的不锈钢色谱柱管，洗净，烘干。将其一端用玻璃棉堵住，包上纱布，用橡胶管连接缓冲瓶，与真空泵连接；另一端连以小漏斗，在不断抽气下，将配制好的固定相装入，并不断轻敲柱管，使固定相均匀而紧密地充满柱管，再用玻璃棉堵住这一端，安装在色谱仪上，通入载气（30～40mL/min）于 95℃老化 8h（不接检测器）。然后接好检测器，检查是否漏气。按照热导池检测器（氢火焰离子化检测器）操作方法进行分析。

（2）苯系物的分析

① 色谱操作条件　见表 4.8 所列。

② 操作步骤　参考所用型号仪器热导池或氢火焰离子化检测器操作方法，开启仪器和记录仪。当色谱条件稳定和记录仪上基线平直后，用微量注射器准确取样，经液体进样口进样，记录空气峰和各组分的保留时间，详细记录实际色谱条件。

（3）相对质量校正因子 f' 的测定　在分析天平上准确称取甲苯和标准物苯，在与二甲苯异构体分析相同的色谱条件下进样，得出对应的色谱峰。

表 4.8 色谱操作条件

色谱条件	热导池检测器	氢火焰离子化检测器
柱温	60℃	90℃
检测器	110℃	100℃
气化室	90℃	90℃
载气流速	H_2,50mL/min	N_2,25mL/min;燃气 H_2,40mL/min;空气,100mL/min
桥电流	130mA	
进样量	1μL	0.5～1μL

（4）改变温度条件　通过温度控制旋钮，将柱温调至 60℃，检测室温升至 80℃，其他条件维持不变。待基线稳定后，进芳烃混合样 1μL，记录空气峰及对二甲苯和间二甲苯的保留时间，详细记录实际色谱条件。

（5）改变载气流速　调节载气稳压阀，使载气流速降至 30mL/min（皂膜流量计测定），其他色谱条件维持不变，待基线平直后，进混合样 1μL，并记录空气峰及对二甲苯和间二甲苯的保留时间，详细记录实际色谱条件。

（6）实验结束　按照气相色谱仪的使用说明停机，在使用热导池检测器时，注意先停电源后停载气。

数据记录与计算

① 计算各组分保留值（t' 和 k'）　利用柱温 60℃下的混合样色谱图数据，计算各组分的调整保留时间 t' 和容量因子 k'。

② 计算各组分含量（c_i）　在柱温 80℃的色谱图上，准确记录对二甲苯、间二甲苯和邻二甲苯及内标物正壬烷色谱峰的峰高 h 和半高峰宽 $y_{1/2}$，计算峰面积（或根据色谱工作站所给定的数值），用内标法计算对二甲苯、间二甲苯和邻二甲苯的含量 c_i（质量分数，%）。

③ 计算相对质量校正因子（f'）　根据甲苯和标准物苯的色谱峰，测量并计算各色谱峰的峰面积，计算甲苯的相对质量校正因子（表 4.9）。

表 4.9 相对质量校正因子

组分	甲苯	乙苯	对二甲苯	间二甲苯	邻二甲苯	正壬烷
f'	0.794	0.818	0.812	0.812	0.840	0.720

$$f' = \frac{A_s/m_s}{A_i/m_i} = \frac{A_s/A_i}{m_s/m_i}$$

$$c_i = \frac{f_i A_i}{\sum(f_i A_i)} \times 100\%$$

④ 计算分离度（R）　在不同柱温（60℃ 和 80℃）和不同载气流速（50mL/min 和 30mL/min）的色谱图上，准确读取对二甲苯及间二甲苯色谱峰的半峰宽 $y_{1/2}$。将 $y_{1/2}$ 和 t_R 换算为相同量纲（cm），然后计算各色谱条件下两组分的分离度。

⑤ 计算有效塔板数（$n_{有效}$）和有效塔板高度（$H_{有效}$）　用计算分离度的色谱峰及测得的数据，计算各色谱条件下间二甲苯的 $n_{有效}$ 和 $H_{有效}$。

讨论

① 联系实验中的问题，结合自己的体会加以讨论。

② 根据以上计算结果，讨论柱温以及载气流速对色谱柱效和分离度的影响。正确选择载气流速等色谱条件的依据是什么？

思考题

① 柱温的改变对柱效和柱的选择性有何影响？

② 分离度 R 计算公式中分子项和分母项的物理意义是什么？

附：气相色谱仪的使用方法

气相色谱可以采用多种检测器，最常用的是热导池检测器和氢火焰离子检测器。下面简要介绍采用此两种检测器时，气相色谱仪的操作要点。

（1）热导池检测器

① 通气　将老化后的色谱柱出口连接至热导池入口。关闭仪器上各稳压阀（逆时针为关）。开载气钢瓶阀及瓶上减压阀，使输出压力控制在 $0.2\sim0.4\text{MPa}$（$2\sim4\text{kg/cm}^2$）之间。

打开仪器载气稳压阀，调载气流量约为 30mL/min，通气约 20min，将检测器选择至"热导"。

② 通电　开启总电源开关，调节色谱室、气化室、检测器控温旋钮，将温度调至规定值，指示灯忽明忽暗表示恒温（近年生产的仪器常通过计算机来控制）。

③ 启动检测器　打开热导池的电源开关，用桥流旋钮调节桥流为规定值。

④ 调整池平衡　开记录仪电源开关，用色谱仪"零点调节"旋钮将记录仪指针调至零位。改变桥电流约为 5mA，如指针移动较大，则用"池平衡"旋钮调回零位，重复多次地进行上述调节，直至桥电流变化较大，而记录仪指针变化较小，即可认为池平衡调节达到要求。在以后的分析操作中，记录仪指针的调节只能使用"零点调节"旋钮，而"池平衡"旋钮不再旋动。

打开记录开关，调纸速至规定挡。待基线平直后，即可准备选样分析。

⑤ 停机　实验结束后，先将桥电流调至最小，然后依次关停如下各开关及阀门。

a. 关闭记录纸及记录仪电源开关。

b. 关闭热导池电源。

c. 关闭温度控制器和放大器分机电源。

d. 关主机电源。

e. 待热导池检测器及柱温下降后，关闭载气钢瓶阀及瓶上减压阀。

f. 关闭仪器上的载气稳压阀。

⑥ 注意事项

a. 上述操作说明仅为一般性知识，对于不同型号仪器，应参照仪器说明书。

b. 钢瓶上的减压阀和仪器上的稳压阀均是逆时针为关、顺时针为开。

c. 使用热导池检测器时，应预先通载气一段时间后再加热升温和通桥电流。停机时，应先关桥电流后停载气。

d. 使用氢气作载气及分析有毒物质时，尾气需用导管引至气体吸收装置。

e. 钢瓶压力不能低于 1MPa（10kg/cm^2），应注意及时充气。

（2）氢火焰离子化检测器

① 通载气 将老化后的色谱柱按使用氢火焰离子化检测器的连接通路接好。关闭仪器上各稳压阀（逆时针为关）。打开载气（N_2）钢瓶阀及其瓶上减压阀，使输出压力控制在 $0.2 \sim 0.4 MPa$（$2 \sim 4 kg/cm^2$）之间。打开仪器载气稳定阀，调节载气流量至规定值。

② 通电 将放大器上的转换开关调至"氢焰"位置。开电源开关，将灵敏度和衰减器旋至规定挡。

③ 调零 基流补偿两个（粗、细）旋钮逆时针调至零点。开启记录仪电源开关，如指针不在零位，调节放大器"零点调节"旋钮，使指针至零位。氢焰点火后不再旋动"零点调节"旋钮。

④ 升温 开启温度控制器电源开关，调节气化室、色谱室、检测器加热器旋钮，使各部温度恒定于规定值。检测室温度始终大于 100℃，以免氢火焰离子化检测器凝水。

⑤ 点火 开空气调节阀调流量为 $500 \sim 800 mL/min$，开氢气调节阀调节流量为 $50 mL/min$。启动引焰开关，点火。用"基流补偿"旋钮将记录仪指针调回零位。打开记录纸开关，待基线平直后即可进样分析。

⑥ 停机 实验结束后，按如下顺序关闭各开关和阀门：

a. 关闭记录纸及记录仪电源开关。

b. 关闭氢气钢瓶阀及其瓶上减压阀。

c. 关闭仪器上氢气稳压阀。

d. 关闭空气调节阀。

e. 关闭温度控制器和放大器分机电源及总电源开关。

f. 待柱温下降后关闭载气（N_2）钢瓶阀及其瓶上减压阀。

g. 关闭仪器上的载气稳压阀。

实验 28 火焰原子吸收法测定水中的 Ca、Mg

实验目的

① 掌握原子吸收光谱法的基本原理。

② 了解原子吸收分光光度计的主要结构及工作原理。

③ 学习原子吸收光谱法操作条件的选择。

④ 了解以回收率来评价分析方案准确度的方法。

实验原理

镁离子溶液雾化成气溶胶后进入火焰，在火焰温度下气溶胶中的镁离子变成镁原子蒸气，由光源镁空心阴极灯辐射出波长为 $285.2 nm$ 的镁特征谱线，被镁原子蒸气吸收。在恒定的实验条件下，一定范围内，吸光度与溶液中镁离子浓度符合朗伯-比尔定律，即 $A = Kc$。

利用吸光度与浓度的关系，用不同浓度的镁离子标准溶液分别测定其吸光度，进而绘制标准曲线。在同样的条件下测定水样的吸光度，从标准曲线上即可求出水样中镁的浓度，进而可计算出自来水中镁的含量。

自来水中除镁离子外，还含有铝离子、硫酸盐、磷酸盐及硅酸盐等，它们能抑制镁的原子化，产生干扰，使测得的结果偏低。加入锶离子作释放剂，可以获得正确的结果。

仪器和药品

原子吸收分光光度计；乙炔钢瓶（或乙炔发生器）；无油空气压缩机；钙、镁空心阴极灯；容量瓶（50mL，13 只）；容量瓶（100mL）；容量瓶（500mL 和 100mL 各 1 只）；移液管（5mL，4 支）；吸量管（10mL）。

100μg/mL 钙标准溶液：称取 0.1249g $CaCO_3$ 基准物，用 6mol/L 盐酸溶解，转入 500mL 容量瓶中定容。

1000μg/mL 镁标准溶液：称取 1.000g 纯金属镁溶于最少量盐酸中，用 1% 盐酸溶液稀释至 1L。

氯化镧溶液：称取 1.76g $LaCl_3$ 溶于水中，稀释至 100mL，含 La^{3+} 10mg/mL。

实验内容

（1）实验前的准备　熟悉所用型号仪器的使用方法，按照使用说明开启仪器

（2）镁、钙含量的测定

① 仪器工作条件的确定

a. 将镁空心阴极灯调入光路，选择灯电流为 5～8mA，预热，将测定波长调到 285.2nm。

b. 启动空气压缩机，压力调到 0.20～0.25MPa（2～2.5kg/cm²）。吸喷去离子水，调节雾化器使雾化状态良好，使液体吸喷速率适中，通常为 3～6mL/min。

c. 按仪器说明，点燃空气-乙炔火焰。调节燃气和助燃气的体积比至化学计量性火焰，即中性火焰，其特征是火焰层次清晰、稳定。

d. 调整燃烧器高度：配制 0.1μg/mL 镁标准溶液进行喷雾；改变燃烧器高度，观察吸光度的改变，进而将燃烧器调到吸光度大、稳定性好的位置。

e. 选择光谱通带：选择通带应考虑信噪比和灵敏度两方面，在能分开最近的非共振线的前提下，可适当放宽狭缝，以得到较高的灵敏度；通常对 Ca、Mg 的测定，狭缝宽度取 0.2mm。

f. 选择光电管工作电压：增大负高压能提高灵敏度，但噪声电平往往也会增大；一般选择最大工作电压的 1/3～2/3 为宜。

② 标准曲线法测定镁含量

a. 绘制标准曲线：依次取 10μg/mL 镁标准溶液 0mL、1mL、2mL、3mL、4mL、5mL，分别加入 6 个 50mL 容量瓶中，再分别加入 5mL $LaCl_3$ 溶液，用去离子水稀释至标线，摇匀。

b. 吸喷去离子水，清洗燃烧器，调整吸光度为零，然后在所选择的工作条件下，依次测定与记录标准系列溶液的吸光度（每次测定均需用去离子水调吸光度为零）。

c. 测定水样中 Mg 的吸光度：准确吸取一定量的自来水两份，分别加入两只 50mL 容量瓶中，再分别加入 5mL $LaCl_3$ 溶液，用去离子水稀释至标线，摇匀；在与上述绘制标准曲线相同的条件下，分别测定吸光度；如果水样的吸光度超出标准曲线的范围，可增加或减少取样量，使水样的吸光度落在标准曲线中部。

（3）标准加入法测定钙的含量

① 自来水中 Ca 的半定量测定　取 100μg/mL 钙标准溶液 2mL 加入 50mL 容量瓶中，加入 5mL $LaCl_3$，用去离子水定容；取 25mL 自来水加入另一 50mL 容量瓶，加入 5mL

$LaCl_3$，用去离子水定容；各取上述两种溶液 25mL 于第 3 只容量瓶中混合均匀。

将钙空心阴极灯调入光路、预热（灯电流为 5～10mA），测定波长调到 422.7nm。用前述同样方法调节燃烧器高度，其他条件与测定 Mg 时相同。在同样的工作条件下测定上述 3 种溶液的吸光度，即可估算出水中钙的大致含量 c_x。

② 配制标准加入法系列溶液 取 5 只 50mL 容量瓶，分别加入 5mL 自来水，再分别加入 5mL $LaCl_3$ 溶液，然后向上述容量瓶中依次加入钙标准溶液 0mL、V_1、$2V_1$、$4V_1$，用去离子水稀释至标线（为使溶液中的 $c_x \approx c_s$，取 $V_1 = c_x V_1 / c_s$）。

③ 测定 在所选择的工作条件下逐个测定吸光度。实验完毕，吸喷去离子水，清洗燃烧器，按操作要求关好仪器。

数据记录与计算

① 用镁标准系列溶液的吸光度对浓度绘制标准曲线，在标准曲线上查得水样中镁的浓度，再计算原水样中的镁含量，以 mg/L 表示。

② 在方格坐标纸上绘制钙的标准加入法直线，并外推与横坐标相交，求得钙的浓度，再计算原水样中的钙含量，以 mg/L 表示。

③ 计算回收率。

$$回收率 = \frac{测得总镁量 - 水样中含镁量}{加入的镁量} \times 100\%$$

注意事项

① 全部测定均以去离子水为参比，每次测定溶液时均需用去离子水清洗至吸光度为零。

② 点燃空气-乙炔火焰时，应先通空气，后通乙炔气，熄火时顺序相反。为了使点火顺利，可适当增大乙炔气流量，点燃，待火焰稳定后再根据需要调节为所需要的火焰类型。

③ 废液排出口一定要插入盛有水的瓶中进行水封，以防回火。

④ 乙炔管道及接头禁止使用紫铜材质，否则易生成乙炔铜而引起爆炸。乙炔钢瓶阀门旋开不应超过 1.5 转，以防止丙酮流出；瓶内压力不得低于 0.5MPa（5kg/cm²），否则丙酮会沿管路流出。

⑤ 在仪器的原子化器上方必须安装用耐腐蚀材料制作的排风罩和通风管道，进行强制通风。风速要适当，既能将有毒气体送出又能使火焰稳定。

附：原子吸收光谱法

原子吸收光谱法（原子吸收分光光度法）中可变因素较多，各因素之间往往又互相联系和影响，因此实验中最佳工作条件的选择，将直接影响仪器测定的灵敏度、精密度、仪器的稳定性和对干扰的消除。虽然原子吸收分光光度计种类很多，操作方法也不完全相同，但是工作条件的选择基本上都是相同的。本书简要介绍火焰原子吸收分光光度分析中主要工作的选择方法以供参考。

（1）分析线的选择 分析谱线的选择应根据具体试样的组成、含量等因素综合考虑。

① 考虑灵敏度 因为原子吸收分光光度分析常用于测量微量元素，故通常选用最灵敏线。当待测元素浓度较高时也可以选用次灵敏线。

② 考虑共存元素谱线的干扰及背景干扰 例如铅的测定，为了克服短波区内分子吸收的干扰，不用最灵敏的 217.0nm 谱线，而常用 283.3nm 谱线测定。

③ 考虑检微器的性能 光电倍增管都具有其光谱灵敏区及工作波长范围，选择分析谱

线时要考虑该因素。

（2）灯电流的选择 一般说来，灯电流低，则谱线变宽，无自吸收，输出光束稳定，但是光强度较弱，灵敏度较低。若灯电流过高，则谱线变宽，信噪比降低，稳定性差，灯的使用寿命缩短。选择灯电流的原则是：凡是在较低的工作电流下能满足测定要求时，就不要选用高的工作电流。通常以在最大额定电流的 $40\%\sim60\%$ 条件下工作为好。

（3）试样提取量的选择 若试样提取量低，火焰热容量充分，则火焰温度较高，有利于待测组分的原子化；但是待测组分在火焰中的浓度较低，因而灵敏度也较低。若试样提取量太大，火焰的热量除了消耗在试样分解之外，还需要蒸发大量水分，这将使火焰温度下降，原子化效率降低，灵敏度反而下降。一般说来，试样提取量在 $3\sim6\text{mL/min}$ 时具有最佳的吸收灵敏度。通过改变喷雾气流速度及吸液管的长度或内径，可以调节试样提取量。

（4）雾化效率的测定与调节 雾化效率对仪器的测定灵敏度影响很大。设吸喷试样的体积为 V_0，废液口回收试样的体积为 V_w，则雾化效率为

$$\eta = \frac{V_0 - V_w}{V_0} \times 100\%$$

雾化效率一般只有 6%，较好的可达 $10\%\sim12\%$。提高雾化效率可以通过仔细调节毛细管喷口与节流嘴端面的相对位置与同心度以及调节碰撞球与喷嘴的位置来实现。

（5）火焰的选择 原子吸收分光光度分析中，需要根据待测元素的性质选择火焰种类和燃烧类型。合适的火焰能提高测定的灵敏度，减少干扰，提高稳定性。对于易电离和易挥发的元素应采用低温火焰。对于形成难解离化合物的及容易形成耐热氧化物的元素，则采用高温火焰。常用的火焰是空气-乙炔火焰。空气-乙炔火焰属于高温火焰；空气-丙烷火焰属于低温火焰。

① 燃气和助燃气体积比的选择 同一种火焰例如空气-乙炔火焰，由于燃气和助燃气的体积比不同，火焰的温度、性质、灵敏度及干扰的大小也不相同（即火焰的状态不同），通常分为贫燃性火焰、化学计量性火焰及富燃性火焰，其燃气与助燃气的体积比范围如下：

贫燃性火焰： $V_{燃气} : V_{助燃气} < 1:6$

化学计量性火焰： $V_{燃气} : V_{助燃气} = 1:4$

富燃性火焰： $V_{燃气} : V_{助燃气} > 1:3$

② 火焰状态的选择 固定其他试验条件和助燃气流量，改变燃气流量，测定吸光度并绘制吸光度-燃气流量曲线（更简便的方法是在改变燃气流量的同时直接观察吸光度的变化），吸光度最高且稳定时所对应的燃气流量为最佳。也可以固定燃气流量，改变助燃气流量，根据燃气和助燃气的流量比以确定火焰状态。

（6）燃烧器高度的选择 试样溶液经过雾化进入火焰后，在不同的火焰部位经历干燥、蒸发、融熔、原子化、激发、电离、化合等一系列过程。由于燃烧器的高度决定了发射光通过火焰的部位，因而影响测定的灵敏、稳定性和干扰的程度。适当的燃烧器高度可以在吸喷待测元素标准溶液的同时，通过调节燃烧器的高度并仔细观察吸光度的变化加以确定。

（7）光谱通带的选择 单色器通带是指单色器出射狭缝所对应的光谱宽度。

通带(Å)＝缝宽(mm)×线色散率倒数(Å/mm)

在原子吸收光谱分析中，不追求大的色散，只要将分析线与邻近的干扰线分开即可。采

用多大的通带应根据具体情况确定，一般说来，对于分析线周围没有干扰谱线和连续背景吸收比较小的情况，增加通带能有效地提高信噪比，并使灵敏度、稳定性都得到提高。对于光谱比较复杂的元素（如过渡元素）和背景吸收较大的情况，应选用较小的通带。总之，在选择通带宽度时要综合考虑灵敏度、稳定性和信噪比等因素。

（8）光电倍增管工作电压选择 光电倍增管在其最高工作电压以下，输出电流随工作电压增高而增大，即灵敏度提高，但是其暗电流也随之变大。因此只有在信号增加比噪声电平增加来得快的情况下，增加负压才能达到提高灵敏度的效果。在日常分析中，光电倍增管的工作电压通常选择在最大工作电压的 $1/3 \sim 2/3$ 的范围内。

实验 29 铅、铋混合溶液中铅、铋的测定

实验目的

① 掌握利用控制溶液的酸度来进行多种金属离子连续滴定的络合滴定方法和原理。

② 熟悉二甲酚橙指示剂的应用。

实验原理

铅、铋是常见的重要元素，由于两者均能与 EDTA 形成稳定的配合物，且稳定性相差很大（$\lg K_{PbY^{2-}} = 18.04$，$\lg K_{BiY^-} = 27.94$），因此可通过控制溶液酸度来进行连续滴定以测定其含量。

在铅、铋混合液中，首先调节溶液的 pH 值约为 1，加入二甲酚橙指示剂，Bi^{3+} 与二甲酚橙形成红紫色配合物，然后用 EDTA 标准溶液确定。当溶液由红紫色突变为亮黄色（在 pH 值小于 6 时，游离的二甲酚橙呈黄色），即为滴定 Bi^{3+} 的终点。

在滴定 Bi^{3+} 后的溶液中，加入六亚甲基四胺缓冲液，控制溶液的 pH 值为 5～6。因此时 Pb^{2+} 与二甲酚橙形成红紫色配合物，溶液又呈红紫色。用 EDTA 标准溶液继续滴定至溶液由红紫色突变为亮黄色，即为滴定 Pb^{2+} 的终点。

其反应式如下：

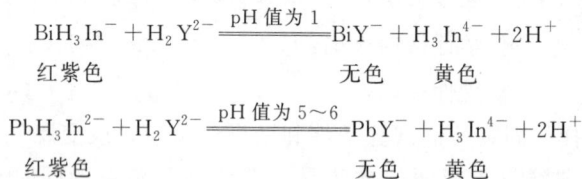

$$BiH_3In^- + H_2Y^{2-} \xrightarrow{\text{pH 值为 1}} BiY^- + H_3In^{4-} + 2H^+$$

红紫色 　　　　　　　　无色　 黄色

$$PbH_3In^{2-} + H_2Y^{2-} \xrightarrow{\text{pH 值为 5~6}} PbY^- + H_3In^{4-} + 2H^+$$

红紫色 　　　　　　　　无色　 黄色

仪器和药品

移液管；锥形瓶（250mL）；酸式滴定管。

EDTA 标准溶液（0.02mol/L）；NaOH（2mol/L）；HNO_3（2mol/L）；HNO_3（0.1mol/L）；氨水（1+1）；六亚甲基四胺（20%）；二甲酚橙指示剂（2%）；ZnO（基准物）。

实验内容

（1）Bi^{3+} 的测定 用移液管准确吸取试液 25.00mL 于 250mL 锥形瓶中，逐滴滴加 2mol/L NaOH 溶液至刚出现白色浑浊，再小心地滴加 2mol/L HNO_3 溶液至浑浊刚消失。然后加 0.1mol/L HNO_3 溶液 10mL（使溶液 pH 约为 1）及二甲酚橙指示剂 2 滴，此时溶

液呈红紫色。用 0.02mol/L EDTA 标准溶液滴定至溶液由红紫色突变为亮黄色即为终点。记下消耗 EDTA 标准溶液的体积。保留此溶液。

(2) Pb^{2+} 的测定　向已滴定过 Bi^{3+} 的溶液中滴加氨水（1+1）至溶液由黄色变为橙色 [注意：氨水不能多加，否则生成 $Pb(OH)_2$ 沉淀，影响测定]。然后滴加 20％六亚甲基四胺直至溶液呈稳定的红紫色，再过量 5mL（使溶液 pH 值为 5~6），补加二甲酚橙指示剂 1~2 滴。继续用 EDTA 标准溶液滴定至溶液由红紫色突变为亮黄色即为终点。记下消耗 EDTA 标准溶液的体积。

平行测定 3~4 次，计算试液中 Bi^{3+}、Pb^{2+} 含量（g/L）。

讨论

联系实验中的问题，结合自己的体会加以讨论。

思考题

① 在测定 Pb^{2+}、Bi^{3+} 含量时，用何种基准物质标定 EDTA 标准溶液的浓度更为合理？为什么？

② 能否在同一溶液中先滴定 Pb^{2+}，再滴定 Bi^{3+}？

实验 30　铁矿石中铁含量的测定

实验目的

① 熟悉 $K_2Cr_2O_7$ 法测定铁矿石中铁含量的原理和操作步骤。

② 进一步掌握 $K_2Cr_2O_7$ 标准溶液的配制方法和 $K_2Cr_2O_7$ 法滴定操作。

实验原理

铁矿石种类很多，主要有赤铁矿（Fe_2O_3）、磁铁矿（Fe_3O_4）及菱铁矿（$FeCO_3$）等。通常先将处理好的铁矿石试样用 HCl 溶解，在热、浓的溶液中用 $SnCl_2$ 还原 Fe^{3+} 至 Fe^{2+}，过量的 $SnCl_2$ 用 $HgCl_2$ 氧化除去。然后在 H_2SO_4-H_3PO_4 介质中，以二苯胺磺酸钠为指示剂，用 $K_2Cr_2O_7$ 标准溶液滴定。滴定反应为：

$$6Fe^{2+} + Cr_2O_7^{2-} + 14H^+ = 6Fe^{3+} + 2Cr^{3+} + 7H_2O$$

滴定产生的 Fe^{3+} 呈黄色，不利于终点的观察，但加入的 H_3PO_4 与 Fe^{3+} 生成无色配离子 $[Fe(HPO_4)]^{2-}$。同时 $[Fe(HPO_4)]^{2-}$ 的生成，降低了 Fe^{3+}/Fe^{2+} 电对的条件电极电位，使滴定的突跃范围增大，并使指示剂的变色发生在滴定突跃范围内，减小滴定误差。

仪器和药品

酸式滴定管（50mL）；锥形瓶（25mL）；电炉（800W）。

0.0200mol/L $K_2Cr_2O_7$ 标准溶液：准确称取于 150~180℃下烘干的 $K_2Cr_2O_7$ 5.8836 g，溶于少量纯水，完全溶解后，转移至 1000mL 容量瓶中，稀释至刻度，摇匀。

5％ $SnCl_2$ 溶液：称取 5g 分析纯 $SnCl_2 \cdot 2H_2O$ 溶于 100mL 6mol/L HCl 溶液中，加纯锡数粒，以防止 Sn^{2+} 被氧化水解。

5％ $HgCl_2$ 溶液：称取 5g 分析纯 $HgCl_2$ 于 100mL 水中。

H_2SO_4-H_3PO_4 混合酸（硫-磷混合酸）：将分析纯的浓 H_2SO_4 150mL，搅拌下慢慢倒入 700mL 水中，冷却后再补加分析纯浓 H_3PO_4 150mL，混匀。

0.02%二苯胺磺酸钠指示剂：台秤上称取 0.02g 二苯胺磺酸钠于 100mL 纯水中。

6mol/L HCl：分析纯。

实验内容

准确称取铁矿石试样 0.15~0.20g（平行 3 份），分别置于 250mL 锥形瓶中，加数滴水湿润，加入 10mL 分析纯浓 HCl，盖上表面皿，在通风橱中小火加热溶解（保持沸腾以下），至残渣变为白色（白色残渣为 SiO_2，可以加 NaF 助溶）。用少量水吹洗表面皿和内壁，再加热至近沸，趁热滴加 $SnCl_2$，边滴加边摇动，直到溶液的黄色褪去后再多加 1~2 滴。冷却至室温，立即加 10mL 5% $HgCl_2$ 溶液（加 $HgCl_2$ 前溶液要冷却，否则 Hg^{2+} 可能氧化 Fe^{2+}，使结果偏低），摇匀，此时有白色丝状沉淀。放置 2~3min，加水至约 150mL，加 H_2SO_4-H_3PO_4 混合酸 15mL 及 5~6 滴二苯胺磺酸钠指示剂，立即用 0.0200mol/L $K_2Cr_2O_7$ 标准溶液滴定至溶液呈稳定的紫色即为终点（在酸性溶液中，Fe^{3+} 易被氧化，所以加入硫-磷混合酸后要立即滴定），记下消耗的体积（mL）。

数据记录与计算

$$w_{Fe} = \frac{6(cV)_{K_2Cr_2O_7} \times M_{Fe} \times 10^{-3}}{m_s} \times 100\%$$

式中 c, V——$K_2Cr_2O_7$ 标准溶液的浓度（mol/L）和消耗的体积（mL）；

M_{Fe}——Fe 的摩尔质量，g/mol；

m_s——试样质量，g。

讨论

联系实验中的问题，结合自己的体会加以讨论。

思考题

① 滴定前加入硫-磷混合酸的作用是什么？

② 用 $SnCl_2$ 还原 Fe^{3+} 时，$SnCl_2$ 过量太多会有什么问题？

③ 加入 $HgCl_2$ 前为什么要先将溶液冷却？加入后为什么要放置几分钟？

实验 31 可溶性硫酸盐中硫的测定

实验目的

① 了解晶体沉淀的沉淀条件、原理和沉淀方法。

② 练习沉淀的过滤、洗涤和灼烧的操作技术。

③ 测定可溶性硫酸盐中硫的含量，并用换算因子计算测定结果。

实验原理

SO_4^{2-} 和 $BaCl_2$ 在强酸性溶液中生成白色 $BaSO_4$ 沉淀。该沉淀溶解度小（$K_{sp}=1.1\times10^{-10}$），化学性质稳定，灼烧后组成与化学式相符，符合重量分析的要求。故常以 $BaSO_4$ 为沉淀形式和称量形式，由重量法测定可溶性硫酸盐中 S（或 SO_4^{2-}）的含量。

操作时应注意控制沉淀条件，以获得纯净而易于过滤、洗涤的粗大 $BaSO_4$ 晶形沉淀。所得沉淀经过滤、洗净、灼烧、称重，由 $BaSO_4$ 的量即可计算试样中 S（或 SO_4^{2-}）的含量。

仪器和药品

高温炉；干燥器；瓷坩埚（带盖，2 个）；坩埚钳；烧杯（150mL）；烧杯（250mL 和 400mL，各 2 个）；表面皿（9cm，2 块）；量杯（10mL 和 100mL 各 1 个）；玻璃棒（2 根）；滴管；玻璃长颈漏斗（2 个）；漏斗架；慢速定量滤纸（2 张）。

HNO_3（2mol/L）；HCl（2mol/L）；甲基橙指示剂（0.1%）；$BaCl_2$（5%；称取 5g 分析纯 $BaCl_2 \cdot 2H_2O$，溶于纯水中，稀释至 100mL）；$AgNO_3$（0.1mol/L；取 17g 化学纯 $AgNO_3$，加入 1L 浓 HNO_3，溶于 1L 纯水中）。

实验内容

准确称取适量的水溶性硫酸盐试样于 250mL 烧杯中，用 100mL 纯水溶解，加入 2mol/L HCl 3mL，然后加热溶液至近沸。在另 1 个 150mL 烧杯中，加入计算所需（包括过量）沉淀剂（5% $BaCl_2$ 溶液）的量，用 30mL 纯水稀释，加热近沸。趁热将稀 $BaCl_2$ 溶液用滴管逐滴加入热的试样溶液中，同时用玻璃棒不断地搅拌。沉淀完毕后，以小火温热待沉淀溶液 30min（或室温下放置过夜），冷却至室温，检查沉淀是否完全（如何检查?）。

沉淀完全后，用慢速定量滤纸以倾析法过滤，并用纯水以倾析法洗涤沉淀，洗至滤液中不含 Cl^-。最后把烧杯中沉淀全部转移至滤器中。

取下滤纸，小心地包好沉淀，装入预先已恒重的瓷坩埚中，将滤纸灰化后移入高温炉，在 800～850℃下灼烧 1h。取出坩埚，稍冷后放于干燥器中冷却、称量。再灼烧 10～15min，冷却，称量。重复进行，直至恒重。由坩埚的增重即可得出 $BaSO_4$ 的质量。

平行测定两份。

数据记录与计算

由 $BaSO_4$ 的量计算试样中 S（或 SO_4^{2-}）的含量（%）。

注意事项

① 称取试样的量应以灼烧后所得 $BaSO_4$ 的质量在 0.4～0.5g 为宜。

② 过滤时，盛滤液的烧杯必须洗净。因 $BaSO_4$ 沉淀易透过滤纸，若遇此情况，可重新过滤。必要时应将沉淀和滤纸重新陈化，然后进行过滤。

③ Cl^- 是混杂在 $BaSO_4$ 中的主要杂质。当 Cl^- 已完全除去，可认为其他杂质也已洗去。检查 Cl^- 的方法：在表面皿上收集数滴滤液，以 2mol/L HNO_3 酸化后，加 2 滴 0.1mol/L $AgNO_3$ 溶液，观察滤液是否浑浊。

④ 在高温和空气不足的情况下，碳素可能使 $BaSO_4$ 部分地还原成 BaS。所以，必须在滤纸灰化时把碳素全部烧去，方能盖上坩埚盖灼烧。

⑤ $BaSO_4$ 沉淀的灼烧温度高于 1000℃时，可能使部分 $BaSO_4$ 分解：

$$BaSO_4 \xrightarrow{\quad >1000℃ \quad} BaO + SO_3 \uparrow$$

讨论

联系实验中的问题，结合自己的体会加以讨论。

思考题

① 怎样才能得到纯净而易于过滤的 $BaSO_4$ 沉淀?

② 实验中加入沉淀剂用量为什么需过量? 过量多少为宜? 为什么不应过量太多?

实验 32　燃烧热的测定

实验目的

　①　用氧弹量热计测定萘的燃烧热。

　②　明确燃烧热的定义，了解恒压燃烧热与恒容燃烧热的区别。

　③　了解氧弹量热计主要部分的作用，掌握氧弹量热计的实验技术。

实验原理

　　热化学中定义：1mol 物质完全氧化时的恒压反应热称燃烧热（焓）$\Delta_c H_m$。通常采用绝热式氧弹量热计来测定物质的燃烧热，可在恒压条件下，也可在恒容条件下进行测定。根据热力学推导得恒压热效应与恒容热效应间有下列关系：

$$Q_{p,m} = Q_{V,m} + \sum v_B(g)RT \tag{1}$$

式中　$\sum v_B(g)$——反应式中气体产物与气体反应物的计量系数之和；

　　　　T——反应温度。

　　测量恒容热效应的仪器是 WGR-1 型氧弹量热计，如图 4.2 所示。

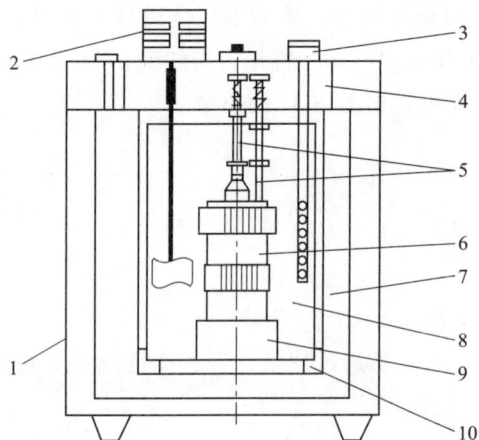

图 4.2　WGR-1 型氧弹式量热计

1—主机外壳；2—搅拌装置；3—测温探头；4—盖板；
5—触头 A、B；6—氧弹；7—外筒；8—内筒；
9—弹座；10—内筒底座

　　本实验将可燃性物质在与外界隔离的体系中燃烧，由体系温度的升高值与体系的热容量计算燃烧热。这就要求体系与外界热量交换很小，并能够进行校正，为此体系需有较好的绝热装置。

　　本实验研究的体系是内筒 8 内的部分，体系与外界隔离并以空气层绝热。为了减少热辐射及控制环境温度恒定，体系外围包有温度与体系相近的外筒（水套）7；为使体系温度很快达到均匀，筒内装有搅拌装置 2，测量温度使用测温探头 3。

　　根据能量守恒原理，样品完全燃烧放出的能量，促使氧弹量热计本身及周围介质（内筒里）温度升高，测量介质燃烧前后温度的变化 ΔT，就可求算样品的恒容燃烧热，其关系式如下：

$$-\frac{m}{M}Q_{V,m} = (C_m + m_{水} c_{水})\Delta T - Q_{点火丝} \tag{2}$$

式中　$Q_{V,m}$——摩尔恒容燃烧热；

　　　　C_m——内筒中仪器的热容；

　　　　$m_{水}$——水的质量；

　　　　$c_{水}$——水的比热容。

　　从式（2）中可知，要测得样品的 $Q_{V,m}$ 值，必须知道 C_m。C_m 的测定方法：以一定量已知燃烧热的标准物质苯甲酸（纯苯甲酸在 25℃时的标准恒容燃烧热为 -26472J/g）置于量热计内，燃烧后，测其体系中温度升高值 ΔT，代入式（2）中可求得 C_m。在相同条件下，用待测物质萘代替苯甲酸测其 ΔT，即可求得萘的恒容燃烧热 $Q_{V,m}$，再代入式（1）中求出萘的燃烧热 $\Delta_c H_m$：

$$\Delta_c H_m = Q_{p,m} = Q_{V,m} + \sum v_B(g)RT$$

$$= -\frac{M_{萘}}{m_{萘}}[(C_m + Vc_{水}\rho)\Delta T - Q_{点火丝}] + \sum v_B(g)RT \qquad (3)$$

式中　V——水的体积，2000mL；

　　　ρ——实验温度下水的密度；

　　　$M_{萘}$——萘的摩尔质量；

　　　$m_{萘}$——萘的质量。

仪器和药品

WGR-1 型氧弹量热计（附压片机）；氧气钢瓶（附氧气减压阀及氧气表）；万用表；点火丝（$\phi=0.12$mm，Cu-Ni，若干）；台秤；电子天平；容量瓶（2L，若干）。

苯甲酸（AR，烘干后置于干燥器内）；萘（AR）。

实验内容

（1）仪器热容量的测定

① 量取 10～12cm 长的点火丝，用电子天平准确称量，中间用细铁丝绕 2～3 圈做成弹簧形状，放在模底上，如图 4.3（b）所示。先在台秤上称取烘干后的纯苯甲酸约 1.0g，倒入压片机［图 4.3（a）］，压成的样品如图 4.3（c）所示，点火丝应放在样品中间；然后在电子天平上准确称量，此质量为样品＋点火丝的质量。将样品点火丝固定在氧弹的两个电极上（要使点火丝和电极接触良好），点火丝不能接触坩埚，样品可置于坩埚内或悬于其上方。样品燃烧的好坏关键在于压片的松紧，苯甲酸样品可以略压紧些，而萘则应压得松一点。最后用万用表检查是否通路，若通路则放入氧弹，旋紧氧弹盖，充氧（氧弹内压力为 15～18kg/cm^2）。

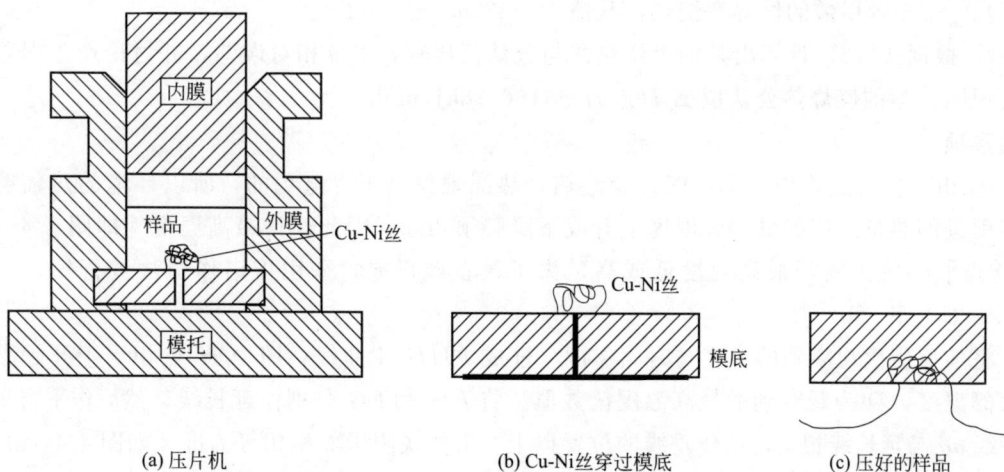

(a) 压片机　　　　　　　(b) Cu-Ni丝穿过模底　　　　　(c) 压好的样品

图 4.3　仪器热容量的测量

② 用容量瓶准确量取 2000mL 的蒸馏水或自来水，倒入内筒中（外筒水温要比内筒水温高 0.5～1.0℃）。

③ 把充有氧气的氧弹放入量热计的内筒中，盖上量热计顶盖，注意使顶盖上的电极与氧弹接触良好。

④ 打开控制器电源，以及电脑的 WSR 运行软件，点击热量测试，准确填写表格信息，点击"开始测试"，再点击"启动"。电脑自动控制测量过程，按电脑提示进行操作，记录实验数据。

⑤ 实验结束后，停止搅拌（控制器电源不关），将探头移入外筒，打开顶盖，取出氧弹，放出余气，再拧开氧弹，将内筒水倒掉，再放入 2000mL 调好水温的蒸馏水或自来水。

（2）萘燃烧热的测定　粗称萘约 0.8g，重复上述操作步骤测定萘的燃烧热。

（3）实验完毕后　关闭电源及电脑，将内筒水倒掉、擦干，清洗氧弹（弹头、电极、坩埚架、弹筒内壁、坩埚）并擦干。整理实验台面，打扫实验室。

数据记录与计算

实验记录示例如下：

日期：_____；室温：_____；气压：_____

项目	苯甲酸＋丝＋纸的重量____；纸重____；苯甲酸＋丝重量____；丝重____；苯甲酸重____； 萘＋丝＋纸的重量____；纸重____；萘＋丝的重量____；丝重____；萘重____
丝重	燃烧前的丝重量－燃烧后的丝重量
温度记录	仪器热容量的测定
	萘发热量的测定

① 由苯甲酸的标准燃烧热和摩尔质量，根据式（2）计算 C_m：

$$C_m = \left[\frac{-(Q_{V,m}m/M + m_{丝}\times 3138\text{J/g})}{\Delta T}\right] - m_水 c_水$$

式中　m——苯甲酸的质量；

$m_丝$——燃烧掉的点火丝质量；

$m_水$——水的质量；

$Q_{V,m}$——苯甲酸的恒容燃烧热，其值为 -3229.6kJ/mol。

② 根据式（3）计算出萘的燃烧热并与公认值比较，求算相对误差，并讨论产生误差的主要原因。萘的燃烧热公认值 $\Delta_c H_m$ 为 -5156.78kJ/mol。

注意事项

① 由于实验过程中，不可能完全绝热，热漏现象是不可避免的，所以环境的热辐射和搅拌引进的热量造成的量热计温度上升或下降必须扣除，因此读得最高温度［即图 4.4（a）的 D 点］必然比实际最高温度低或高，为了校正此误差，采用雷诺作图法进行校正［如图 4.4（a）和（b）］。

将前后历次观察到的温度与时间作图，连成 $FHIDG$ 曲线，图中 H 点相当于开始燃烧点火的温度，D 为观察到的最高温度读数值。将 FH 和 DG 分别作延长线，然后作平行于纵轴的线 ab 与延长线相交，所作垂线的位置以上、下两块阴影面积相等为准［如图 4.4（a）］，垂线 ab 分别交两延长线于 A、C 两点，该两点间距离即为欲求温度的升高值 ΔT。

量热计热性能较好，或室温高于体系温度，且搅拌不断有少量能量引进时，温度读数不出现最高点，如图 4.4（b）。这种情况下，仍可按同法进行较正。

② 点火丝燃烧后也放出一定的热量，点火丝的燃烧热约为 3.138kJ/g，则燃烧掉的点火

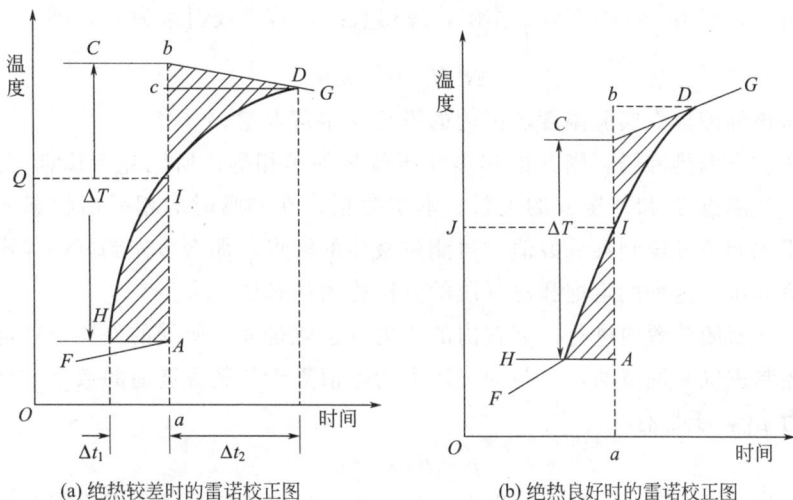

(a) 绝热较差时的雷诺校正图　　　　(b) 绝热良好时的雷诺校正图

图 4.4　雷诺校正图

丝燃烧热为 $m_{丝} \times 3.138$ kJ/g。

思考题

① 指出 $Q_{p,m} = Q_{V,m} + \sum v_B(g)RT$ 公式中各项的物理意义。

② 如何用萘的燃烧热来计算萘的标准生成焓？

③ 实验测得的温度差为何要用雷诺作图法校正？还有哪些误差影响测量的结果？

实验 33　液体饱和蒸气压的测定

实验目的

测定水在不同温度下的饱和蒸气压，并求得在实验温度范围内水的平均摩尔蒸发焓。

实验原理

在一定温度下，纯液体与其蒸气达到平衡状态时，其蒸气的压力称为该液体在此温度下的饱和蒸气压。液体的饱和蒸气压与液体的本性及温度等因素有关。纯液体的饱和蒸气压随温度上升而增加，两者的关系遵守克劳修斯-克拉佩龙方程，其微分式如下：

$$\frac{\mathrm{dln}(p/\mathrm{Pa})}{\mathrm{d}T} = \frac{\Delta_l^g H_m}{RT^2} \tag{1}$$

式中　p——纯液体的饱和蒸气压；

T——开氏温度；

$\Delta_l^g H_m$——液体的平均摩尔蒸发焓；

R——摩尔气体常数。

当远离临界温度，且温度变化范围不大时，平均摩尔蒸发焓 $\Delta_l^g H_m$ 可视为常数。对式（1）进行不定积分，得

$$\ln(p/\mathrm{Pa}) = \frac{\Delta_l^g H_m}{R} \times \frac{1}{T} + C \tag{2}$$

由此式可知，以 $\ln(p/\text{Pa})$ 对 $\dfrac{1}{T}$ 作图，应得直线，若直线斜率为 m，则

$$\Delta_l^g H_m = -mR \tag{3}$$

从而求得该纯液体在实验温度范围内的平均摩尔蒸发焓。

如果液体被升温到沸腾，则其饱和蒸气压就与外压相等，所以克劳修斯-克拉佩龙方程也表示纯液体的沸点 T 和外压 p 的关系。本实验正是在沸腾时的相平衡状态下进行蒸气压的测量：如果先调节外压到某一数值，再测量液体的沸点，那么事先调好的外压就是沸点温度下的饱和蒸气压。这种测定饱和蒸气压的方法称为动态法。

实验必须在密闭装置内进行。装置内的压力（也就是液体所受的外压 p）是通过真空泵抽气和人为控制进气来调节的，它与大气压力的差值等于与装置连通的数字式低真空测压仪所显示的压力 p_h，于是有

$$p = p_{大气} - p_h \tag{4}$$

实验装置如图 4.5 所示。图中辅助温度计 3 用于精密温度计 2 的露出部分校正，校正方法见"附：温度计校正"。干燥塔 10 内装有无水氯化钙，使吸入真空泵的气体干燥，以保护泵内机件。三通活塞 9 可使装置、大气和真空泵连通。

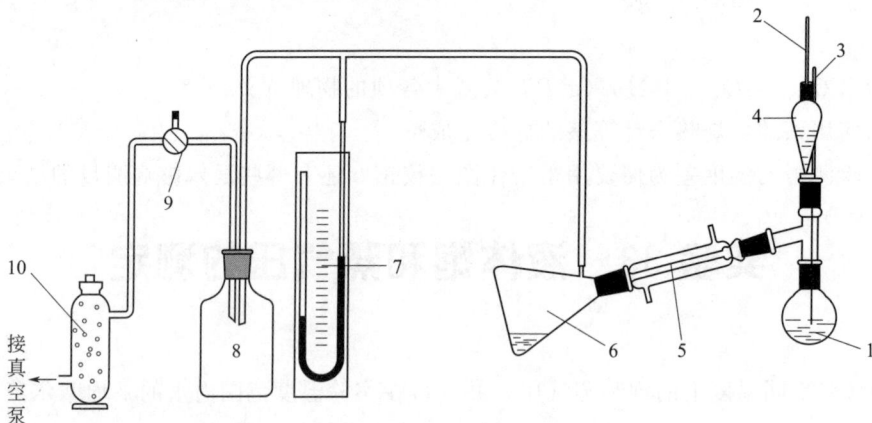

图 4.5　蒸气压测定装置

1—蒸馏瓶；2—精密温度计；3—辅助温度计；4—分液漏斗；5—冷凝管；
6—回收瓶；7—U 形压差计；8—缓冲瓶；9—三通活塞；10—干燥塔

加热装置采用以下两种之一：一种用电热丝加热，电热丝直接浸入蒸馏水内，加热电压用调压变压器控制，其优点是供热速度易调，有利于降低过热程度；另一种用甘油作浴液进行油浴加热，其优点是加热均匀且不污染蒸馏水。

仪器和药品

蒸气压测定装置等。

二次蒸馏水；无水氯化钙。

实验内容

① 对照图 4.5 检查装置管线是否完好。注意：蒸馏瓶 1 内应有沸石，水量以最深处不超过 2cm 为宜（水量过多，受热不易均匀；水量过少，则从分液漏斗 4 添加少许）；裹在精密温度计水银球上的滤纸末端不要浸入水面下，以使水银球表面的滤纸既能建立气、液相平衡，又不过分接近热源，这样测得的温度比较能代表气、液两相平衡温度。

② 检查装置是否漏气：启动真空泵，转动三通活塞使真空泵只与装置相通，待 U 形压差计上汞高差达 300～350mm 时，再转动活塞，使真空泵接通大气并隔绝装置，关闭真空泵；若 2min 内水银面升降小于 1mm，可认为系统不漏气，否则要查明漏气位置，进行处理后重新试漏。

③ 小心旋转三通活塞向装置内缓慢进气，至汞高差降为约 300 mm 为止。接通冷凝水，启动加热装置。若用电热丝加热，电压一般不得超过 20V（由指导教师定）；若用油浴加热，浴液温度不得超过 120℃。待蒸馏水沸腾后，适当降慢供热速度，以维持微沸状态，直到精密温度计上读数稳定时，记下该读数 t_r 和辅助温度计读数 t_s，同时记下压差计左右水银面高度 $h_左$ 和 $h_右$。

④ 再缓慢向装置内泄入空气，使汞高差减少 50mm，水的沸点将因外压增大而上升，待水沸腾时温度重新稳定后，记下第二组数据。

⑤ 重复实验内容④，每次使装置内压力增加 50mm 汞柱，直至汞高差降到零为止。共测 7 组温度压力数据。

⑥ 切断电源，关闭冷却水。实验前后各读取大气压一次，取平均值，记下蒸馏瓶塞上沿处温度计的刻度值 t_n，以计算精密温度计水银柱露出瓶外部分的温度数 $n(n=t_r-t_n)$，并进行温度计的露茎校正。注意水银大气压力计的使用在教师指导下进行。

数据记录与计算（表 4.10）

表 4.10　数据记录表

日期：____；室温：____；大气压：始＝____，末＝____，平均值＝____；t_n：____

$t_r/℃$						
$t_s/℃$						
$n/℃$						
$t/℃$						
$\dfrac{1}{T}\times10^3/\mathrm{K}^{-1}$						
$h_左/\mathrm{mm}$						
$h_右/\mathrm{mm}$						
$\Delta h/\mathrm{mm}$						
p_h/Pa						
p/Pa						
$\ln(p/\mathrm{Pa})$						

① 作 $\ln(p/\mathrm{Pa})$-$\dfrac{1}{T}$ 图，画直线，用直线的斜率求出 $\Delta_1^g H_m(\mathrm{H_2O})$ 在实验温度范围内的平均值。

② 将水在不同温度下的饱和蒸气压公认值（表 4.11），与实验值在同一坐标系上作 $\ln(p/\mathrm{Pa})$-$\dfrac{1}{T}$ 图，由两直线的斜率差值求实验的误差（％），并进行误差讨论。

表 4.11 几种温度下水的饱和蒸气压

项目	86.6℃	89.2℃	91.6℃	94.0℃	96.0℃	98.2℃	100.0℃
$p \times 10^{-3}/\mathrm{Pa}$	61.541	67.994	74.464	81.446	87.675	94.979	101.325
$\ln(p/\mathrm{Pa})$	11.027	11.127	11.218	11.308	11.381	11.461	11.526
T/K	359.8	362.4	364.8	367.2	369.2	371.4	373.2
$\dfrac{1}{T} \times 10^{3}/\mathrm{K}^{-1}$	2.779	2.759	2.741	2.723	2.709	2.693	2.680

思考题

① 准确地测量液体的沸点是本实验的关键，实验中采取了哪些措施？

② 克劳修斯-克拉佩龙方程在什么条件下才能应用？摩尔蒸发焓与温度有何关系？

附：温度计校正

在使用水银温度计时，由于种种原因，常不能将整个水银柱浸入待测介质中，以至部分水银柱露出介质外。露出部分的温度（主要取决于环境温度）与浸入部分不同，水银及玻璃的膨胀程度就不均匀，从而给测量带来误差。露出长度越长，误差越大。为了使测量准确，需要进行温度计的露茎校正，其校正公式如下：

$$露茎校正值 = kn(t_r - t_s)$$

式中　k——水银在玻璃中的视膨胀系数，对水银温度计为 0.00016，对多数有机液体温度计为 0.001；

　　　n——露出部分的温度数；

　　　t_r——被测介质的温度测量值；

　　　t_s——露出水银柱的平均温度，由辅助温度计测定。

例　用一水银温度计测量一种液体的温度，若经示值和零点校正后的测量值 $t_r = 85.00℃$，在蒸馏瓶塞处温度计的示值为 60.00℃，用辅助温度计测得露出水银柱部分的平均温度 t_s 为 38.00℃，求准确温度 t。

解　　　　　　　$t = t_r + 0.00016n(t_r - t_s)$

　　　　　　　　$= 85.00℃ + 0.00016 \times (85.00 - 60.00) \times (85.00 - 38.00)℃$

　　　　　　　　$= 85.19℃$

由此可见，当使用全浸温度计时，忽略露茎校正可能引起较大误差。露茎校正的准确度主要取决于露出水银柱平均温度的测量。如果悬挂一支辅助温度计使其水银球靠在露出水银柱的中间位置，所测得平均温度 t_s 的误差可达 10℃。如果再用铝箔将辅助温度计的水银球和测量用温度计包裹在一起，可把误差降到小于 5℃。本实验规定将辅助温度计的水银球放在测量温度计外露部分的 1/3 处（即 $n/3$ 处）。

在准确度要求不很高时，也可采用半浸式温度计，以避免露茎校正的麻烦；且其在说明书指定的浸入深度和环境温度下使用，也可得到较准确的结果。

实验 34　化学平衡常数与分配系数的测定

实验目的

测定 I_2 在四氯化碳与水中的分配系数及反应 $I^- + I_2 \rightleftharpoons I_3^-$ 的平衡常数。

实验原理

定温定压下，水溶液中碘与碘离子建立如下平衡：

$$I^- + I_2 \rightleftharpoons I_3^- \tag{1}$$

$$K_c = \frac{c(I_3^-)}{c(I^-)c(I_2)} \tag{2}$$

为测定该平衡常数，应在不扰动平衡状态下测定平衡组成。反应达平衡时，若用 $Na_2S_2O_3$ 标准溶液滴定水溶液中 I_2，则随着 I_2 的消耗，平衡向左移动，I_3^- 不断分解，最终测得的必是溶液中 I_2 和 I_3^- 的总量。

为了分别测得 I_2 和 I_3^- 浓度，在上述溶液中加入 CCl_4，然后充分摇动，使之混合均匀，使上述化学平衡和 I_2 在 CCl_4 层与 H_2O 层间的分配平衡同时建立。因 I_3^- 和 I^- 均不溶于 CCl_4，若测得 CCl_4 层中 I_2 的浓度，即可根据分配系数求得水层中 I_2 的浓度。

假设水层中 I_3^- 和 I_2 的总浓度为 b，I^- 的初始浓度为 c，I_2 在水层及 CCl_4 层的分配系数为 K_d。由实验测得分配系数 K_d 及 CCl_4 层中 I_2 的浓度 a_1，浓度较小时，可忽略浓度与活度间的差异，根据 $K_d = a_1/a$ 求得水层中 I_2 的浓度 a，并从已知 c 及测得的 b 求出式（1）的平衡常数：

$$K_c = \frac{(b-a)}{a[c-(b-a)]} \tag{3}$$

仪器和药品

恒温振荡器；碱式滴定管；碘量瓶（250mL，3 个）；锥形瓶（250mL，4 个）；移液管（50mL，3 支）；移液管（25mL）；移液管（20mL，2 支）；移液管（5mL，2 支）；1/10 刻度温度计（0～50℃）。

I_2 在 CCl_4 中的饱和溶液；CCl_4（AR）；KI 标准溶液（0.0500mol/L）；$Na_2S_2O_3$ 标准溶液（0.0100mol/L）；1% 淀粉溶液（指示剂）。

实验内容

① 按表 4.14 中所列数据，用移液管将溶液配于各碘量瓶中。

② 将配好的溶液置于 25℃ 的恒温振荡器内，约经 1h 振荡后，按表 4.12 中数据取样进行分析。

③ 分析水层时，用 $Na_2S_2O_3$ 标准溶液滴定至淡黄色，再加 2mL 淀粉溶液作指示剂，然后仔细滴定至蓝色恰好消失。

④ 取 CCl_4 层样时，用吸耳球使移液管尖鼓泡通过水层进入 CCl_4 层，以免水层进入移液管中。于锥形瓶中先加 20mL 蒸馏水、2mL 淀粉溶液，然后将 5mL CCl_4 层中的 I_2 滴入水层。为增快 I_2 进入水层，可加入 KI 溶液。用 $Na_2S_2O_3$ 标准溶液仔细地滴定至水层蓝色消失，CCl_4 层不再现紫红色。注意：滴定 CCl_4 层中 I_2 时，一定要用力摇动锥形瓶，防止滴定过量。

滴定后剩余的 CCl_4 层，皆应倾入回收瓶中。

数据记录与计算

表 4.12 数据记录表

日期：＿＿＿；实验温度：＿＿＿；气压：＿＿＿；$Na_2S_2O_3$ 浓度：＿＿＿

项目		1	2	3
混合液组成/mL	H_2O	200	50	0
	I_2 的 CCl_4 饱和溶液	25	20	25
	KI 溶液	0	50	100
	CCl_4	0	5	0
分析取样体积/mL	CCl_4 层	5	5	5
	H_2O 层	50	20	20
测定时消耗 $Na_2S_2O_3$ 标准溶液的体积/mL	CCl_4 层 1			
	CCl_4 层 2			
	CCl_4 层 平均			
	H_2O 层 1			
	H_2O 层 2			
	H_2O 层 平均			

① 计算 25℃时，I_2 在 CCl_4 层和水层的分配系数。

② 计算 25℃时，反应（1）的平衡常数。

注：25℃时，K_d（理论值）$=85.4$；K_c（理论值）$=9.52\times10^2$。

思考题

① 测定水层中反应（1）的平衡常数时，为何要引入 CCl_4 层？

② 用 $Na_2S_2O_3$ 标准溶液滴定水层中 I_2 时，为何淀粉指示剂要在快接近滴定终点时才加入？

③ 配制第 1、2、3 号溶液的目的是什么？如何判断反应是否达到平衡？

④ 测定 CCl_4 层中 I_2 的浓度时，应注意什么？

实验 35（1）　二组分系统气-液平衡相图的绘制

实验目的

① 用沸点仪测定和绘制异丙醇和环己烷的二组分气-液平衡相图。

② 用阿贝折射仪测定系统液相与气相的折射率，并求出其组成；了解液体折射率的测量原理及方法。

实验原理

两种液态物质混合而成的二组分系统称为双液系。两液体若能按任意比例互相溶解，称为完全互溶双液系；若只能在一定比例范围内互相溶解，则称为部分互溶双液系。例如，水-乙醇双液系、苯-甲苯双液系都是完全互溶双液系，苯酚-水双液系则是部分互溶双液系。

液体的沸点是指液体的蒸气压和外压相等时的温度。在一定的外压下，纯物质液体的沸点有确定的值。但对双液系，沸点不仅与外压有关，而且还与双液系的组成有关，即和双液系中两种液体的相对含量有关。通常将双液系的沸点对其气相、液相的组成作图，即得二组分气-液平衡相图，它表示溶液在各个沸点时的液相组成和与之成平衡的气相组成的关系。

在恒压下，二组分完全互溶双液系的沸点-组成图可分为三类（图 4.6）。

① 溶液的沸点介于两纯组分沸点之间，如苯和甲苯、邻二甲苯和间二甲苯等［图 4.6 (a)］。

② 溶液有最高恒沸点，如氯化氢和水、硝酸和水、丙酮和氯仿等［图 4.6（b）］。

③ 溶液有最低恒沸点，如水和乙醇、苯和乙醇、异丙醇和环己烷等［图 4.6（c）］。

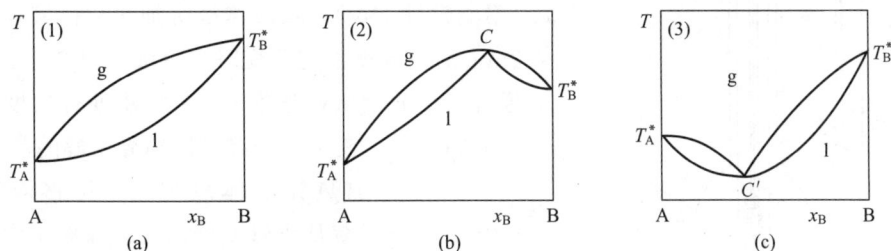

图 4.6 二组分气液平衡相图的三种类型

图中 T_A^*、T_B^* 分别表示纯 A、纯 B 的沸点，图中两曲线包围的区域为气-液两相平衡共存区，它的上方 g 代表气相区，下方 l 为液相区，C 和 C' 分别表示最高和最低恒沸混合物的沸点和组成。

绘制这类相图时，要求同时测定溶液的沸点及气-液平衡时两相的组成。本实验用回流冷凝法测定环己烷-异丙醇溶液在不同组成时的沸点，所用沸点仪如图 4.7 所示，是一只带有回流冷凝管的长颈圆底烧瓶。冷凝管底部有一球形小室 4，用以收集冷凝下来的气相样品，液相样品则通过烧瓶上的支管 8 吸取，图中 5 是一根电热丝，直接浸在溶液中用于加热溶液。

溶液的组成通过测定其折射率来确定。折射率是物质的一个特性常数。溶液的折射率与组成有关，因此，测得一系列已知浓度溶液的折射率，作出该溶液的折射率-浓度工作曲线，就可按内插法求得具有某折射率的溶液的组成。

物质的折射率与温度有关，大多数液态有机化合物折射率的温度系数为 -0.0004，因此，只有在测定时应将温度控制在指定值的 ± 0.1℃范围内，才能将这些液体样品的折射率测准到小数点后 4 位。对挥发性物质，加样品时动作要迅速，以防挥发影响测定结果。

仪器和药品

沸点仪；超级恒温槽；阿贝折射仪；调压变压器；1/10 刻度温度计（50～100℃）；普通温度计；滴管（2 只）；带刻度移液管（10mL，2 支）；带刻度移液管（5mL）；带刻度移液管（2mL）；气相取样管；液相取样管；镜头纸。

异丙醇（AR）；环己烷（AR）。

实验内容

① 将超级恒温槽的进、出水管和阿贝折射仪的进、出水管连接好，接通恒温槽电源，调节水温至 30℃。

② 用阿贝折射仪测定纯异丙醇和纯环己烷的折射率，阿贝折射仪的使用方法见附录 2。

③ 测量异丙醇-环己烷标准溶液的折射率并绘制工作曲线（此项由教师事先绘制好，供给数据）。

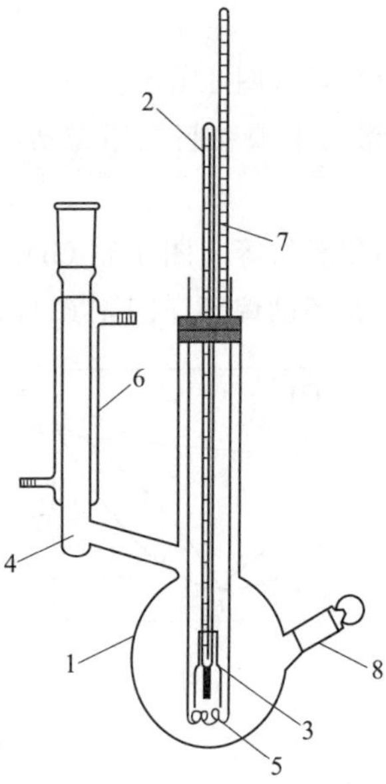

图 4.7 沸点仪

1—蒸馏瓶；2—沸点温度计；3—滤纸；

4—气相冷凝液小球；5—电热丝；6—冷凝管；

7—辅助温度计；8—支管（液相取样口）

④ 在干燥洁净的沸点仪中放入 30mL 异丙醇，按图 4.7 安装好。带有温度计的木塞要塞紧，加热用的电热丝要靠近蒸馏瓶的底部中心；温度计水银球的位置至少高于电热丝 1cm，温度计水银球下部裹上滤纸，滤纸下端浸入溶液内；冷凝管内通入冷水。接通电热丝电源，用调压器调节电压至 10V（不能超过 15V），将液体缓缓加热，待液体沸腾约 2min 后，温度恒定不变时记下沸点温度计 2 和辅助温度计 7 的读数，按实验 33 所述进行温度计外露部分的校正，校正后的温度即纯异丙醇的沸点。

⑤ 停止加热让液体冷却后，用移液管吸取 3.0mL 的环己烷从支管 8 处加入蒸馏瓶 1 中。加热溶液到沸腾。调节冷凝管 6 中冷却水的流量以控制蒸气在冷凝管中的回流高度，不宜太高，以 2cm 较合适，以防蒸气逸出。如此沸腾一段时间，使冷凝液不断淋洗小球 4 中的液体，直到温度计的读数稳定为止。

⑥ 停止加热。用气相取样管迅速吸取小球 4 处的冷凝液，用阿贝折射仪测定其折射率。打开支管 8 的磨塞，用液相取样管吸取残留液，测定其折射率。取样管要清洁干燥；在样品转移、测量过程中的操作要迅速而仔细；每次使用折射仪前要用擦镜纸擦干棱镜面，再加样品测定。

⑦ 再依次加入 4.5mL、5.5mL、7.0mL、10.0mL 的纯环己烷，按前述方法测定溶液的沸点和气、液两相的折射率。

⑧ 上述实验结束后，把沸点仪中的溶液倒入废液瓶中，用电吹风吹干沸点仪。注入 30mL 环己烷，测定沸点；依次加入 0.5mL、1.0mL、1.5mL、2.0mL、3.0mL 的纯异丙醇，分别测定它们的沸点和气、液两相的折射率。

数据记录与计算（表 4.13、表 4.14）

表 4.13 数据记录表 1

日期：_____；室温：_____；气压：_____

30mL 异丙醇中加入环己烷的体积		沸点温度				气相		液相	
加量 V/mL	总量 V/mL	t_r/℃	t_s/℃	n	校正值	折射率	浓度	折射率	浓度
0	0								
3.0	3.0								
4.5	7.5								
5.5	13.0								
7.0	20.0								
10.0	30.0								

表 4.14 数据记录表 2

30mL 环己烷中加入异丙醇的体积		沸点温度				气相		液相	
加量 V/mL	总量 V/mL	t_r/℃	t_s/℃	n	校正值	折射率	浓度	折射率	浓度
0	0								
0.5	0.5								
1.0	1.5								
1.5	3.0								
2.0	5.0								
3.0	8.0								

① 根据各样品的折射率，由折射率-组成的工作曲线求得相应组成。

② 绘制异丙醇-环己烷的气-液平衡相图。

思考题

① 沸点仪中小球 4 的体积过大或过小，对测量有何影响？

② 在测量时若产生过热现象，将会使相图发生什么变化？

实验 35（2） 热分析法绘制 Cd-Bi 二组分系统固-液平衡相图

实验目的

① 应用步冷曲线绘制 Cd-Bi 二组分系统固-液平衡相图。

② 掌握微电脑控制金属相图实验炉（金相炉）的基本原理和使用方法。

实验原理

用来表示多相平衡系统中的相态和各组分的组成以及它们随温度、压力等变量变化的关系图叫相图。

绘制二组分凝聚系统相图的方法很多，最基本的方法是热分析法。在一定压力下把熔融态的体系从高温逐渐冷却，作温度对时间变化的曲线即步冷曲线。系统若有相变，必然伴有吸、放热现象，在其步冷曲线中就会出现转折点。从步冷曲线有无转折点便可知道系统内有无相变。测定一系列组成不同样品的步冷曲线，从步冷曲线上找出各相应系统发生相变的温度，就可绘制出被测体系的相图，如图 4.8（a）所示。

纯物质的步冷曲线如①、⑤所示，以①为例，从高温冷却，开始降温很快，ab 线的斜率决定于体系的散热程度，冷到固体 A 的熔点时，固体 A 开始析出，体系出现两相平衡（液相和固相 A），此时温度维持不变，步冷曲线出现水平段，直到其中液相全部消失，温度才继续下降。

混合物步冷曲线（如②、④）与纯物质的步冷曲线（如①、⑤）不同。以②为例，起始温度下降很快（如 $a'b'$ 段），冷却到 b' 点的温度时，开始有固体 A 析出，这时体系呈两相，因为液相的成分不断改变，所以其平衡温度也不断改变。由于凝固热的不断放出，其温度下降较慢，曲线的斜率较小（$b'c'$ 段）。到了低共熔点温度 c' 后，体系出现三相平衡 l ⇌ A(s)＋ B(s)，温度不再改变，步冷曲线又出现水平线段，直到液相完全凝固后，温度又开始下降。

曲线③表示其组成恰为最低共熔混合物的步冷曲线，其形状与纯物质相似，但它的水平

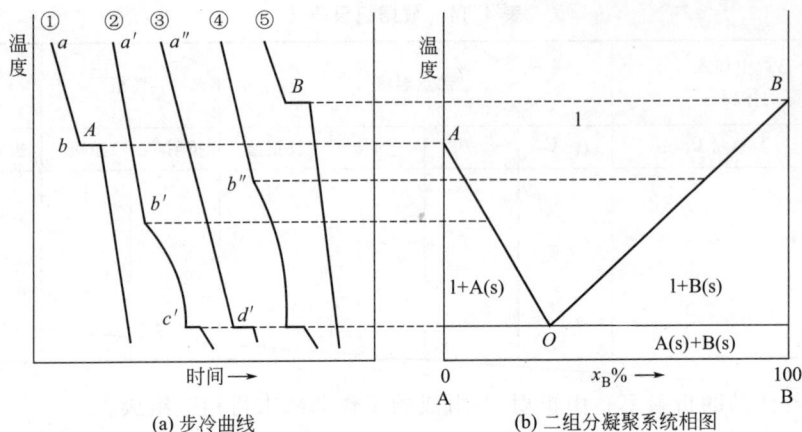

(a) 步冷曲线　　　　(b) 二组分凝聚系统相图

图 4.8　热分析法绘制相图

线段表示三相平衡。

用步冷曲线绘制相图是以横轴表示系统的组成、纵轴表示系统的温度的，在图内标出各不同组成的系统开始出现相变的温度（即步冷曲线上的转折点），把这些点连接起来，即得相图。

图 4.8（b）是一种形成简单低共熔混合物的二组分系统相图。相图由 1 个单相区和 3 个两相区组成，后者即溶液相区：纯 A(s) 和溶液共存的两相区；纯 B(s) 和溶液共存的两相区；A(s) 和 B(s) 共存的两相区。水平线段表示 A(s)、B(s) 和溶液共存的三相线；水平线段以下表示纯 A(s) 和纯 B(s) 共存的两相区；O 为低共熔点。

仪器和药品

微电脑控制金属相图实验炉；铂电阻；硬质玻璃试管（5 支）。

镉（AR）；铋（AR）；石蜡油。

实验内容

① 配制不同质量分数的铋、镉混合物各 100g（含镉量分别为 0、25％、40％、75％、100％），分别放在 5 支硬质玻璃试管中，再各加入少许石蜡油（约 3g），防止金属在加热过程中接触空气而氧化。

② 按图 4.9 连接好炉体电源线（地线钩片拧在接地线上）、控制器电源、铂电阻（注：引线中两根蓝色线合并在一起，接同一接线柱上）、控制器插头（5 芯）、拨码开关设置为"000"。

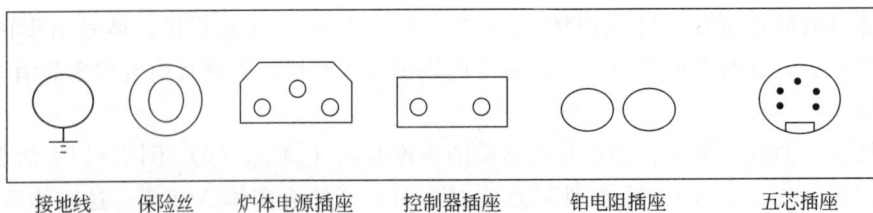

接地线　　保险丝　　炉体电源插座　　控制器插座　　铂电阻插座　　五芯插座

图 4.9　金属相图实验炉接线图

③ 装好纯铋样品，加入 3g 石蜡油，并在玻璃管中插入不锈钢套管，放入炉体内。

④ 将炉底暗开关拨到"OFF"位置。

⑤ 校对室温：铂电阻放在炉体外，接通电源 2min 后，观察数码管温度是否符合室温，如与室温不符，参照"维修"栏请教师调节。

⑥ 将铂电阻插入不锈钢套管中。将设置拨码开关置于 300℃。

⑦ 按下复位键，加热灯亮，开始升温，转动炉体上黑色电位器旋钮，使电压调到最大值。当显示温度超过设置温度时，加热灯灭，电压指示为零。为防止可控硅漏电使炉子继续加热，把黑色旋钮逆时针旋到底（最低位置）。

⑧ 当温度达到设置温度 300℃时，迅速拔出橡胶塞，用玻璃棒搅拌玻璃管里面的样品，但动作要轻，防止把玻璃管弄破，然后重新塞上橡胶塞。

⑨ 待温度降到需要记录的温度值时，按 2 次定时键，数码管显示"30 秒"，即 30s 报时一次，即可开始记录温度值。

⑩ 当温度降到"水平线段"以下 15 个点，停止记录。依次测定含 Cd 25%、40%、75%、100%的步冷曲线。

数据记录与计算

① 绘制出不同组成混合物的步冷曲线，并绘制 Cd-Bi 二组分凝聚系统相图，注明相图中各区域的稳定相。

② 从图中求出低共熔点的温度和低共熔混合物的组成。

注意事项

① 金相炉工作时应放在耐火的材料（瓷砖、防火板）上以防事故发生；工作时，操作人员不能离开。

② 测试时，如果发现温度超过 400℃且还在上升，应立即抽出铂电阻并放炉外冷却，随后抽出玻璃管冷却，排除故障后再通电（铂电阻最高温度为 500℃，玻璃管最高温度为 800℃）。

③ 控制器的五芯插头应缺口向下，对准炉体后的五芯插座插入。

④ 炉底暗开关在"ON"时，炉子升温已不受控制器的控制，如不注意显示温度，炉子升温会超过 500℃，进而烧坏铂电阻及玻璃管。所以炉底保温开关可根据实验是否需要保温，决定开关通否。

⑤ 测试结束后，拨码开关应置于"000"；将铂电阻取出来，放在炉体外冷却。

思考题

① 对于不同组成混合物的步冷曲线，其水平线段有什么不同？

② 绘制二组分凝聚系统相图还有哪些方法？

实验 36　电动势法测定化学反应的热力学函数及活度系数

实验目的

① 明确补偿法测定电动势的原理。

② 熟练掌握 UJ25 型电位差计的正确使用方法。

③ 学会用电动势法求化学反应的 $\Delta_r G_m$、$\Delta_r H_m$、$\Delta_r S_m$ 等热力学函数。

实验原理

化学反应的 $\Delta_r G_m$、$\Delta_r H_m$、$\Delta_r S_m$ 等数据可采用多种实验方法进行测定。由于电动势法准确性高，许多化学反应的热力学数据是通过电动势法测定的。

任何化学反应都可设计成可逆电池，可逆电池电动势与热力学函数满足下述关系：

$$\Delta_r G_m = -zFE \tag{1}$$

$$\Delta_r S_m = zF\left(\frac{\partial E}{\partial T}\right)_p \tag{2}$$

$$\Delta_r H_m = -zFE + zFT\left(\frac{\partial E}{\partial T}\right)_p \tag{3}$$

式中 E、$\left(\dfrac{\partial E}{\partial T}\right)_p$——可逆电池电动势及电动势的温度系数；

z，F——电极反应的电子计量数和法拉第常数，$F = 96485\,\text{C/mol}$。

对于反应：

$$Zn + 2AgCl(s) \Longleftrightarrow ZnCl_2(0.100\,\text{mol/L}) + 2Ag$$

对应的可逆电池为：

$$Zn \mid ZnCl_2(0.100\,\text{mol/L}) \mid AgCl(s) \mid Ag$$

只要在不同温度 T 下测出电动势 E，便可依式（1）、式（2）和式（3）计算出 $\Delta_r G_m$、$\Delta_r S_m$ 和 $\Delta_r H_m$。

电动势的测量要求在热力学可逆条件下进行，即测定时应使通过电池的电流接近零，为此采用补偿法测量电动势，补偿法测量原理参阅附录2。

仪器和药品

UJ 25 型电位差计；恒温槽；检流计；标准电池；直流稳压电源；待测电池。

实验内容

① 组装待测电池 $Zn \mid ZnCl_2(0.100\,\text{mol/L}) \mid AgCl(s) \mid Ag$。

制备 Ag-AgCl 电极，静置 24h，留作其他组备用；制备 Zn 电极，使表面形成一层汞齐，防止表面生成 ZnO 薄膜而引起钝化。洗净烘干一只小烧杯，向其中注入 0.100mol/L ZnCl₂ 溶液，分别插入制备好的 Ag-AgCl 电极和 Zn 电极，组成待测电极，其中 Zn 电极为负极（此步由实验室工作人员准备）。

② 将待测电池置于恒温槽中，调节温度比室温约高1℃。

③ 按附录2中的附图2.13连接测量线路，E_N、E_X 和 E_W 均留一端待接，经指导老师检查后再接通。

④ 计算实验室温度下标准电池的电动势，调整附图2.13所示的标准电池电动势温度补偿旋钮（A、B），使盘上读数等于标准电池电动势，调整后不可再变动。

⑤ 如附图2.13，将转换开关 K 置于 N，按下"粗"键，注意即按即松，不可一直按住！调整左下方的"粗""中"旋钮，使检流计指示零。"粗"键按下时间宜短，检流计受电流冲击时，迅速松键，再调整变阻器 R_0，按"粗"键，反复调整直到检流计指示零。再按"细"键，调 R_0 变阻器的"细""微"旋钮使检流计指示零，此过程为电流标准化。

⑥ 将转换开关 K 置于待测 X_1（或 X_2）处，先按下"粗"键，自高位向低位逐步调节 R_x 测量十进盘上的 6 个大旋钮，使检流计指示零，同样"粗"键按下时间宜短，再按

"细"键调节 R_x 上的后 3 个大旋钮直至检流计指示零，待测电动势为 6 个大旋钮下方小窗孔内示数总和。

⑦ 重新调节恒温槽温度，测量电动势，每个温度下测 4 次，共测 4 个温度，相邻温度差维持在 2~3℃，注意每一个温度，电池均应恒温 10min 后再测电动势。

标准电池电动势与温度的关系如下：

$$E/V = 1.018646 - 40.6 \times 10^{-6}(T/K - 293.2) - 0.95 \times 10^{-6}(T/K - 293.2)^2$$

数据记录与计算（表 4.15）

表 4.15　数据记录表

日期：_____；室温：_____；大气压：_____

实验温度 T/K	电动势 E/V				
	1	2	3	4	平均值

① 以温度为横坐标、电动势平均值为纵坐标，作 $E\text{-}T$ 图，并求出该电池的温度系数 $\left(\dfrac{\partial E}{\partial T}\right)_p$。

② 计算各温度时电池反应的 $\Delta_r G_m$、$\Delta_r S_m$ 和 $\Delta_r H_m$。

思考题

① 简述补偿法测量电动势的原理。

② 使用标准电池时应注意些什么？

③ 为何标准电池电动势温度补偿旋转调整好后不再变动？

④ "粗"键按钮为何不能锁定？

⑤ 使用 Zn 电极和 AgCl(s)｜Ag 电极应注意些什么？

⑥ 怎样保证准确测量 Zn｜ZnCl$_2$（0.100mol/L）｜AgCl(s)｜Ag 电池的电动势？

⑦ 按下"粗"键进行调节时检流计一直不指示零，原因是什么？

实验 37　溶液吸附法测定固体的比表面

实验目的

① 了解溶液吸附法测定比表面的基本原理。

② 掌握 722 型分光光度计的原理并熟悉其使用方法。

③ 掌握用亚甲基蓝水溶液测定颗粒活性炭比表面的方法。

实验原理

根据朗伯-比尔定律（$I = I_0 e^{-Kcl}$），当入射光为一定波长的单色光时，某溶液的吸光度与溶液中有色物质的浓度及液层的厚度成正比。

$$T = I/I_0$$

$$A = \lg\left(\frac{I_0}{I}\right) = Kcl$$

式中　A——吸光度；

　I_0，I——入射光强度和透过光强度；

　　T——透射比；

　　K——摩尔吸光系数；

　　c——溶液浓度；

　　l——液层厚度。

同一溶液在不同波长所测得的吸光度不同。将吸光度 A 对波长 λ 作图，可得到溶液的吸收曲线。为提高测量的灵敏度，工作波长一般选择在 A 值最大处。

亚甲基蓝在可见光区有两个吸收峰：445nm 和 665nm。在 445nm 处，活性炭吸附对吸收峰有很大干扰，故本实验选用 665nm 为工作波长。

在一定浓度范围内，大多数固体对亚甲基蓝的吸附是单分子层吸附，即符合朗缪尔型吸附。若溶液浓度过高，会出现多分子层吸附；若溶液浓度过低，吸附又不能饱和。本实验原始溶液为 0.2% 左右，平衡溶液浓度小于 0.1%。

亚甲基蓝具有矩形平面结构：

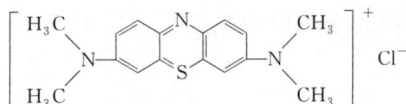

$$\left[\begin{array}{c} \underset{H_3C}{\overset{H_3C}{>}}N \end{array}\right]^+ Cl^-$$

亚甲基蓝阳离子大小为 $17.0\text{Å} \times 7.6\text{Å} \times 3.25\text{Å}$。亚甲基蓝的吸附有三种取向：平面吸附投影面积为 135Å^2；侧面吸附投影面积为 75Å^2；端基吸附投影面积为 29.5Å^2。对于非石墨型的活性炭，亚甲基蓝可能不是平面吸附而是端基吸附。实验表明，在单分子层吸附的情况下，亚甲基蓝覆盖面积为 $2.45 \times 10^3 \text{m}^2/\text{g}$。

溶液吸附法测定固体比表面，简便易行，但其测量误差较大，一般为 10% 左右。

仪器和药品

722 型分光光度计；容量瓶（100mL，3 只）；容量瓶（500mL）；玻璃漏斗；碘量瓶（100mL，2 只）；移液管（50mL）；带刻度移液管，（1mL，2 支）；带刻度移液管（5mL）。

颗粒状非石墨型活性炭；亚甲基蓝溶液（0.2% 原始溶液；0.0100% 标准溶液）。

实验内容

① 活化样品（此步由实验室工作人员做）　将颗粒活性炭置于坩埚中，放在 300℃ 真空烘箱活化 1h，或放入 500℃ 马弗炉活化 1h，然后置于干燥器中。

② 配制 0.0100% 亚甲基蓝标准溶液（此步由实验室工作人员进行）　用分析天平称取 0.2000g 亚甲基蓝倒入 100mL 烧杯中，加少量蒸馏水溶解，再移入 2000mL 容量瓶中，用蒸馏水荡洗烧杯数次，全部倒入上述容量瓶中，再用蒸馏水稀释至刻度，得到 0.0100% 亚甲基蓝溶液。

③ 配制 0.200% 亚甲基蓝原始溶液（此步由实验室工作人员进行）　用分析天平称取 4.000g 亚甲基蓝，依据上述操作，倒入 2000mL 容量瓶稀释至刻度，得到 0.200% 亚甲基蓝原始溶液。

④ 配制亚甲基蓝标准溶液　用 5mL 带刻度移液管移取 0.0100% 标准亚甲基蓝溶液

1.00mL、2.00mL、4.00mL 分别移入 3 只 100mL 容量瓶中（贴上标签），用蒸馏水稀释至刻度，得到 $1 \times 10^{-4}\%$、$2 \times 10^{-4}\%$、$4 \times 10^{-4}\%$ 三种浓度的标准溶液。

⑤ 溶液吸附　在分析天平上分别称取两份已活化的活性炭约 0.125g（用减量法称），倒入洗净并已烘干的 2 只 100mL 碘量瓶中，分别用 50mL 移液管移取 50mL 0.200% 的亚甲基蓝原始溶液，放入上述碘量瓶中，等平衡一天后使用。

⑥ 原始溶液稀释　为了测准原始溶液浓度，用 1mL 带刻度移液管移取 0.200% 亚甲基蓝溶液 1mL，放入 500mL 容量瓶并稀释至刻度。

⑦ 平衡溶液处理　将平衡一天后的溶液用玻璃漏斗过滤，滤液用 100mL 洗净烘干的锥形瓶接收，用 1mL 带刻度移液管移取 1mL 滤液放入 500mL 容量瓶中，用蒸馏水稀释至刻度。

⑧ 选择工作波长　用 $1 \times 10^{-4}\%$ 标准溶液测定 630nm、640nm、650nm、660nm、665nm、670nm、680nm 处的吸光度 A。以 A 为纵坐标、λ 为横坐标作图，选取 A 最大处的波长作为工作波长（一般在 665nm）。

⑨ 绘制工作曲线　以蒸馏水为空白，在工作波长下分别测量三个亚甲基蓝标准溶液的 A，并作 A-c 的工作曲线。

⑩ 测定原始溶液与平衡溶液的吸光度　在工作波长下测定稀释后的原始溶液以及两个稀释后的平衡溶液的吸光度。

722 型分光光度计的使用方法见附录 2。

数据记录与计算

① 以三个亚甲基蓝标准溶液的浓度对吸光度作图，得一直线即工作曲线。

② 将实验中测得的稀释后的原始溶液的吸光度，从工作曲线上查出对应的浓度再乘上稀释倍数 500，得到原始溶液的浓度 c_0。

③ 同上法求得平衡溶液的浓度 c。

④ 计算活性炭的比表面：

$$A_s = \frac{(c_0 - c)V}{m} \times 2.45 \times 10^3 \, \text{m}^2/\text{g}$$

式中　A_s——比表面，m^2/g；

2.45×10^3——1g 亚甲基蓝可覆盖活性炭的面积，m^2/g；

$\quad\quad m$——活性炭的质量，g；

$\quad\quad V$——加入 0.2% 亚甲基蓝溶液的体积（50mL）；

$\quad\quad c_0$——原始溶液浓度，g/mL；

$\quad\quad c$——平衡溶液的浓度，g/mL。

思考题

① 为什么亚甲基蓝原始溶液要选在 0.2% 左右，吸附平衡后的亚甲基蓝溶液要在 0.1% 左右？若吸附后浓度太低，在实验操作方面应如何改动？

② 用分光光度计测亚甲基蓝溶液浓度时，为什么还要将溶液再稀释，才能进行测量？

实验 38　溶液表面张力的测定

实验目的

① 测定不同浓度乙醇溶液在一定温度下的表面张力，计算溶质的表面吸附量。

② 了解表面张力、表面 Gibbs 函数的意义以及表面张力、溶液浓度与溶质表面吸附量的关系。

③ 掌握最大气泡法测定溶液表面张力的原理和技术。

实验原理

从热力学观点看，液体表面缩小是一自发过程，它使系统总 Gibbs 函数减小。欲使液体产生新的表面 ΔA，就需对其做功，其大小应与 ΔA 成正比：

$$W' = \sigma \Delta A \tag{1}$$

其中 σ 称为比表面 Gibbs 函数，常用单位为 J/m^2。从力的角度看，亦可将 σ 看作是与液体表面相切，垂直地作用在液面单位长度上的紧缩力，通常称为表面张力，常用单位是 N/m。

对于纯物质，其表面层的组成与体相的组成相同，但对于溶液，情况却不同。加入溶质形成溶液后，当溶液表面张力小于纯溶剂的表面张力时，溶液表面层中溶质的浓度大于体相内溶质的浓度。反之，当溶液表面张力大于纯溶剂表面张力时，溶质在表面层中的浓度比体相内的低。这种表面层浓度与体相内浓度不同的现象叫作溶液的表面吸附。吉布斯用热力学方法推导出等温条件下溶质表面吸附量与溶液表面张力及溶液浓度间的关系：

$$\Gamma = -\frac{c}{RT} \times \frac{d\sigma}{dc} \tag{2}$$

式中　Γ——溶质表面吸附量；

　　　σ——表面张力；

　　　T——绝对温度；

　　　c——溶液浓度；

　　　R——摩尔气体常数。

该式称为吉布斯吸附等温方程。

当 $d\sigma/dc < 0$ 时，$\Gamma > 0$，称为正吸附；当 $d\sigma/dc > 0$ 时，$\Gamma < 0$，称为负吸附。如果测定出在某一温度下各种浓度溶液的 σ 值，画出 σ-c 曲线，求出曲线上某一浓度 c 的斜率 $d\sigma/dc$，代入吉布斯吸附等温方程，即可求出该浓度对应的溶质表面吸附量，由各浓度时的吸附量便可作出 Γ-c 曲线。

测量表面张力的方法很多，本实验采用最大气泡法。实验装置如图 4.10 所示。

1 为充满水的减压瓶，2 为表面张力仪，中间有一个玻璃管 3，其下端接有一段直径很小的毛细管。5 为数字式微压差计，4 为恒温槽，6 为大烧杯，7 为放空夹。

将欲测表面张力的液体装入表面张力仪中，使玻璃管的管口与液面相切，液面即沿毛细管上升，打开减压瓶活塞进行缓慢减压，此时表面张力仪中的压力逐渐减小，毛细管中大气压就逐渐把管中液面压至管口，形成曲率半径最小（即等于毛细管半径 r）的气泡，这时压力差最大，这个最大压力差值可以从数字式微压差计上读出。

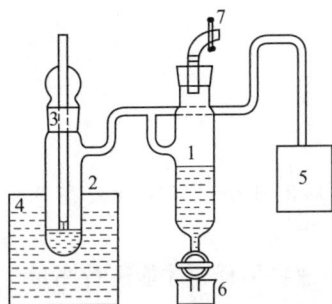

图 4.10　测定表面张力的装置

1—减压瓶；2—表现张力仪；

3—玻璃管；4—恒温槽；

5—数字式微压差计；6—大烧杯；

7—放空夹

仪器和药品

减压瓶；T 形管；恒温槽（2 套）；阿贝折射仪；数字式微压差测量仪；表面张力仪；大烧杯（1000mL）；小烧杯（50mL）；容量瓶（50mL，6 只）；带刻度移液管（5mL）；带刻度移液管（1mL）；滴管；洗耳球；擦镜纸。

95％乙醇（AR）；蒸馏水。

实验内容

① 清洗表面张力仪并配制 6 种不同浓度的乙醇溶液　表面张力仪内部用洗液浸泡数分钟，再用水及蒸馏水洗净（包括塞子与毛细管），要求玻璃壁上不许挂有水珠，要使毛细管有很好的润湿性。

取 6 只 50mL 容量瓶，每个瓶内放约 20mL 蒸馏水，用移液管分别移取 0.1mL、0.5mL、1.0mL、1.5mL、2.0mL、3.0mL 乙醇放入容量瓶，并用蒸馏水稀释至刻度，摇匀。

② 仪器常数测定　在已清洁的表面张力仪内装入少量蒸馏水，装好玻璃管，使其毛细管口刚好与液面相切，仪器按图 4.10 装好。将表面张力仪放入恒温槽中，恒温 20min（恒温槽水温为 25℃）。打开放空夹，并调节压力计的读数为 0。然后夹上放空夹，打开减压瓶（装满水的）下部的活塞少许，使水缓慢滴出，并使气泡从毛细管口尽可能地缓慢形成，气泡逸出速度为每分钟约 10～15 个。记录压力计最大读数 3 次，求出其平均值，得 Δp_1，再查取该温度下水的表面张力 σ_1，即可求得仪器常数 $k(k=\sigma_1/\Delta p_1)$。

③ 测定乙醇溶液的表面张力　小心取下表面张力仪，将蒸馏水倒掉，用待测乙醇溶液将仪器内部及毛细管冲洗 3 次，然后倒入待测的乙醇溶液，按照测定水的表面张力的相同方法，进行实验，读得各个 Δp，用公式 $\sigma=k\Delta p$ 求出各个溶液的 σ 值。注意：应该自稀溶液开始依次测出各浓度溶液的 σ 值。

乙醇水溶液的准确浓度，可用阿贝折射仪测出各溶液的折射率，然后通过乙醇水溶液的折射率与溶液浓度的工作曲线求得。注意：当读出一种溶液的 Δp 值后，紧接着就从表面张力仪内取出少许该溶液，放入折射仪中测出其折射率。每种溶液测 2 次折射率，取其平均值。

阿贝折射仪的使用方法，请参考附录 2。

数据记录与计算

① 列表报告各溶液的折射率、浓度、压力差、表面张力及溶质表面吸附量（表 4.16）。

表 4.16　数据记录表

日期：＿＿＿＿＿＿；室温：＿＿＿＿＿＿；实验温度：＿＿＿＿＿＿；气压：＿＿＿＿＿

乙醇溶液浓度 /(mol/L)	Δp/Pa				σ/(N/m)	Γ/(mol/m²)	折射率
	1	2	3	平均			
0(纯水)							

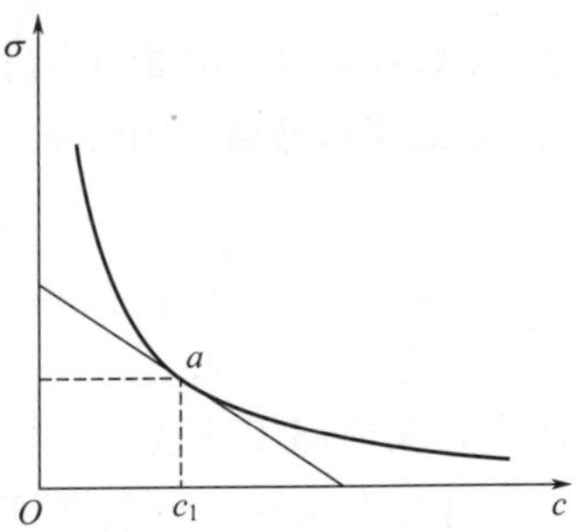

图 4.11 乙醇溶液表面张力 σ
与溶液浓度 c 的关系

② 用坐标纸作 σ-c 图。

③ 用作切线的方法求出 σ-c 图（图 4.11）中各浓度的斜率 $\dfrac{\mathrm{d}\sigma}{\mathrm{d}c}$，并求出各相应浓度下的 Γ 值；作出 Γ-c 的吸附等温线。

注意事项

① 测定表面张力时，毛细管口与液面相切，毛细管口不得插入溶液表面之下。

② 用阿贝折射仪测溶液折射率，当加溶液时，玻璃滴管口不允许碰折射仪的玻璃。测完一种溶液后，必须用擦镜纸将折射仪的玻璃上的溶液擦干，以便下次测另一种浓度的溶液。

思考题

① 何为溶液表面吸附？何为溶质表面吸附量？

② 测表面张力时，如果毛细管口插入液面下，读的 Δp 数值比实际值偏大还是偏小？

实验 39 蔗糖水解反应速率常数的测定

实验目的

① 测定蔗糖水解反应的速率常数。

② 了解旋光仪的基本原理和使用方法。

实验原理

蔗糖水解反应如下：

$$\underset{\text{(蔗糖)}}{C_{12}H_{22}O_{11}} + H_2O \xrightarrow{H^+} \underset{\text{(葡萄糖)}}{C_6H_{12}O_6} + \underset{\text{(果糖)}}{C_6H_{12}O_6}$$

此反应是一个 n 级反应，在纯水中反应速率极慢，通常在 H^+ 催化下进行。由于反应物中，水相对于蔗糖来说大量过剩，其浓度在反应过程中变化很小，故可视为常数，这样该反应可按一级反应处理，其反应速率方程的微分式和积分式分别表示为：

$$-\frac{\mathrm{d}c_A}{\mathrm{d}t} = k_1 c_A \tag{1}$$

$$\ln c_A = -k_1 t + \ln c_{A_0} \tag{2}$$

式中　k_1——蔗糖水解一级反应速率常数；

　　c_{A_0}——蔗糖起始浓度；

　　t——反应时间；

　　c_A——t 时刻的蔗糖浓度。

蔗糖及其水解产物都含有不对称碳原子，具有旋光性。本实验就是利用反应系统在水解过程中旋光性质的变化来度量反应进度的。

物质的旋光性是指它们可以使在其中通过的一束偏振光的偏振面旋转某一角度的性质。该旋转的角度称为旋光度。对含有旋光性物质的溶液，其旋光度（α）与旋光物质的本性、溶剂性质、入射光波长（λ）、温度（t）、旋光管长度（l）和溶液浓度（c）等因素有关：

$$\alpha = [\alpha]_t^{\lambda} cl \qquad (3)$$

式中的 $[\alpha]_t^{\lambda}$ 与物性、λ 和 T 有关，其值为偏振光通过 1dm 长、每毫升中含有 1g 旋光性物质溶液的旋光管时所产生的旋光角，称为比旋光度。如：蔗糖 $[\alpha]_{20}^{D} = 66.65°$，葡萄糖 $[\alpha]_{20}^{D} = 52.5°$，果糖 $[\alpha]_{20}^{D} = -91.9°$（上标 D 表示偏振光为钠光，$\lambda = 589\text{nm}$；下标 20 表示温度为 20℃。正值表示右旋，使偏振面顺时针旋转；负值表示左旋，使偏振面逆时针旋转）。

由于蔗糖能水解完全，且产物中果糖的左旋性远大于葡萄糖的右旋性，所以溶液在反应过程中由右旋逐渐转变为左旋，旋光度由正值经零变为负值，由此可度量反应的进程。

设反应开始（$t = 0$）、持续（$t = t$）和完全（$t = \infty$）时的旋光度分别为 α_0、α_t 和 α_∞，则：

$$\alpha_0 = F_{反}\, c_{A_0} \qquad (4)$$

$$\alpha_t = F_{反}\, c_A + F_{葡}(c_{A_0} - c_A) + F_{果}(c_{A_0} - c_A)$$

$$= F_{反}\, c_A + F_{产}(c_{A_0} - c_A) \qquad (5)$$

$$\alpha_\infty = F_{产}\, c_{A_0} \qquad (6)$$

由式（4）、式（5）及式（6）可得：

$$c_A = \frac{\alpha_t - \alpha_\infty}{F_{反} - F_{产}} = F'(\alpha_t - \alpha_\infty)$$

$$c_{A_0} = \frac{\alpha_0 - \alpha_\infty}{F_{反} - F_{产}} = F'(\alpha_0 - \alpha_\infty)$$

式中，比例常数 $F_{反}$、$F_{产}$ 和 F' 在实验中保持不变。代入式（2）得：

$$\ln(\alpha_t - \alpha_\infty) = -k_1 t + \ln(\alpha_0 - \alpha_\infty) \qquad (7)$$

旋光度用旋光仪测量，其原理和使用方法见附录 2。以 $\ln(\alpha_t - \alpha_\infty)$ 对 t 作图可求得 k_1。

仪器和药品

旋光仪；恒温槽（2 台）；秒表；台秤；容量瓶（50mL）；移液管（25mL，2 支）；碘量瓶（250mL）；烧杯（50mL）；玻璃棒；洗瓶；洗耳球；滤纸与擦镜纸。

蔗糖（AR）；盐酸（AR，3mol/L）。

实验内容

① 接通旋光仪电源预热，观察其构造。

② 用非旋光性物质（即 $\alpha = 0$）蒸馏水校正旋光仪零点，步骤如下：

用蒸馏水洗净样品管后，向管内倒满蒸馏水，使水面在管口堆起一凸面。盖好玻璃片，旋紧管帽（不能过分用力，以不漏为准）。用滤纸吸干样品管表面的水，若两端玻璃片不干净，要用擦镜纸揩净。样品管中若有小气泡，要将其赶至样品管膨大处。将样品管放入旋光仪，测出旋光度值，该刻度值（在零刻度附近）才是仪器的准确零点。反复测几次，直到能熟练地找到等暗面，学会正确读数。倒干样品管中的蒸馏水。

③ 在台秤上称取 10g 蔗糖，在小烧杯中溶解后，移至 50mL 容量瓶中，稀释到刻度线下 1cm 处，然后将容量瓶放入 25℃ 恒温槽内恒温。20min 后，用 25℃ 蒸馏水稀至刻度，并混合均匀。

④ 用 25mL 移液管移取 25mL 恒温好的 25℃ 的蔗糖溶液，置于 250mL 干燥洁净的碘量

瓶中。用移液管移取 25mL 3mol/L 恒温好的 25℃ 的盐酸溶液注入同一碘量瓶中，注意记下盐酸约有一半流入碘量瓶时的时间，作为反应的起始时间，立即把溶液混匀，用少量混合液迅速将样品管洗两次，按步骤②装好反应液，尽快调好等暗面，测出第一个旋光度 α_1，并同时记录反应时间，然后将旋光管放入 25℃ 恒温槽中恒温。

⑤ 每隔 5min 测定一次，反应达 50min 后每隔 10min 测一次，直到反应进行 90min。注意：本实验需恒温做，每次读完旋光度后，立即将旋光管置于 25℃ 的恒温槽内恒温；读数时提前 10s 取出旋光管，读取旋光度值。

⑥ 开始测 α_t 时就将 250mL 碘量瓶中的剩余溶液置于 50℃ 的恒温槽中，恒温 100min，再将碘量瓶从恒温槽中取出冷却至 25℃，测定其旋光度，即为 α_∞。α_∞ 要求测 3 次，每 2min 测一次，取其平均值。

⑦ 实验完毕，将样品管、玻璃片、管帽内外洗净、擦干。实验中要注意防止酸性反应液沾染腐蚀旋光仪；实验结束要擦净旋光仪。

注意：$\alpha_t = \dfrac{\alpha_左 + \alpha_右}{2}$。

数据记录与计算（表 4.17）

表 4.17　数据记录表

日期：_____；室温：_____；HCl 溶液浓度：_____；旋光仪零点：_____

t/min			∞
α_t			
$\alpha_t - \alpha_\infty$			
$\ln(\alpha_t - \alpha_\infty)$			

以 $\ln(\alpha_t - \alpha_\infty)$ 对 t 作图，并由直线的斜率求得反应速率常数 k_1（注意单位）。

思考题

① 若不用蒸馏水校正旋光仪零点，是否会影响实验结果的准确度？

② 反应开始时，为什么把盐酸溶液加入蔗糖溶液中，而不是把后者加入前者中？

③ 在动力学实验中，物理方法相对于化学方法有何优点？本书中哪个实验是用化学方法的？除本实验外，还有哪个实验用物理方法？

实验 40　丙酮碘化反应速率常数的测定

实验目的

① 测定用酸作催化剂时丙酮碘化反应速率常数。了解用化学方法测定反应速率的特点。

② 通过本实验加深对复杂反应特征的理解。

实验原理

只有少数化学反应是由一个基元反应组成的简单反应。大多数化学反应都是由若干个基元反应组成的复杂反应。丙酮碘化是一复杂反应，它是酸催化过程，因其反应过程中有 H^+ 生成，故又是自动催化过程的一个很好的例子。

在极性溶剂中，丙酮碘化速率与丙酮的浓度呈一级反应，而与碘的浓度呈零级反应。丙酮碘化可用下列反应式表示：

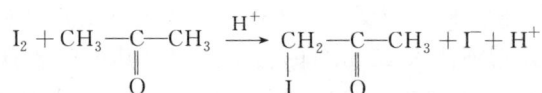

$$I_2 + CH_3-\underset{\underset{O}{\|}}{C}-CH_3 \xrightarrow{H^+} CH_2-\underset{\underset{O}{\|}}{C}-CH_3 + I^- + H^+$$
$$\phantom{I_2 + CH_3-C-CH_3 \xrightarrow{H^+} } \underset{I}{|}$$

由于丙酮碘化速率与碘浓度呈零级反应，故碘化必须在速率控制步骤之后，其反应机理为：

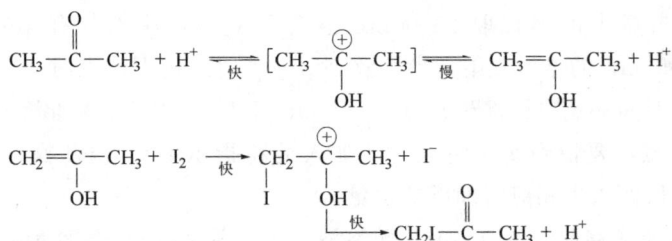

$$CH_3-\underset{\underset{O}{\|}}{C}-CH_3 + H^+ \underset{快}{\rightleftharpoons} \left[CH_3-\underset{\underset{OH}{|}}{\overset{\oplus}{C}}-CH_3\right] \underset{慢}{\rightleftharpoons} CH_3=\underset{\underset{OH}{|}}{C}-CH_3 + H^+$$

$$CH_2=\underset{\underset{OH}{|}}{C}-CH_3 + I_2 \underset{快}{\longrightarrow} CH_2-\underset{\underset{OH}{|}}{\overset{\oplus}{\underset{I}{C}}}-CH_3 + I^-$$
$$\xrightarrow{快} CH_2I-\underset{\underset{O}{\|}}{C}-CH_3 + H^+$$

由上述机理可知，第二步反应为丙酮碘化速率的控制步骤。因第一步反应是快的，所以丙烯醇浓度可用第一步反应的平衡常数及丙酮浓度和氢离子浓度来表示。由实验可知，丙酮碘化速率方程为：

$$-\frac{d(c_{丙}^0 - c_x)}{dt} = k(c_{丙}^0 - c_x)(c_{H^+}^0 + c_x)$$

积分得：

$$\ln\frac{c_{丙}^0(c_{H^+}^0 + c_x)}{c_{H^+}^0(c_{丙}^0 - c_x)} = k(c_{丙}^0 + c_{H^+}^0)t$$

所以求出：

$$k = \frac{1}{(c_{丙}^0 + c_{H^+}^0)t}\ln\frac{c_{丙}^0(c_{H^+}^0 + c_x)}{c_{H^+}^0(c_{丙}^0 - c_x)}$$

式中　$c_{H^+}^0$——氢离子在反应开始的浓度；

　　　$c_{丙}^0$——丙酮在反应开始时的浓度；

　　　c_x——t 时刻消耗掉的丙酮的浓度，也即是消耗掉的 I_2 的浓度。

仪器和药品

超级恒温槽；容量瓶（250mL）；移液管（25mL，5 支）；容量瓶（100mL，2 个）；带刻度移液管（10mL，2 支）；锥形瓶（250mL，3 个）；量筒（100mL）；碱式滴定管；量筒（5mL）；洗瓶；滴管。

丙酮（AR）；HCl（1mol/L）；I_2（0.050mol/L）（于 4%KI 溶液内）；$NaHCO_3$（0.1mol/L）；$Na_2S_2O_3$（0.0050mol/L）；淀粉溶液（0.5%）。

实验内容

将恒温槽调整至 30℃±0.1℃。

以移液管分别移出 25.00mL 0.05mol/L 的碘溶液和 25.00mL 1mol/L 的 HCl 溶液放入 250mL 容量瓶中，再加入约 150mL 蒸馏水于容量瓶中，将该容量瓶置于恒温槽中恒温。

称取丙酮 6.0g（相当于 7.5mL）放入 100mL 容量瓶中，再用蒸馏水稀释至刻度下 1cm 左右，将其置于恒温槽中恒温。

另取一个锥形瓶，内装约 150mL 蒸馏水，置于恒温槽中恒温，约经 20min 恒温后，用该 30℃的蒸馏水将丙酮溶液稀释至刻度，迅速摇匀，再放入恒温槽内恒温。然后用移液管准确移取 25.00mL 丙酮水溶液注入 250mL 的容量瓶中（其中已装有碘溶液和 HCl 溶液）。当丙酮水溶液流出一半时（1/2 体积），记下该点时间，作为反应起始时间［注意该点时间（t_0）一定要记准确到秒］。迅速将 30℃蒸馏水加入 250mL 容量瓶中至刻度处，同时塞紧瓶塞，取出容量瓶用力摇匀后，再将其置于恒温槽中。当该容量瓶中的物质反应到 10min 时，从该 250mL 的容量瓶中准确移取 25.00mL 混合反应液，注入装有 40mL 0.1mol/L 的 $NaHCO_3$ 溶液的 250mL 的锥形瓶中，当溶液流出一半时，记下该点时间，作为该点反应的终止时间（注意：时间一定要记准确）。用 0.0050mol/L $Na_2S_2O_3$ 标准溶液进行滴定，以淀粉作为指示剂（注意：要快到滴定终点时才加入淀粉指示剂）。仿此操作，每隔 10min 一次，共操作 6 次，以便求出相应时间碘的含量。

同时用移液管准确移取 0.050mol/L 碘溶液 10mL 注入 100mL 容量瓶中，用蒸馏水稀释至刻度下 1cm 左右，将其置于恒温槽中恒温 20min，然后用 30℃的蒸馏水稀释至刻度，同时塞紧瓶塞，用力摇匀。再取此碘溶液 25.0mL 注入一干净的锥形瓶中，用 0.0050mol/L 的 $Na_2S_2O_3$ 标准溶液滴定。操作两次，取其平均值作为 V_0。滴定中用淀粉作指示剂。

数据记录与计算

① 列表报告反应经过 t_i 时，相应滴定所消耗 $Na_2S_2O_3$ 的用量 V_t 及 $c_丙^0$、$c_{H^+}^0$、c_x 等（表 4.18），其中：

$$c_x = \frac{V_0 - V_t}{25cm^3} \times \frac{c}{2}$$

式中　c——$Na_2S_2O_3$ 标准溶液的浓度；

V_0——最后一步实验操作中，滴定 25.00mL 稀释碘溶液所用的 $Na_2S_2O_3$ 标准溶液的体积；

V_t——反应为 t 时刻，滴定 25.00mL 反应液时所用的 $Na_2S_2O_3$ 标准溶液的体积。

表 4.18　数据记录表

日期：_____；室温：_____；气压：_____；实验温度：_____；

$c_丙^0 = $_____；$c_{H^+}^0 = $_____；$c_{Na_2S_2O_3} = $_____

反应时间 t/min	消耗 $Na_2S_2O_3$ 的体积 V_t/mL	c_x/(mol/L)	$\dfrac{c_{H^+}^0 + c_x}{c_丙^0 - c_x}$	$\ln \dfrac{c_{H^+}^0 + c_x}{c_丙^0 - c_x}$
$t_0 = $	$V_0 = $			
$t_1 = $	$V_1 = $			
$t_2 = $	$V_2 = $			
$t_3 = $	$V_3 = $			
$t_4 = $	$V_4 = $			
$t_5 = $	$V_5 = $			
$t_6 = $	$V_6 = $			

② 作 $\ln \dfrac{c_{H^+}^0 + c_x}{c_丙^0 - c_x}$-$t$ 图，从直线斜率求出速率常数 k。

$$k = 斜率/(c_{丙}^0 + c_{H^+}^0)$$

③ 计算误差：

$$\frac{|k_{实} - k_{理}|}{k_{理}} \times 100\%$$

式中，$k_{理} = 5.02 \times 10^{-5} (\text{mol/L})^{-1} \cdot \text{s}^{-1}$。

④ 误差讨论。

注意事项

① 所有溶液均要恒温配制。

② t_0 与 t_i 必须读准，要求精确到秒。

③ 滴定中不允许过量，淀粉指示剂要快到滴定终点时才可加入。

④ 本实验要求误差小于 6%。

⑤ 用 $Na_2S_2O_3$ 滴定碘溶液时，每 100mL 要滴定的溶液，用 5mL 0.5% 的淀粉溶液作指示剂。滴定时发生的反应为：

$$2Na_2S_2O_3 + I_2 = Na_2S_4O_6 + 2NaI$$

⑥ 取反应液滴定时，作为反应器的 250mL 容量瓶不允许拿出恒温槽，以保证取的反应液是 25℃。

思考题

① 本实验应该记录哪些数据？

② 本实验中，加 HCl 溶液起何作用？为什么每次取样之前要在干净的锥形瓶中先放好 40mL 0.1mol/L 的 $NaHCO_3$ 溶液？

③ 用 $Na_2S_2O_3$ 溶液滴定 I_2 时，如果滴定于开始就加入淀粉指示剂，会产生什么影响？

实验 41　乙酸乙酯皂化反应活化能的测定

实验目的

① 掌握乙酸乙酯皂化反应速率常数及反应活化能的测定方法。

② 了解二级反应的特点，学会用作图法求出二级反应的速率常数。

③ 熟悉电导仪或电导率仪的使用。

实验原理

乙酸乙酯皂化是一个典型的二级反应。设反应物初始浓度皆为 c_0，经时间 t 后产物的浓度为 x。

$$CH_3COOC_2H_5 + NaOH = CH_3COONa + C_2H_5OH$$

$t=0$	c_0	c_0	0	0
$t=t$	c_0-x	c_0-x	x	x
$t=\infty$	0	0	c_0	c_0

该反应的速率方程为 $dx/dt = k(c_0 - x)^2$，积分得：

$$kt = \frac{x}{c_0(c_0 - x)} \tag{1}$$

本实验采用电导法测量皂化反应中电导 G 随时间 t 的变化。设 G_0、G_t、G_∞ 分别代表时间为 0、t、∞ （反应完毕）时溶液的电导，则在稀溶液中有：

$$G_0 = G_{Na^+,0} + G_{OH^-,0}$$

$$G_t \approx G_{Na^+,0} + G_{OH^-,(c_0-x)}$$

$$G_\infty \approx G_{Na^+,0}$$

故有

$$G_0 - G_\infty = G_{OH^-,0} = Kc_0 \tag{2}$$

$$G_t - G_\infty = G_{OH^-,(c_0-x)} = K(c_0-x) \tag{3}$$

$$G_0 - G_t = Kx \tag{4}$$

式中 K 是与温度、溶剂、电解质的性质有关的比例常数，从以上三式可求得。将式（3）、式（4）代入式（1）中求得：

$$k = \frac{1}{tc_0} \times \frac{G_0 - G_t}{G_t - G_\infty}$$

故有：

$$G_t = \frac{1}{kc_0} \times \frac{G_0 - G_t}{t} + G_\infty$$

将 G_t 对 $(G_0 - G_t)/t$ 作图得一直线，斜率为 $1/kc_0$，由此可求出反应速率常数 k。

测定不同温度 T_1、T_2 时的 k_1、k_2，用阿伦尼乌斯公式 $\ln \dfrac{k_2}{k_1} = \dfrac{E_a(T_2-T_1)}{RT_1T_2}$ 求出反应的活化能 E_a。

仪器和药品

电导仪；恒温槽；反应器；移液管（25mL，3 支）；移液管（1mL）；大试管；锥形瓶（100mL）；洗耳球；小烧杯。

乙酸乙酯（AR，0.0200mol/L）；NaOH（AR，0.0200mol/L）。

实验内容

（1）准备仪器（实验室工作人员做）　洗涤大试管、反应器、锥形瓶，烘干备用。

（2）测定反应物的初始电导 G_0　调节恒温槽水温为 25.00℃±0.1℃。

用移液管分别移取 25.00mL 的 0.0200mol/L NaOH 溶液和 25.00mL 蒸馏水，注入洗净烘干的 100mL 锥形瓶内，摇匀即成 0.0100mol/L NaOH 溶液。注入一部分 0.0100mol/L NaOH 溶液于大试管中（液面约高出铂黑片 1cm 为宜），用同样溶液洗涤电极 3 次，将电极插入大试管内，并将大试管放进恒温槽恒温约 20min 后，测量溶液电导 G_0，隔 2min 再测一次 G_0，取其平均值。

（3）配制 0.0200mol/L 乙酸乙酯溶液　在 250mL 容量瓶中装 2/3 体积的蒸馏水，由 1mL 移液管移取相当于 0.441g 的乙酸乙酯注入容量瓶中，稀释至刻度。

乙酸乙酯密度与温度的关系：

$$\rho/(g/mL) = 0.92454 + 10^{-3}\alpha(t/℃) + 10^{-6}\beta(t/℃)^2$$

其中 $\alpha = -1.168$，$\beta = -1.95$。

（4）测量 G_t　向烘干的反应器的 A 管（不带磨口）中注入 25.00mL 的 0.0200mol/L NaOH 溶液，向 B 管（带磨口）中注入 25.00mL 的 0.0200mol/L 乙酸乙酯溶液。用

0.0200mol/L NaOH 溶液冲洗电极 3 次，将其放入 A 管并一起置于恒温槽恒温约 20min。而后用洗耳球鼓空气进 B 管，使 B 管中乙酸乙酯溶液排入 A 管，当乙酸乙酯溶液排入一半时开始计时，作为反应起始时间，再将 A 管内溶液抽回 B 管，来回混合 3 次，最后将溶液全部排入 A 管。按下述时间测定溶液电导 G_t：5min、10min、15min、20min、25min、30min、35min、40min、45min。

将恒温槽调至 35℃，仿上述操作，测量 35℃时的 G_0、G_t。

数据记录与计算

① 列表报告实验数据（表 4.19），并作图求 k。

表 4.19　实验记录表

日期：＿＿＿＿＿；室温：＿＿＿＿＿；气压：＿＿＿＿＿；NaOH 浓度：＿＿＿＿＿；乙酸乙酯浓度：＿＿＿＿＿

实验温度	t/min	G_t/S	$(G_0-G_t)/\text{S}$	$\dfrac{G_0-G_t}{t}\Big/\left(\dfrac{\text{S}}{\text{min}}\right)$	k
25℃					
35℃					

② 求该皂化反应的活化能 E_a。

注意事项

① 温度的变化会严重影响反应速率，因此一定要保证恒温。

② 混合过程既要快速进行，又要小心谨慎，不要把溶液挤出反应器。

③ 测量结束后倾倒反应液，用蒸馏水冲洗反应器及电极 3 次，并将电极浸入蒸馏水中。

④ 配制乙酸乙酯溶液的浓度必须与该实验中实际用的 NaOH 溶液浓度相同。

思考题

① 配制乙酸乙酯溶液时，为什么在容量瓶中先加入部分蒸馏水？

② 如何用实验结果来验证乙酸乙酯皂化为二级反应？

③ 如果 NaOH 和 $CH_3COOC_2H_5$ 起始浓度不相等，则应怎样计算 k 值？

附：电导率法求乙酸乙酯皂化反应的活化能

该反应活化能也可通过测溶液电导率来求取。测量电导率 k 的方法与测量电导 G 的方法相同，只要将电导仪换成电导率仪即可。数据处理如下：

$$k=\frac{1}{tc_0}\left(\frac{k_0-k_t}{k_t-k_\infty}\right) \tag{5}$$

式中　k_0——反应开始时系统的电导率；

　　　k_t——时间 t 时反应系统的电导率；

　　　k_∞——反应终了时系统的电导率。

对于稀溶液，$k_0=A_0c_0$，$k_t=A_0(c_0-x)+A_1x$，$k_\infty=A_1x$，式中 A_0、A_1 均为比例常数。重新整理式（5）得：

$$k_t=\frac{1}{c_0k}\times\frac{k_0-k_t}{t}+k_\infty$$

作 k_t-$\dfrac{k_0-k_t}{t}$ 图，为一直线，从直线斜率即可求出 k。

根据阿伦尼乌斯方程，由 2 个不同温度时的速率常数 k_1 和 k_2，即可求得活化能 E_a：

$$E_a = \frac{RT_1 T_2}{T_2 - T_1} \ln \frac{k_2}{k_1}$$

实验 42　凝固点降低法测定物质的摩尔质量

实验目的

① 用贝克曼冰点下降测定器，测定纯水及 4 种不同浓度的蔗糖溶液的凝固点，用作图外推法求蔗糖的摩尔质量。

② 掌握溶液凝固点的测定技术。

实验原理

稀溶液的凝固点低于纯溶剂的凝固点，这是自然界较为普遍的现象。根据溶液热力学推证，对理想稀溶液来说，凝固点的下降数值与溶质的质量摩尔浓度成正比，即：

$$\Delta T_f = T_f^* - T_f = k_f b_2 \tag{1}$$

式中　T_f^* ——纯溶剂凝固点；

　　　T_f ——稀溶液凝固点；

　　　k_f ——凝固点下降常数（以水为溶剂时，$k_f = 1.862\text{K} \cdot \text{kg/mol}$）；

　　　b_2 ——溶质的质量摩尔浓度。

若称得质量为 m_2 的溶质溶于质量为 m_1 的溶剂中，则溶质的质量摩尔浓度为：

$$b_2 = \frac{m_2/M_2}{m_1} = \frac{m_2}{m_1 M_2} \tag{2}$$

式中　M_2 ——溶质的摩尔质量。

将式（2）代入式（1）中整理后，得：

$$M_2 = \frac{k_f}{\Delta T_f} \times \frac{m_2}{m_1} \tag{3}$$

从式（3）看出：如已知溶剂 k_f 值，则只要求得 ΔT_f，溶质的摩尔质量即可算出。因此，本实验的关键是准确测定纯溶剂及稀溶液的凝固点。

纯溶剂的凝固点是它的液相和固相平衡共存的温度，稀溶液的凝固点是该溶液与纯溶剂的固相平衡共存的温度。在一定外压下，稀溶液的凝固点随溶液浓度增大而降低。若将纯溶剂和溶液逐步冷却，其各类冷却曲线如图 4.12 所示。

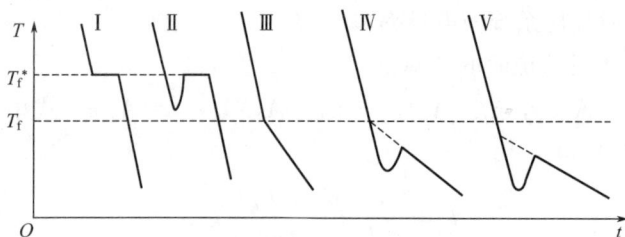

图 4.12　冷却曲线

Ⅰ，Ⅱ—纯溶剂的冷却曲线；Ⅲ，Ⅳ，Ⅴ—溶液的冷却曲线

　　在实际过程中，往往出现如图 4.12 中 Ⅱ、Ⅳ、Ⅴ 所示的过冷现象。所谓过冷现象，即是将液体缓慢冷却到凝固点以下时，并无固相析出。过冷液体是热力学的不稳定状态，一旦凝固，放出的凝固潜热使液体温度迅速回升，直到液相与固相平衡。由图 4.12 可以看出，实验中稍有过冷现象（Ⅳ），则所测凝固点偏差不大，对分子量测定无显著影响；如过冷严重（Ⅴ），则所测的凝固点将偏低，影响分子量的测定结果。因此，在测定过程中应尽可能减少过冷程度，如搅拌溶液、采用内外管装置等。

仪器和药品

　　贝克曼温度计（或数显精密温差仪）；1/10 标准温度计（0～50℃）；贝克曼冰点下降测定器；烧杯（1000mL、500mL 各 1 个）；移液管（25mL、5mL 各 1 支）；带铁夹的铁架台；称量瓶。

　　蔗糖（AR）；粗食盐；滤纸；冰块。

实验内容

　　（1）调节贝克曼温度计　　在老师指导下调节贝克曼温度计，将调节好的贝克曼温度计（或温差仪传感器）浸入装有冰水混合物（0℃）的 500mL 烧杯中（此时贝克曼温度计读数约 4.5℃），以备随时取用。

　　（2）安装贝克曼冰点下降测定器

　　① 按图 4.13 装置进行安装。首先把冰块捣成约 2mL 大小的碎块，然后将冰块轻轻送至冰瓶底部，约装入 4cm 高后，用 5 个手指捏一撮粗盐均匀撒在冰块上。将洗净烘干的贝克曼测定器外管放在冰瓶中间，然后在外管周围加入 4cm 高的碎冰块，再捏一撮盐均匀撒在冰块上，如此重复操作，直至外管周围被冰盐混合物包围，但注意外管内不能掉入冰盐混合物。

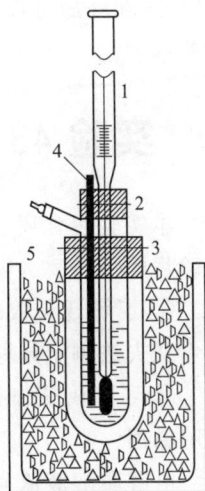

　　② 用移液管准确地吸取 25.00mL 蒸馏水，注入洗净烘干的内管中，并插入干净的搅拌器及一支干净的 0～50℃ 的 1/10 标准温度计。将内管放到 1000mL 的冰盐水混合物中，一边搅拌，一边冷却，直至冷却至 0.5℃ 左右，取出 1/10 标准温度计，将备用的贝克曼温度计擦净后插入内管，塞好橡胶塞（注意：温度计不要和玻璃壁相碰，也不要与搅拌器相碰），迅速将装好的内管从冰盐水中取出，用滤纸擦净其外壁，放入外管中，到此装置完毕。

　　（3）测定蒸馏水的凝固点　　首先用搅拌器均匀地上下搅拌，同时注意勿使液体溅到上部管壁或橡胶塞上。待管内温度下降至贝克曼温度计有刻度处开始读数、记录。每隔 30s 读记温度一次，一直记录到完成类似图 4.12 中 Ⅰ 或 Ⅱ 冷却曲线为止。曲线中一般有 10 个左右连续不变的 T 值，即为 T_f^* 值（注意：此值实质相当于 0℃）。数据记录完毕后将内管取出，用手掌握住内管同时轻轻搅拌，以手温使管内冰刚好完全融化后，取出贝克曼温度计放在冰盐水烧杯中浸泡备用。

图 4.13　贝克曼冰点下降测定器

1—贝克曼温度计；
2—内管；3—外管；
4—搅拌器；5—冰瓶

　　（4）测不同浓度蔗糖溶液的凝固点

　　① 用称量瓶在分析天平上称取 5g 蔗糖，准确至 0.0002g。用长纸槽小心地将糖送入内管的蒸馏水中并搅拌，直到蔗糖全部溶解后，将内管插入冰盐水的烧杯中冷至 0.5℃，然后按图 4.13 装好装置。以测纯水的凝固点的同样方法测定其凝固点。稍有不同的是，所完成

的曲线应类似于图 4.12 中的 Ⅳ。注意在过冷回升后的下降曲线段至少读 15 个下降的数据。

② 用移液管准确地移取 5.00mL 蒸馏水，从支管口注入内管中，注意避开贝克曼温度计或传感器。然后用手温加热内管，并搅拌，使内管中冰刚一融化，即可以开始测其凝固点，完成该浓度溶液的冷却曲线。

以同样量的蒸馏水、同样的方法，分别再测 2 次浓度稀释后溶液的凝固点，完成各冷却曲线。共加入蒸馏水 3 次，每次 5mL。

数据记录与计算

① 以时间为横坐标、温度为纵坐标，作出各条冷却曲线，求纯水凝固点和 4 个不同浓度的蔗糖溶液的凝固点及 ΔT_f。

② 按式（3）分别计算出各个浓度下蔗糖的摩尔质量，然后以 M_2 为纵坐标、b_2 为横坐标作图，用外推法求出 $b_2 \rightarrow 0$ 时蔗糖的摩尔质量。

③ 以求得的结果与理论值（342.3g/mol）比较，求其相对误差，并进行误差讨论。

注意事项

① 本实验测定过程中常有过冷现象产生，其溶液的凝固点在过冷曲线上升后的下降曲线的反向延长线与过冷前的下降曲线相交点处。

② 实验中的搅拌要连续、均匀，上下搅拌幅度大致与液体高度一致。

思考题

① 凝固点降低法测物质摩尔质量的公式 $\Delta T_f = k_f b_2$ 在什么条件下才能应用？

② 在冷却过程中，测凝固点时管内的液体有哪些热交换存在？它们对凝固点的测定有何影响？

实验 43　离子迁移数和阿伏伽德罗常数的测定

本实验包含离子迁移数、法拉第定律和阿伏伽德罗常数等知识点，属于综合性实验。

实验目的

① 了解迁移数的意义，并用希托夫（Hittorf）法测定 Cu^{2+} 和 SO_4^{2-} 的迁移数，从而了解希托夫法测定迁移数的原理和方法。

② 了解阿伏伽德罗常数的测定原理。

实验原理

电解质溶液依靠离子的定向迁移而导电。为了使电流能流过电解质溶液，需将两个导体作为电极浸入溶液，使电极与溶液直接接触。当电流流过溶液时，正、负离子分别向两极移动，同时在电极上有氧化还原反应发生。根据法拉第定律，在电极上发生反应的物质的量的多少与通入电量成正比。而整个导电任务是由正、负离子共同承担的，通过溶液的电量等于正、负离子迁移电量之和。如果正、负离子迁移速率不同，所带电荷不等，它们迁移电量时，所分担的百分数也不同。把离子 B 所运载的电流与总电流之比称为离子 B 的迁移数，用符号 t_B 表示，其定义式为：

$$t_B = \frac{I_B}{I} \tag{1}$$

t_B 是无量纲的量。根据迁移数的定义，则正、负离子迁移数分别为：

$$t_+ = \frac{I_+}{I} = \frac{v_+}{v_+ + v_-} \tag{2}$$

$$t_- = \frac{I_-}{I} = \frac{v_-}{v_+ + v_-}$$

式中 v_+，v_-——正、负离子的运动速率。

由于正、负离子处于同样的电位梯度中，则有：

$$t_+ = \frac{I_+}{I} = \frac{u_+}{u_+ + u_-} \tag{3}$$

$$t_- = \frac{I_-}{I} = \frac{u_-}{u_+ + u_-}$$

式中 u_+，u_-——单位电位梯度时离子的运动速率，称为离子淌度。

由式（2）、式（3）可得：

$$\frac{t_+}{t_-} = \frac{v_+}{v_-} = \frac{u_+}{u_-} \tag{4}$$

$$t_+ + t_- = 1 \tag{5}$$

希托夫法根据电解前后，两电极区电解质数量的变化来求算离子的迁移数。

如果用分析的方法求得电极附近电解质溶液浓度的变化，再用电量计求得电解过程中所通过的总电量，就可以从物料平衡来计算出离子迁移数。以铜为电极，电解稀 $CuSO_4$ 溶液为例，在电解后，阴极附近 Cu^{2+} 的浓度变化是由两种原因引起的：① Cu^{2+} 的迁入；② Cu^{2+} 在阴极上发生还原反应：

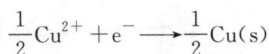

$$\frac{1}{2}Cu^{2+} + e^- \longrightarrow \frac{1}{2}Cu(s)$$

Cu^{2+} 的物质的量的变化为（阴极区）：

$$n_后 = n_前 + n_迁 - n_电 \tag{6}$$

式中 $n_前$——电解前阴极区的 Cu^{2+} 的物质的量；

$n_后$——电解后阴极区的 Cu^{2+} 的物质的量；

$n_电$——电解过程阴极还原生成的 Cu 的物质的量；

$n_迁$——电解过程中 Cu^{2+} 迁入阴极区的物质的量。

Cu^{2+} 的物质的量即 $CuSO_4$ 的摩尔质量 $= 159.6g/mol$

因此：

$$n_迁 = n_后 - n_前 + n_电 \tag{7}$$

$$t_{Cu^{2+}} = \frac{n_迁}{n_电} \tag{8}$$

$$t_{SO_4^{2-}} = 1 - t_{Cu^{2+}} \tag{9}$$

仪器和药品

直形迁移管；铜电量计；精密稳流电源；电流表；锥形瓶（4 只）；碱式滴定管。

$CuSO_4$ 电解液；$CuSO_4$（0.0500mol/L）；HNO_3（1mol/L）；$Na_2S_2O_3$ 标准溶液（0.0500mol/L）；KI（10%）；HAc（1.00mol/L）；乙醇（AR）；淀粉指示剂。

实验内容

① 洗净直形迁移管，用 0.0500mol/L CuSO$_4$ 溶液荡洗 2 次（注意，迁移管活塞下的尖端部分也要荡洗），盛装 CuSO$_4$ 溶液（迁移管活塞下面尖端部分也要充满溶液）。将迁移管直立夹持，并把已处理清洁的两电极浸入（浸入前也需用 CuSO$_4$ 溶液淋洗）。阳极插入管底，两极间距离为 20cm 左右，最后调整管内 CuSO$_4$ 溶液的量，使阴极在液面下 4cm 左右。

② 将铜电量计中阴极铜片取下（铜电量计中有 3 片铜片，中间那片为阴极），先用细砂纸磨光，除去表面氧化层，用水冲洗，浸入 1mol/L HNO$_3$ 溶液中几分钟，然后用蒸馏水冲洗，用酒精淋洗并吹干，在分析天平上称重，装入电量计中。迁移管、电流表、铜电量计及直流电源按图 4.14 装好。

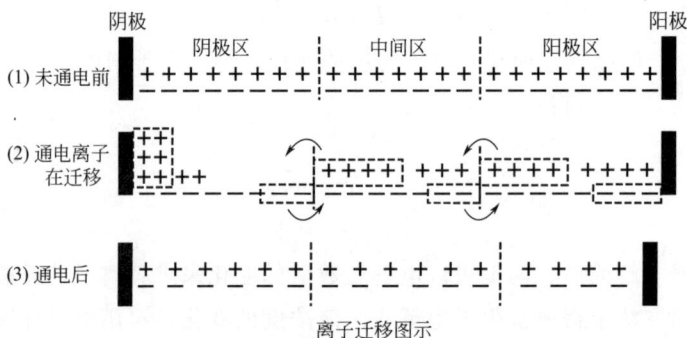

离子迁移图示

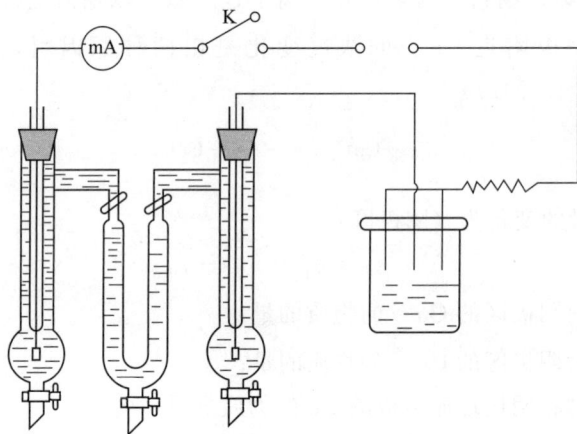

图 4.14 希托夫法测离子迁移数

③ 接通电源（注意阴、阳极的位置切勿弄错），调节电流约为 18mA，连续通电 90min，（通电时要注意电流稳定），并记下平均室温。

④ 停止通电后，从电量计中取出阴极铜片，用水冲洗后，淋以乙醇并吹干，称其质量。

⑤ 将迁移管中的溶液以 4：1：1：4 的体积比例分为"阳极区""近中阳极区""近中阴极区"和"阴极区" 4 份，并分别缓慢放入已称量过的干净的锥形瓶中，再称量各锥形瓶。

⑥ 各瓶中加 10%KI 溶液 10mL、1mol/L HAc 溶液 10mL，用 Na$_2$S$_2$O$_3$ 标准溶液滴定，滴至淡黄色，加入 1mL 淀粉指示剂，再滴至蓝色消失。

数据记录与计算

① 从"近中阳极区"及"近中阴极区"分析结果求出每克水所含的 CuSO$_4$ 质量（g）。

$$CuSO_4 \text{ 的质量(g)} = (V \times M)_{Na_2S_2O_3} \times \frac{159.6}{1000}$$

$$水质量(g) = 溶液质量(g) - 硫酸铜质量(g)$$

　　由于中极区溶液在通电前后浓度不变，因此，其值即是原 $CuSO_4$ 溶液的浓度。通过此值可以求出通电前阴极区、阳极区 $CuSO_4$ 溶液中所含的 $CuSO_4$ 的质量（g）。

　　② 通过阳极区溶液的滴定结果，计算出通电后阳极区溶液中所含的 $CuSO_4$ 的质量（g）；并可计算出阳极区溶液中所含的水量，从而求出通电前阳极区溶液中所含的 $CuSO_4$ 的质量（g）；最后就可以得到 $n_后$、$n_输$。

　　③ 由电量计阴极铜片的增量，算出通入的总电量，即：

$$铜片的增量/铜的原子量 = n_电$$

该量是阳极溶入阳极区溶液中的 Cu 的量。

　　把所得数代入式（7）求出 $n_迁$。

　　④ 计算出阳极区的 $t_{Cu^{2+}}$ 和 $t_{SO_4^{2-}}$。

　　⑤ 计算阴极区的 $t_{Cu^{2+}}$ 和 $t_{SO_4^{2-}}$，与阳极区的计算结果进行比较。

　　⑥ 利用测得的电解铜的质量，根据法拉第定律和库仑定律，求出阿伏伽德罗常数。

注意事项

　　① 实验中所用的铜电极必须是纯度为 99.999% 的电解铜。

　　② 实验过程中凡是能引起溶液扩散、搅动、对流等的因素必须避免。电极阴、阳极的位置不能颠倒。管活塞下端以及电极上都不能有气泡。所通电流不能太大等。

　　③ 本实验中各部分溶液的正确划分很重要。实验前后，近中阳极区、近中阴极区的溶液浓度不变，因而阳极部与阴极部的溶液不可错划入中部，否则会引入误差。如果近中阳极与近中阴极部的分析结果相差甚大，即表示溶液分层不符要求，实验应重做。

　　④ 本实验由库仑计阴极的增重来计算总的通电量，因而称量及前处理都很重要，应特别小心。

思考题

　　① 0.1mol/L KCl 和 0.1mol/L NaCl 中的 Cl^- 迁移数是否相同？为什么？

　　② 如以阳极区电解质溶液的浓度变化计算 $t_{Cu^{2+}}$，其计算公式应如何？

　　③ 影响本实验的因素有哪些？

实验 44　镍在硫酸溶液中钝化行为的研究

　　本实验包含电极的极化曲线、金属的腐蚀与钝化现象等 3 个知识点，属于综合性实验。

实验目的

　　① 测定镍在硫酸溶液中的阳极极化曲线及钝化电位。

　　② 了解金属钝化行为的原理和测量方法。

　　③ 掌握控制电位法测量极化曲线的方法。

实验原理

　　（1）金属的阳极过程　许多生产部门，如化学电源、电镀、电解冶金等，都要涉及金属的阳极过程。金属的阳极过程是指金属作为阳极发生电化学溶解的过程，如下式所示：

$$M \rightleftharpoons M^{2+} + 2e^-$$

在金属的阳极溶解过程中，其电极电位必须正于其平衡电位，电极过程才能发生，这种电极电位偏离其平衡电位的现象，称为极化。当阳极极化不太大时，阳极过程的速度随着电位变正而逐渐增大，这是金属的正常阳极溶解。但当电极电位达到某一数值时，其溶解速度达到最大，此后阳极溶解速度随着电位变正，反而大幅度地降低，这种现象称为金属钝化。处在钝化状态下的金属，其溶解速度只有极小的数值，在某些情况下，这正是人们需要的。例如，为了保护金属以防止腐蚀以及电镀中的不溶性阳极等。在另外一些情况下，金属钝化却是非常有害的。例如，在化学电源、电冶金以及电镀中的可溶性阳极等。

研究金属阳极溶解及钝化，通常采用两种方法：控制电位法和控制电流法。由于控制电位法能测到完整的阳极极化曲线，因此，在金属钝化现象的研究中，它比控制电流法更能反映电极的实际过程。对于大多数金属而言，用控制电位法测得的阳极极化曲线大都具有图4.15中实线所表示的形式；而用控制电流法只能获得图4.15中虚线的形式（即 ABE 线）。从控制电位法测得的极化曲线可以看出，它有一个"负坡度"区域的特点，具有这种特点的极化曲线是无法用控制电流的方法来测量的。因

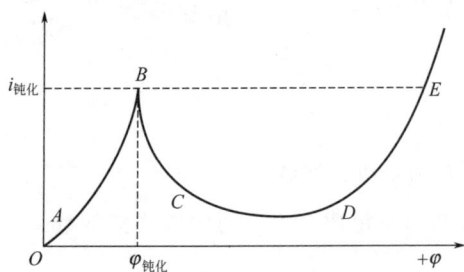

图 4.15　金属的阳极极化曲线

为在同一个电流值 i 下可能对应于几个不同的电极电位，因而在控制电流极化时，电极电位处于一种不稳定状态，并可能发生电位的跳跃甚至振荡。

用控制电位法测到的阳极极化曲线可分为4个区域。

① AB 段为活性溶解区　此时金属进行正常的阳极溶解，阳极电流随电位的改变服从半对数关系。

② BC 段为过渡钝化区（负坡度区）　随着电极电位变正达到 B 点之后，此时金属开始发生钝化，随着电位的正移，金属溶解速度不断降低，并过渡到钝化状态。对应于 B 点的电极电位称为临界钝化电位 $\varphi_{钝化}$，对应的电流密度称为临界钝化电流密度 $i_{钝化}$。

③ CD 段为稳定钝化区　在此区域内金属的溶解速度降低到最小数值，并且基本上不随电位的变化而改变，此时的电流密度称为钝态金属的稳定溶解电流密度。

④ DE 段为超钝化区　此时阳极电流又重新随电位的正移而增大，电流增大的原因可能是高价金属离子的产生，也可能是 O_2 的析出，还可能是两者同时出现。

（2）影响金属钝化过程的几个因素　金属钝化现象是十分常见的，人们已对它进行了大量的研究。影响金属钝化过程及钝态性质的因素可归纳为以下几点。

① 溶液的组成　溶液中存在的 H^+、卤素离子以及某些具有氧化性的阴离子对金属的钝态现象起着颇为显著的影响。在中性溶液中，金属一般是比较容易钝化的，而在酸性溶液或某些碱性溶液中，金属钝化要困难得多，这与阳极反应产物的溶解度有关。卤素离子特别是氯离子的存在明显地阻止金属的钝化过程，已经钝化的金属也容易被它破坏（活化），而使金属的阳极溶解速度重新增加。溶液中存在某些具有氧化性的阴离子（如 CrO_4^{2-}）则可以促进金属的钝化。

② 金属的化学组成和结构　各种纯金属的钝化能力很不相同，以铁、镍、铬三种金属

为例，铬最容易钝化，镍次之，铁较差些。因此，添加铬、镍可以提高钢铁的钝化能力，不锈钢材是一个极好的例子。一般来说，在合金中添加易钝化金属时可以大大提高合金的钝化能力及钝态的稳定性。

③ 外界因素（如温度、搅拌等）　一般来说，温度升高以及搅拌加剧可以推迟或防止钝化过程的发生，这显然是与离子的扩散有关的。

（3）极化曲线的测量原理和方法　采用控制电位法测量极化曲线时，将研究电极的电位恒定地维持在所需值，然后测量对应于该电位下的电流。由于电极表面状态在未建立稳定状态之前，电流会随时间而改变，故一般测出的曲线为"暂态"极化曲线。在实际测量中，常采用的控制电位测量方法有下列两种。

① 静态法　将电极电位较长时间地维持在某一恒定值，同时测量电流随时间的变化，直到电流基本上达到某一稳定值。如此逐点地测量各个电极电位（例如每隔 20mV、50mV 或 100mV）下的稳定电流值，以获得完整的极化曲线。

② 动态法　控制电极电位以较慢的速度连续地改变（扫描），测量对应电位下的瞬时电流值，并以瞬时电流与对应的电极电位作图，获得整个极化曲线。所采用的扫描速度（即电位变化的速度）需要根据研究体系的性质选定。一般来说，电极表面建立稳态的速度越慢，则扫描速度也应越慢，这样才能使所测得的极化曲线接近稳态。

上述两种方法都已获得广泛的应用。从其测量结果的比较可以看出，静态法测量结果虽较接近稳态值，但测量时间太长。例如，对于钢铁等金属及其合金，为了测量钝态区的稳态电流往往需要在每一个电位下等待几个小时甚至几十个小时，所以在实际工作中，较常用动态法来测量。本实验即采用动态法。

目前测定极化曲线通常使用恒电位仪，它可以通过调节实现动电位扫描。

仪器和药品

Ni 电极；饱和硫酸亚汞参比电极；C_{41} 型电表；恒电位仪（8511B 型）；超级恒温槽（501 型）；双管电解池。

H_2SO_4（0.50mol/L）；0.0050mol/L KCl ＋ 0.50mol/L H_2SO_4；0.50mol/L KCl ＋ 0.50mol/L H_2SO_4；丙酮（CR）；百得胶；金相砂纸。

实验内容

本实验首先测量 Ni 在 0.50mol/L H_2SO_4 溶液中的阳极极化曲线，再观察 Cl^- 对 Ni 阳极钝化的影响。具体步骤如下所述。

① 了解仪器的线路及装置。

② 洗净电解池，注入已恒温（25℃）的 0.50mol/L H_2SO_4 溶液于电解池内，并安放好辅助电极（Ni 电极）、研究电极（Ni 电极）及参比电极。电解池结构如图 4.16 所示，其中鲁金毛细管的作用是降低溶液电阻过电势。将电解池置于 25℃ 的恒温槽中。

③ 研究电极（Ni 电极）需用金相砂纸磨至镜面光亮，用百得胶封好多余的表面，胶凝固后在丙酮中浸泡 10s 清除电极表面的油渍，再在 0.50mol/L H_2SO_4 溶液中浸泡 2min，除去氧化物，然后用蒸馏水洗净，即可置入电解池内。

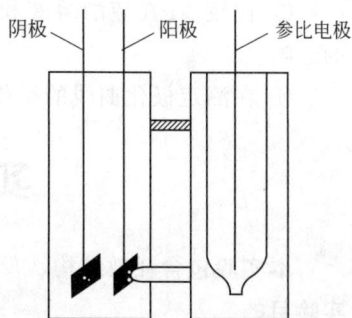

图 4.16　电解池结构示意

④ 恒位仪面板示意图如附图 2.23 所示，使用时先将 K_5 置于"预控"位置、S_4 置最末挡、S_9 置"E"挡，打开恒电位仪的电源开关，预热 5min，再将片 K_5 置于"参比"，测得研究电极的平衡电位。调节 P_1 至表头显示出平衡电位，然后将 K_5 置于"极化"、K_3 向上，接着将 S_1 向上，调整扫描速度旋扭，使表头电压变化为 10mV/min。

⑤ 将 S_2 居中，仪器即会连续改变阳极极化电位，直至 O_2 在研究电极表面大量析出为止，将 K_5 置于"预控"处。从极化开始，即记录电极电位及相应的电流值（每隔 1min 读一次）。C_{41} 型电表串联在辅助电极线路中，注意实验结束前先将 K_5 置于"预控"、K_3 向下，再关闭电源，取出电极。

⑥ 更换溶液和研究电极，使 Ni 电极在 0.0050mol/L KCl＋0.50mol/L H_2SO_4 溶液中进行阳极极化。重复上述实验内容④与⑤并记录电极电位及相应的电流值，直至 O_2 在研究电极表面大量析出为止。

⑦ 将电极电位反方向极化（将 S_1 向下）至平衡电位时，停止"扫描"，将 S_1 居中。取 0.50mol/L KCl＋0.50mol/L H_2SO_4 溶液 5mL 加入电解池，并同时按下秒表，每隔 1min 记录一次电流数值，直至电流随时间变化不大为止。

⑧ 实验完毕，将 K_5 置于"预控"，并将 K_3 向下，关闭电源开关。取出研究电极、参比电极和辅助电极，将参比电极用蒸馏水洗净，底部套上橡胶后放回电极盒中，清洗电解池。

数据记录与计算

① 将实验记录列成表格。

② 作出 Ni 在 0.50mol/L H_2SO_4 和 0.0050mol/L KCl＋0.50mol/L H_2SO_4 溶液中的阳极极化曲线（即 i-φ 曲线），求出钝化电极电势和钝化电流密度。

③ 观察加入大量 Cl^- 后的电流变化，讨论所得实验结果及极化曲线的意义以及 Cl^- 对 Ni 钝化的影响

注意事项

① 在实验中如果过载警报器响时，必须立即关闭电源开关，再将 K_5 放回"预控"位置上，请老师检查。

② 恒电位仪面板图见附图 2.23。仪器的操作步骤严格按照上述实验内容④、⑤进行。

思考题

① 什么是极化现象？

② Ni 的阳极极化曲线中 $\varphi_{钝化}$ 与 $i_{钝化}$ 的意义是什么？

③ 比较 Ni 在硫酸溶液和含 Cl^- 的硫酸溶液中的阳极极化曲线，说明 Cl^- 对 Ni 的钝化的影响。

④ 在测定极化曲线的操作中应注意哪些事项？

实验 45　BZ 振荡反应

本实验包含耗散结构、反应体系振荡及活化能等知识点，属于综合性实验。

实验目的

① 了解 BZ 振荡反应的基本原理；体会自催化过程是产生振荡反应的必要条件。

② 初步理解耗散结构系统远离平衡的非线性动力学机制。

③ 掌握测定反应系统中电势变化的方法；了解溶液配制要求及反应物投放顺序。

实验原理

自然界存在大量远离平衡的敞开系统，它们的变化规律不同于通常研究的平衡或近平衡的封闭系统，而是趋于更加有秩序、更加有组织。这类系统在其变化过程中与外部环境进行了物质和能量的交换，并且采用了适当的有序结构来耗散环境传来的物质和能量，这样的过程称为耗散过程。受非线性动力学机制控制，系统变化显示了时间、空间的周期性规律。

目前研究得较多、较清楚的典型耗散结构系统为 BZ 振荡反应系统，即有机物在酸性介质中被催化溴氧化的一类反应，如丙二酸在 Ce^{4+} 的催化作用下，在酸性介质中被溴氧化的反应。BZ 振荡反应是用首先发现这类反应的科学家贝洛索夫（Belousov）及恰鲍廷斯基（Zhabotinsky）的名字而命名的，其化学反应方程式为：

$$2BrO_3^- + 3CH_2(COOH)_2 + 2H^+ = 2BrCH(COOH)_2 + 3CO_2 + 4H_2O \tag{1}$$

真实反应过程是比较复杂的，该反应系统中 $HBrO_2$ 中间物是至关重要的，它导致反应系统自催化过程发生，从而引起反应振荡。为简洁地解释反应中有关现象，对反应过程适当简化如下：

当 Br^- 浓度不高时，产生的 $HBrO_2$ 中间物能自催化下列过程：

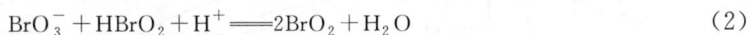

$$BrO_3^- + HBrO_2 + H^+ = 2BrO_2 + H_2O \tag{2}$$

$$BrO_2 + Ce^{3+} + H^+ = HBrO_2 + Ce^{4+} \tag{3}$$

在反应（3）中快速积累的 Ce^{4+} 又加速了下列氧化反应：

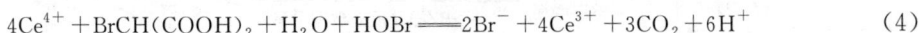

$$4Ce^{4+} + BrCH(COOH)_2 + H_2O + HOBr = 2Br^- + 4Ce^{3+} + 3CO_2 + 6H^+ \tag{4}$$

通过反应（4），Br^- 不断积累，当达到临界浓度值 $c_{Br^-, C}$ 后，反应系统中下列反应成为主导反应：

$$BrO_3^- + Br^- + 2H^+ = HBrO_2 + HOBr \tag{5}$$

$$HBrO_2 + Br^- + H^+ = 2HOBr \tag{6}$$

反应（6）与反应（2）对 $HBrO_2$ 竞争，使得反应（2）、反应（3）几乎不发生。Br^- 不断消耗，当 Br^- 消耗到临界值以下，则反应（2）、反应（3）为主导，而反应（5）、反应（6）几乎不发生。由此可见，反应系统中 Br^- 浓度的变化相当于一个"启动"开关，当 $c_{Br^-} \ll c_{Br^-, C}$ 时，反应（2）、反应（3）起主导作用，通过反应（4）不断使 Br^- 积累；当 $c_{Br^-} \gg c_{Br^-, C}$ 时，反应（5）、反应（6）起主导作用，Br^- 又被消耗。由于反应（2）、反应（3）中存在自催化过程，动力学方程式中出现非线性关系，因此反应系统出现振荡现象。Br^- 在反应（5）、反应（6）中消耗，又在反应（4）中产生；Ce^{3+}、Ce^{4+} 分别在反应（3）、反应（4）中消耗和产生，所以 Br^-、Ce^{3+}、Ce^{4+} 在反应过程中浓度会出现周期性变化，而 BrO_3^- 和 $CH_2(COOH)_2$ 反应物在反应过程中不断消耗，不会再生，因此，它们不会出现振荡现象。

$c_{Br^-, C}$ 值由反应（2）、反应（6）可求得：

$$k_6 c_{HBrO_2} c_{Br^-, C} c_{H^+} = k_2 c_{BrO_3^-} c_{HBrO_2} c_{H^+}$$

所以

$$c_{\text{Br}^-,\text{C}} = k_2 c_{\text{BrO}_3^-}/k_6 \approx 5 \times 10^{-6} c_{\text{BrO}_3^-}$$

仪器和药品

反应器（100mL）；超级恒温槽；磁力搅拌器；BZ 振荡反应数据采集接口装置；计算机；甘汞电极；Pt 电极。

丙二酸（AR）；溴酸钾（GR）；硝酸铈铵（AR）；浓硫酸（AR）。

实验内容

① 配制 0.45mol/L 丙二酸 100mL、0.25mol/L 溴酸钾 100mL、3.00mol/L 硫酸 100mL 及 4.00×10^{-3} mol/L 硝酸铈铵 100mL。配制硝酸铈铵溶液时，需在 0.2mol/L 的硫酸介质中配制，以防水解。

② 按图 4.17 接好所有接线。将恒温槽控温端分别接到通断、输出两端；将甘汞电极接电压输入端的负极，Pt 电极接电压输入端的正极；将串行通信线缆一端接 BZ 仪器后板上，另一端接计算机串行口上。注意反应容器、转子等一定要冲洗干净；转子位置和转速均需加以控制；电极需插入液面下，但不能与转子相碰；反应器的恒温装置的进出水口与恒温槽接好。

③ 按后文"附：系统软件使用"所述进行测定。

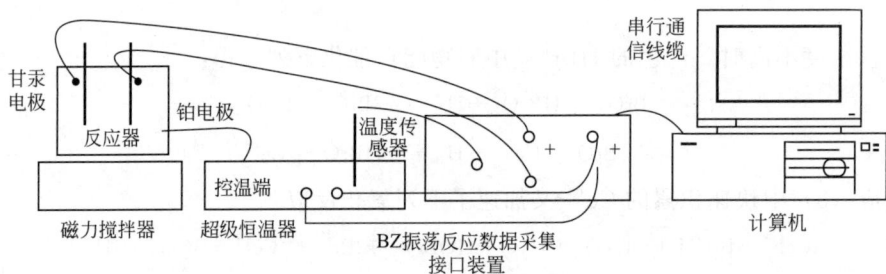

图 4.17　BZ 振荡反应实验装置

思考题

① 说明影响诱导期的主要因素。

② 初步说明 BZ 振荡反应的特征及本质。

③ 说明实验中测得的电势的含义。

附：系统软件使用

首先双击桌面上 BZ 软件图标，即进入软件首页，如要进入实验，按"继续"键进入主菜单。进入主菜单后可见如下菜单项："参数矫正""参数设置""开始实验""数据处理""退出"。

（1）参数矫正　参数矫正菜单中有"温度参数矫正"和"电压参数矫正"两个子菜单。电压参数一般不需矫正，下面以温度参数矫正为例，完成温度传感器的定标工作。使用方法如下所述。

① 检查串行通信线缆是否接通，打开计算机电源。

② 打开 BZ 振荡反应数据采集接口装置的电源。打开"超级恒温槽"电源，打开循环泵，将恒温槽温度调至 28℃。

③ 运行 BZ 程序，进入"温度参数矫正"子菜单，将温度传感器和 1/10 标准温度计同时放入恒温槽中；调节水温至 28℃，观察计算机上传感器送来的信号，待传感器的信号稳

定后，输入温度计上指示的温度值至低点方框内，再按下低点下的"确定"键。关闭恒温槽加热器。

④ 在 500mL 烧杯中加入 300mL 水，加热至 53℃左右，将温度传感器和 1/10 温度计同时放入烧杯，待传感器的信号稳定后，输入水银温度计的指示温度至高点方框内，按下高点下的"确定"键，再按下最下方的"确定"键，至此，温度传感器的定标工作已完成。观察新设定的 KT、KB 值是否已存入文件 solve. txt。退出"参数矫正"，将温度传感器插入恒温槽中。

（2）参数设置　参数设置菜单中有"横坐标设置""纵坐标极值""纵坐标零点""起波阈值""目标温度"五个子菜单和"确定""退出"两个按钮。

①"横坐标设置"为 300（单位为 s）。

②"纵坐标极值"为 1200（单位为 mV）。

③"纵坐标零点"为 800（单位为 mV）。

④"起波阈值"不调节。

⑤"目标温度"用于设定实验的反应温度，第一次设置为 30℃（即 30），设置完成后，打开恒温槽加热器，程序即自动进行控温至目标温度。

⑥ 按"确定"键。

⑦ 按"退出"键。

（3）开始实验　此菜单中有"开始实验""修改目标温度""查看峰谷值""读入实验波形""打印"五个子菜单和"退出"功能按钮。

① 当系统控温完成出现提示后，即在反应器中加入 0.45mol/L 的丙二酸 15mL、0.25mol/L 的 KBrO$_3$ 15mL、3.00mol/L 的 H$_2$SO$_4$ 15mL，注意加入顺序不能错，加液时切不可将溶液滴到搅拌器的加热盘上。

② 用鼠标在提示框内点击一下，然后按下"开始实验"键，输入 BZ 振荡反应即时数据存储文件名，加入 15mL 恒温好的 4.00×10^{-3} mol/L 的（NH$_4$）$_2$Ce（NO$_3$）$_6$。

③ 观察反应曲线，待反应完成后，按"查看峰谷值"键，可观察各峰的峰、谷值。

④ 如需打印此次实验波形，按下"打印"键，选择打印比例，程序会自动根据操作者选择的比例，打印出实验波形和数据。

⑤ 按"修改目标温度"键，将反应温度分别修改成 35℃、40℃、45℃、50℃，重复上述（3）中的①～④步骤。如起波时间反常，必须重做此温度下的实验，操作步骤同上。

实验完成后按"退出"键，此时会提示"是否保存实验数据"，按"是"，会出现对话栏"请输入保存实验数据文件名"，输入文件名后，再按"是"，即将此次实验的不同反应温度下的起波时间保存进输入的文件中。

系统在"开始实验"后便不断监视 BZ 振荡信号，一旦确认起波后，系统将自动开始在绘图区中描绘 BZ 振荡波形，并记录起波时间及波形极值。确认起波，记满 10 个波形后系统将自动停止记录并把所有数据以操作者命名的文件名存在 C:\Bzfwin\dat 目录下。

当对起波形状不满意时，可以用"参数设置"中各项功能对绘图区坐标进行调节；当发现起波时间识别不正确时，可相应地将"起波阈值"在 1～20mV 内调节。

（4）数据处理　数据处理菜单中由"使用当前实验数据进行数据处理""从数据文件中读取数据""打印"三个子菜单和"退出"功能按钮组成。

① 按"从数据文件中读取数据"键，再根据提示输入需读取数据的文件名，读入数据。

或按"使用当前实验数据进行数据处理"键,即可将界面上的数据进行处理,计算机自动绘出 $\ln(1/t_{诱})$-$1/T$ 图,并求出表观活化能。

② 按"打印"键,打印图形和数据。

实验 46　Fe(OH)₃溶胶电泳速率和电动电位的测定

本实验包含溶胶的制备及其动力性质和电学性质等知识点,属于综合性实验。

实验目的

① 掌握凝聚法制备 $Fe(OH)_3$ 溶胶和净化溶胶的方法。

② 观察溶胶的电泳现象并了解其电学性质,掌握界面移动法测定胶粒电泳速率和溶胶 ζ 电位的方法。

实验原理

溶胶是一个分散系统,其分散相胶粒的大小约在 $10^{-9} \sim 10^{-8}$ m 之间。由于胶粒本身的电离或选择性地吸附一定量的离子,胶粒表面具有一定量的电荷,因此胶粒周围的介质分布着电量相同而符号相反的离子。这些离子所带电荷与胶粒表面电荷符号相反、电量相等,因而整个溶胶系统保持电中性。胶粒周围的离子由于静电引力和热运动,形成了两部分——紧密层和扩散层。紧密层约有 $1 \sim 2$ 个分子层厚,吸附在胶核表面上,而扩散层的厚度则随外界条件(温度、系统中电解质浓度及其离子的价态等)而改变,扩散层中的反离子服从玻尔兹曼分布。由于离子的溶剂化作用,紧密层结合有一定数量的溶剂分子,在电场作用下,它和胶粒一起向正极或负极移动,而扩散层中的反离子则向相反的电极方向移动。这种在外电场作用下胶粒相对于分散介质的定向

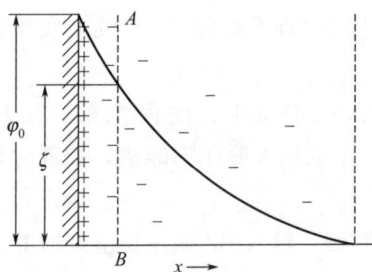

图 4.18　扩散双电层模型

移动现象称为电泳。发生相对移动的界面称为切动面,切动面与液体内部的电位差称为电动电位或 ζ 电位,而作为带电粒子的胶粒表面与液体内部的电位差称为表面电势 φ_0。(如图 4.18 中 AB 为切动面)。

胶粒电泳速率除与外加电场的强度有关外,还与 ζ 电位的大小有关。而 ζ 电位不仅与测定条件有关,还取决于胶粒本身的性质。

ζ 电位是表征胶体特性的重要物理量之一,在研究胶体性质及其实际应用中有着重要意义。胶体的稳定性与 ζ 电位有直接关系,ζ 电位绝对值越大,表明胶粒荷电越多,胶粒间斥力越大,胶体越稳定,反之则表明胶体越不稳定。当 ζ 电位为零时,胶体的稳定性最差,此时可观察到胶体的聚沉。

本实验在一定的外加电场强度下通过测定 $Fe(OH)_3$ 胶粒的电泳速度计算出 ζ 电位。实验用拉比诺维奇-付其曼 U 形电泳仪,如图 4.19 所示。

在电泳仪两极间接上电压 $E(V)$ 后,在时间 $t(s)$ 内溶胶界面移动的距离为 $D(m)$,即胶粒电泳速度 $U(m/s)$ 为:

$$U = \frac{D}{t} \tag{1}$$

相距为 l(m) 的两极间的平均电位梯度 H(V/m) 为：

$$H = \frac{E}{l} \tag{2}$$

如果辅助液的电导率 κ_0 与溶胶的电导率 κ 相差较大，则整个电泳管的电位降是不均匀的，这时需用下式求 H：

$$H = \frac{E}{\dfrac{\kappa}{\kappa_0}(l - l_k) + l_k} \tag{3}$$

式中　l_k——溶胶两界面间的距离。

从实验求得胶粒电泳速度后，可按下式求出 ζ 电位（V）：

$$\zeta = \frac{\eta U}{\varepsilon H} = \frac{\eta U}{\varepsilon_0 \varepsilon_r H} \tag{4}$$

式中　ε——介质的介电常数，$\varepsilon = \varepsilon_0 \varepsilon_r$；

　　　η——分散介质的黏度。

其中 $\varepsilon_0 = 8.854 \times 10^{-12}$F/m，$\varepsilon_r = 81.1$，对于 25℃ 时的 Fe(OH)$_3$ 溶胶体系，η 取 0.00103Pa·s。

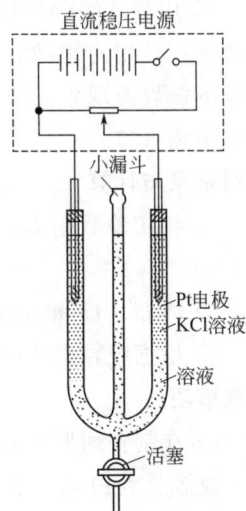

图 4.19　U 形电泳仪

仪器和药品

直流稳压电源；电导率仪；电泳仪；铂电极（2 个）。

三氯化铁（CR）；棉胶液（CR）。

实验内容

（1）Fe(OH)$_3$ 溶胶的制备　将 0.5g 无水 FeCl$_3$ 溶于 20mL 蒸馏水中，在搅拌的情况下将上述溶液滴入 200mL 沸水中（控制在 4～5min 内滴完），然后煮沸 1～2min，即制得 Fe(OH)$_3$ 溶胶。

（2）珂罗酊袋的制备　将约 20mL 棉胶液倒入干净的 250mL 锥形瓶内，小心转动锥形瓶使瓶内壁均匀铺一层液膜，倾出多余的棉胶液。将锥形瓶倒置于铁圈上，待溶剂挥发完（此时胶膜已不沾手），将蒸馏水注入胶膜与瓶壁之间，使胶膜与瓶壁分离。从瓶中取出胶膜，然后注入蒸馏水检查胶膜是否有漏洞，如无，则浸入蒸馏水中待用。

（3）溶胶的净化　将冷至约 50℃ 的 Fe(OH)$_3$ 溶胶转移到珂罗酊袋，用约 50℃ 的蒸馏水渗析，约 10min 换水 1 次，渗析 5 次。

（4）配辅助液　将渗析好的 Fe(OH)$_3$ 溶液冷至室温，测其电导率，用 0.1mol/L KCl 溶液和蒸馏水配制与溶胶电导率相同的辅助液。

（5）测定 Fe(OH)$_3$ 的电泳速度

①用洗液和蒸馏水把电泳仪洗净烘干。

②从中间小漏斗中注入 Fe(OH)$_3$ 溶胶至 U 形电泳仪底部至适当部位（约 4.5cm 处）。

③用两支小口滴管将电导率与胶体溶液相同的 KCl 溶液沿 U 形管左右两臂的管壁等量地徐徐加入至 9cm 处（加入速度一定要慢！），保持两液相间的界面清晰。

④将两个铂电极放入盛有蒸馏水的烧杯中，打开电源开关，调节稳压电源为 75V，关闭电源。

⑤ 用滤纸轻轻将铂电极擦干后再插入 KCl 液层中，并使两极浸入液面下的深度相等，保持垂直，切勿扰动液面。然后打开稳压电源，此时电压显示为 $75V$，观察溶胶液面移动现象及电极表面现象。记录 $20min$ 内界面移动距离（记录界面上升距离），并量出两电极间的导电距离（l）。

数据记录与计算

① 将实验数据 D、t、E、l 分别代入式（1）和式（2）计算电泳速度 U 和平均电位梯度 H。

② 将 U、H 和介质黏度及介电常数代入式（4）求 ζ 电位。

③ 根据胶粒电泳时的移动方向确定其所带电荷符号。

注意事项

① 在制备珂罗酊袋时，加水的时间应适中。如加水过早，因胶膜的溶剂还未完全挥发掉，胶膜呈乳白色，强度差而不能使用。如加水过迟，则胶膜变干、脆，不易取出且易破裂。

② 溶胶的制备条件和净化效果均影响电泳速度。制溶胶过程应控制好浓度、温度、搅拌和滴加速度。渗析时应控制水温，常搅动渗析液，勤换渗析液，这样制备得到的胶粒大小均匀，胶粒周围的反离子分布趋于合理，基本形成热力学稳定态，所得的 ζ 电位准确，重复性好。

③ 渗析后的溶胶必须冷至与辅助液大致相同的温度（室温），以保证两者所测的电导率一致，同时避免打开活塞时产生对流而破坏溶胶界面。

思考题

① 电泳速度与哪些因素有关？

② 写出 $FeCl_3$ 水解反应的化学计量式。$Fe(OH)_3$ 胶粒带何种电荷？为什么？

③ 说明反离子所带电荷符号及两电极上的反应。

④ 选择和配制辅助液有何要求？

实验 47　摩尔折射度的测定

实验目的

① 了解阿贝折射仪的构造和工作原理，正确掌握其使用方法。

② 测定某些化合物的折射率和密度，求算化合物、基团和原子的摩尔折射度，判断各化合物的分子结构。

实验原理

摩尔折射度（R）是在光的照射下分子中电子（主要是价电子）云相对于分子骨架的相对运动的结果。R 可作为分子中电子极化率的量度，其定义为：

$$R = \frac{n^2-1}{n^2+2} \times \frac{M}{\rho} \tag{1}$$

式中　n——折射率；

　　　M——摩尔质量；

　　　ρ——密度。

摩尔折射度与波长有关，若以钠光 D 线为光源（属于高频电场，$\lambda = 589.3nm$），所测得的折射率以 n_D 表示，相应的摩尔折射度用 R_D 表示。根据麦克斯韦的电磁理论，物质的介电常数 ε 和折射率 n 之间有如下关系：

$$\varepsilon(\lambda) = n^2(\lambda) \tag{2}$$

ε 和 n 均与波长 λ 有关。将式（2）代入式（1）得：

$$R = \frac{\varepsilon - 1}{\varepsilon + 2} \times \frac{M}{\rho} \tag{3}$$

ε 通常是在静电场（$\lambda \to \infty$）或低频电场中测定的，因此折射率也应该用外推法求波长趋于 ∞ 时的 n_∞，其结果才更准确，这时摩尔折射度以 R_∞ 表示。R_D 和 R_∞ 一般较接近，相差约百分之几，只对少数特质是例外，例如对于水，$n_D^2 = 1.75$，而 $\varepsilon = 81$。

摩尔折射度有体积的量纲，通常以 mL 表示。实验结果表明，摩尔折射度具有加和性，即摩尔折射度等于分子中各原子折射度及形成化学键时折射度的增量（ΔR_D）之和。离子化合物的摩尔折射度等于其离子折射度之和。利用物质摩尔折射度的加和性质，就可根据物质的化学式算出其各种同分异构体的摩尔折射度，并与实验测定结果作比较，从而探讨原子间的键型及分子结构。表 4.20 和表 4.21 列出常见原子的摩尔折射度和形成化学键时折射度的增量。

表 4.20　原子的摩尔折射度及形成化学键时折射度的增量

原子	R_D	原子	R_D
H	1.028	Br	8.741
C	2.591	I	13.954
O（酯类）	1.764	N（脂肪族的）	2.744
O（缩醛类）	1.607	N（芳香族的）	4.243
OH（醇）	2.546	S（硫化物）	7.921
Cl	5.844	CN（腈）	5.459

表 4.21　形成化学键时摩尔折射度的增量

键的增量	ΔR_D	键的增量	ΔR_D
单键	0	四元环	0.317
双键	1.575	五元环	−0.19
三键	1.977	六元环	−0.15
三元环	0.614		

仪器和药品

阿贝折射仪。

四氯化碳（AR）；乙醇（AR）；乙酸甲酯（AR）；乙酸乙酯（AR）；二氯乙烷（AR）。

实验内容

① 使用阿贝折射仪测定四氯化碳、乙醇、乙酸甲酯、乙酸乙酯、二氯乙烷的折射率。

② 用密度管法测定上述物质的密度。

数据记录与计算

① 求算所测各化合物的密度，并结合所测各化合物的折射率数据由式（1）求出其摩尔折射度。

② 根据有关化合物的摩尔折射度，求出 CH_2、Cl、C、H 等基团或原子的摩尔折射度。

思考题

① 按表 4.22 数据，计算上述各化合物的摩尔折射度的理论值，并与实验结果作比较。

② 讨论摩尔折射度实验值的误差来源，估算其相对误差。

表 4.22 共价键的摩尔折射度

共价键	R_D	共价键	R_D	共价键	R_D
C—C	1.296	C—Cl	6.51	C≡N	4.82
C—C(环丙烷)	1.50	C—Br	9.39	O—H(醇)	1.66
C—C(环丁烷)	1.38	C—I	14.61	O—H(酸)	1.80
C—C(环戊烷)	1.26	C—O(醚)	1.54	S—H	4.80
C—C(环己烷)	1.27	C—O(缩醛)	1.46	S—S	8.11
苯环碳碳键	2.69	C=O	3.32	S—O	4.94
C=C	4.17	C=O(甲基酮)	3.49	N—H	1.76
C≡C(末端)	5.87	C—S	4.61	N—O	2.43
$C_{芳香}$—$C_{芳香}$	2.69	C=S	11.91	N=O	4.00
C—H	1.676	C—N	1.57	N—N	1.99
C—F	1.45	C=N	3.75	N=N	4.12

实验 48 偶极矩的测定

实验目的

① 用电桥法测定极性物质（乙酸乙酯）在非极性溶剂（环己烷）中的介电常数和分子偶极矩。

② 了解溶液法测定偶极矩的原理、方法和计算，并了解偶极矩与分子电性质的关系。

实验原理

(1) 偶极矩与极化度　分子呈电中性，但由于空间构型的不同，正、负电荷中心可重合也可不重合，前者称为非极性分子，后者称为极性分子。分子极性大小常用偶极矩 μ 来度量，其定义为：

$$\boldsymbol{\mu} = qd \tag{1}$$

式中　q——正、负电荷中心所带的电荷量；

d——正、负电荷中心间距离；

$\boldsymbol{\mu}$——矢量，其方向规定为从正到负。

因为分子中原子间距离的数量级为 $10^{-10}\,m$，电荷数量级为 $10^{-20}\,C$，所以偶极矩的数量级为 $10^{-30}\,C \cdot m$。

极性分子具有永久偶极矩，在没有外电场存在时，由于分子热运动，偶极矩指向各方向机会均等，故其偶极矩统计值为零。

若将极性分子置于均匀的外电场中，分子会沿电场方向作定向转动，同时分子中的电子云对分子骨架发生相对移动，分子骨架也会变形，这叫分子极化，极化的程度可由摩尔极化度（p）来衡量。因转向而极化称为摩尔转向极化度（$p_{转向}$）。由变形所致的为摩尔变形极化度（$p_{变形}$）。而 $p_{变形}$ 又是电子极化（$p_{电子}$）和原子极化（$p_{原子}$）之和。显然：

$$p = p_{转向} + p_{变形} = p_{转向} + (p_{电子} + p_{原子}) \tag{2}$$

已知 $p_{转向}$ 与永久偶极矩 μ 的平方成正比，与绝对温度成反比，即：

$$p_{转向} = \frac{4}{9}\pi N \frac{\mu^2}{kT} \tag{3}$$

式中　k——玻尔兹曼常数；

　　　N——阿伏伽德罗常数。

对于非极性分子，因 $\mu = 0$，其 $p_{转向} = 0$，所以 $p = p_{电子} + p_{原子}$。

外电场若是交变电场，则极性分子的极化与交变电场频率有关。当在电场频率小于 $10^{10}\,s^{-1}$ 的低频电场下，极性分子产生的摩尔极化度为转向极化度与变形极化度之和。当在电场频率为 $10^{12} \sim 10^{14}\,s^{-1}$ 的中频电场下（红外光区），因为电场交变周期小于偶极矩的松弛时间，极性分子的转向运动跟不上电场变化，即极性分子无法沿电场方向定向，即 $p_{转向} = 0$，此时分子的摩尔极化度 $p = p_{变形} = p_{电子} + p_{原子}$。当交变电场频率大于 $10^{15}\,s^{-1}$（即可见光和紫外光区），极性分子的转向运动和分子骨架变形都跟不上电场的变化，此时 $p = p_{电子}$。所以如果分别在低频和中频电场下求出欲测分子的摩尔极化度，并把这两者相减，即得到极性分子的摩尔转向极化度 $p_{转向}$，然后代入式（3），即可算出永久偶极矩 μ。

因为 $p_{原子}$ 只占 $p_{变形}$ 的 $5\% \sim 15\%$，而实验时由于条件限制，一般总是用高频电场来代替中频电场。所以通常近似地把高频电场下测得的摩尔极化度当作摩尔变形极化度：

$$p = p_{电子} = p_{变形}$$

（2）极化度与偶极矩的测定　对于分子间相互作用很小的体系，Clausius-Mosotti-Debye 从电磁理论推得摩尔极化度 p 与介电常数 ε 之间的关系为：

$$p = \frac{\varepsilon - 1}{\varepsilon + 2} \times \frac{M}{\rho} \tag{4}$$

式中　M——摩尔质量；

　　　ρ——密度。

因式（4）是假定分子与分子间无相互作用而推导出的，所以它只适用于温度不太低的气相体系。然而，测定气相介电常数和密度在实验上困难较大，对于某些物质，气态根本无法获得，于是就提出了溶液法，即把欲测偶极矩的分子溶于非极性溶剂中进行测定，但在溶液中测定总要受溶质分子间、溶剂与溶质分子间以及溶剂分子间相互作用的影响。若测定不同浓度溶液中溶质的摩尔极化度并外推至无限稀释，这时溶质所处的状态就与气相时相近，可消除溶质分子间的相互作用。于是在无限稀释时，溶质的摩尔极化度 p_2^∞ 就可看作为式（5）中的 p：

$$p = p_2^\infty = \lim_{X_2 \to 0} p_2 = \frac{2\alpha\varepsilon_1}{(\varepsilon_1 + 2)^2} \times \frac{M_1}{\rho_1} + \frac{\varepsilon_1 - 1}{\varepsilon_2 + 2} \times \frac{M_2 - \beta M_1}{\rho_1} \tag{5}$$

式中　ε_1，M_1，ρ_1——溶剂的介电常数、摩尔质量和密度；

　　　M_2——溶质的摩尔质量；

　　　α，β——常数，可由下面两个稀溶液的近似公式求出。

$$\varepsilon_溶 = \varepsilon_1(1 + \alpha X_2) \tag{6}$$

$$\rho_溶 = \rho_1(1 + \beta X_2) \tag{7}$$

式中 $\varepsilon_溶$，$\rho_溶$，X_2——溶液的介电常数、密度和溶质的摩尔分数。

因此，测定纯溶剂的 ε_1、ρ_1 以及不同浓度（X_2）溶液的 $\varepsilon_溶$、$\rho_溶$，代入式（5）就可求出溶质分子的总摩尔极化度。

根据光的电磁理论，在同一频率的高频电场作用下，透明物质的介电常数 ε 与折射率 n 的关系为：

$$\varepsilon = n^2 \tag{8}$$

常用摩尔折射度 R_2 来表示高频区测得的溶质的极化度。此时 $p_{转向} = 0$，$p_{原子} = 0$，则：

$$R_2 = p_{变形} = p_{电子} = \frac{n^2 - 1}{n^2 + 2} \times \frac{M}{\rho} \tag{9}$$

同样测定不同浓度溶液的摩尔折射度 R，外推至无限稀释，就可求出该溶质的摩尔折射度公式：

$$R_2^\infty = \lim_{X_2 \to 0} R_2 = \frac{n_1^2 - 1}{n_1^2 + 2} \times \frac{M_2 - \beta M_1}{\rho_1} + \frac{6n_1^2 M_1 \gamma}{(n_1^2 + 2)^2 \rho_1} \tag{10}$$

式中 n_1——溶剂摩尔折射率；

γ——常数，它可由式（11）求出。

$$n_溶 = n_1(1 + \gamma X_2) \tag{11}$$

式中 $n_溶$——溶液的摩尔折射率。

综上所述，可得：

$$p_{转向} = p_2^\infty - R_2^\infty = \frac{4}{9} \pi N \frac{\mu^2}{kT} \tag{12}$$

$$\mu = 0.0128 \sqrt{(p_2^\infty - R_2^\infty)T} \ (D)$$
$$= 0.0426 \times 10^{-30} \sqrt{(p_2^\infty - R_2^\infty)T} \ (C \cdot m) \tag{13}$$

（3）介电常数的测定　介电常数是通过测定电容而计算得到的。

$$\varepsilon = \frac{C}{C_0} \tag{14}$$

式中 C_0——电容器两极板是处于真空时的电容量；

C——充以电介质时的电容量。

由于小电容测量仪测定电容时，除电容器两极间的电容 C_0 外，整个测试系统中还有分布电容 C_d 的存在，所以实测的电容应为 C_0 和 C_d 之和，即：

$$C_x = C_0 + C_d \tag{15}$$

C_0 值随介质而异，但 C_d 对同一台仪器而言是一个定值。故实验时，需先求出 C_d 值，并在各次测量值中扣除，才能得到 C_0 值。求 C_d 的方法是测定一已知介电常数的物质。

仪器和药品

精密电容测定仪；密度管；阿贝折射仪；容量瓶（25mL，5只）；注射器（5mL）；超级恒温槽；烧杯（10mL，5只）；移液管（5mL）；滴管（5根）。

环己烷（AR）；乙酸乙酯（AR）。

实验内容

（1）配制溶液　配制摩尔分数 X_2 为 0.050、0.10、0.15、0.20、0.30 的溶液各 25mL。

为了配制方便，先计算出所需乙酸乙酯的体积（mL），移液，然后称量配制，算出溶液的正确浓度。操作时注意防止溶液的挥发和吸收极性较大的水汽。

（2）折射率的测定　在 25℃±0.1℃ 条件下用阿贝折射仪测定环己烷，以及 5 个溶液的折射率。

（3）密度测定　取一洗净干燥的密度管，先称空瓶质量，然后称量水和 5 个溶液的量，代入式（16）：

$$\rho_i^t = \frac{m_i - m_0}{m_{H_2O} - m_0} \times \rho_{H_2O}^t \tag{16}$$

式中　m_0——空管质量；

m_{H_2O}——水的质量；

m_i——溶液质量；

ρ_i^t——在温度 t 时溶液的密度。

（4）介电常数的测定

① C_d 的测定：

以环己烷为标准物质，其介电常数的温度关系式为：

$$\varepsilon_{环己烷} = 2.052 - 1.55 \times 10^{-3} t \tag{17}$$

式中　t——测定时的温度，℃。

用洗耳球将电容池样品室吹干，并将电容池与电容测定仪连接线接上，在量程选择键全部弹起的状态下，开启电容测定仪工作电源，预热 10min，用调零旋钮调零。然后按下"20pF"键，待数显稳定后记录，此即是 $C'_空$。

用移液管量取 1mL 环己烷注入电容池样品室，然后用滴管逐滴加入样品，至数显稳定后，记录下 $C'_{环己烷}$（注意样品不可多加，样品过多会腐蚀密封材料渗入恒温腔，实验无法正常进行）。然后用注射器抽去样品室内样品，再用洗耳球吹扫，至数显的数字与 $C'_空$ 的值相差无几（<0.02pF），否则需再吹。

② 按上述方法分别测定各浓度溶液的 $C'_溶$，每次测 $C'_溶$ 后均需重复测 $C'_空$，以检验样品室是否还有残留样品。

数据记录与计算

① 计算各溶液的摩尔分数 X_2。

② 以各溶液的折射率对 X_2 作图，求出 γ 值。

③ 计算出环己烷及各溶液的密度 ρ，作 ρ-X_2 图，求出 β 值。

④ 计算出各溶液的 ε，作 $\varepsilon_溶$-X_2 图，求出 α 值。

⑤ 代入公式求算出偶极矩 μ 值。

注意事项

① 乙酸乙酯易挥发，配制溶液时动作应迅速，以免影响浓度。

② 本实验溶液中应防止含有水分，所配制溶液的器具需干燥，溶液应透明不发生浑浊。

③ 测定电容时，应防止溶液的挥发及吸收空气中极性较大的水汽，影响测定值。

④ 电容池各部件的连接应注意绝缘。

思考题

① 准确测定溶质摩尔极化度和摩尔折射度时，为什么要外推至无限稀释？

② 试分析实验中引起误差的因素，如何改进？

实验 49 磁化率的测定[1]

实验目的

① 掌握古埃（Gouy）法测定磁化率的原理和方法。

② 通过测定一些配合物的磁化率，求算未成对电子数和判断这些分子的配键类型。

实验原理

（1）磁化率 在外磁场作用下，物质会被磁化产生一附加磁场。物质的磁感应强度为：

$$B = B_0 + B' = \mu_0 H + B' \tag{1}$$

式中 B_0——外磁场的磁感应强度；

B'——附加磁场的磁感应强度；

H——外磁场强度；

μ_0——真空磁化率，其数值等于 $4\pi \times 10^{-7} \mathrm{N/A^2}$。

物质的磁化可用磁化强度 M 来描述，它与磁场强度成正比：

$$M = \chi H \tag{2}$$

式中 χ——物质的体积磁化率。

在化学上常用质量磁化率 χ_m 或摩尔磁化率 χ_M 来表示物质的磁性质。

$$\chi_m = \frac{\chi}{\rho} \tag{3}$$

$$\chi_M = M\chi_m = \frac{\chi M}{\rho} \tag{4}$$

式中 ρ，M——物质的密度和摩尔质量。

（2）分子磁矩与磁化率 物质的磁性与组成物质的原子、离子或分子的微观结构有关，当原子、离子或分子的两个自旋状态电子数不相等，即有未成对电子时，物质就具有永久磁矩。由于热运动，永久磁矩指向各个方向的机会相同，所以该磁场的统计值等于零。在外磁场作用下，具有永久磁矩的原子、离子或分子的永久磁矩会顺着外磁场的方向排列，其磁化方向与外磁场相同，磁化强度与外磁场强度成正比，表现为顺磁性外，同时由于它内部的电子轨道运动有感应的磁矩，其方向与外磁场相反，表现为逆磁性。此类物质的摩尔磁化率 χ_M 是摩尔顺磁化率 $\chi_{顺}$ 和摩尔逆磁化率 $\chi_{逆}$ 之和：

$$\chi_M = \chi_{顺} + \chi_{逆} \tag{5}$$

对于顺磁性物质，$\chi_{顺} \gg |\chi_{逆}|$，可作近似处理，$\chi_M = \chi_{顺}$。对于逆磁性物质，则只有 $\chi_{逆}$，所以 $\chi_M = \chi_{逆}$。

此外，物质被磁化的强度与外磁场强度不存在正比关系，而是随着外磁场强度的增加而剧烈增加，当外磁场消失后，它们的附加磁场并不立即随之消失，这种物质称为铁磁性物质。

磁化率是物质的宏观性质，分子磁矩是物质的微观性质，用统计力学的方法可以得到摩

---

[1] 本实验选自孙尔康等编《物理化学实验》（南京大学出版社，1998）。

尔顺磁化率 $\chi_{顺}$ 和分子永久磁矩 μ_m 间的关系：

$$\chi_{顺} = \frac{N_0 \mu_m^2 \mu_0}{3kT} = \frac{C}{T} \tag{6}$$

式中　N_0——阿伏伽德罗常数；

　　　k——玻尔兹曼常数；

　　　T——绝对温度。

物质的摩尔顺磁化率与热力学温度成反比这一关系，称为居里定律，是居里（P. Curie）首先在实验中发现的，C 为居里常数。

物质的永久磁矩 μ_m 与它所含有的未成对电子数 n 的关系为：

$$\mu_m = \mu_B \sqrt{n(n+2)} \tag{7}$$

式中　μ_B——玻尔磁子，其物理意义是单个自由电子自旋所产生的磁矩。

$$\mu_B = \frac{eh}{4\pi m_e} = 9.274 \times 10^{-24} \quad \text{J/T} \tag{8}$$

式中　h——普朗克常数；

　　　m_e——电子质量。

因此，只要由实验测得 χ_M，即可求出 μ_m，算出未成对电子数。这对于研究某些原子或离子的电子组态以及判断配合物分子的配键类型是很有意义的。

（3）磁化率的测定　古埃法测定磁化率装置如图 4.20 所示。将装有样品的圆柱形管悬挂在两磁极中间，使样品底部处于两磁极的中心，亦即磁场强度最强区域，样品的顶部则位于磁场强度最弱甚至为零的区域。这样，样品就处于一不均匀的磁场中。设样品的截面积为 A，沿样品管的轴心方向 S 的体积 $A\mathrm{d}S$ 在非均匀磁场中所受到的作用力 $\mathrm{d}F$ 为：

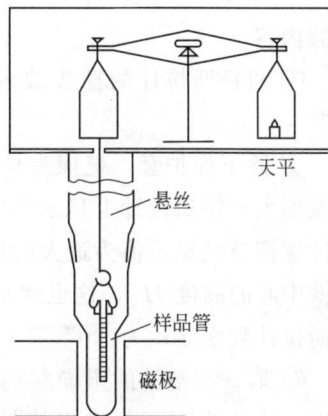

$$\mathrm{d}F = \chi \mu_0 H A \mathrm{d}S \frac{\mathrm{d}H}{\mathrm{d}S} \tag{9}$$

图 4.20　古埃法测定磁化率示意

式中，$\dfrac{\mathrm{d}H}{\mathrm{d}S}$ 为磁场强度梯度，对于顺磁性物质，作用力指向磁场强度最大的方向；对于反磁性物质则指向强度弱的方向。当不考虑样品周围介质（如空气，其磁化率很小）和 H_0 的影响时，整个样品所受的力为：

$$F = \int_{H=H}^{H_0=0} \chi \mu_0 A H \mathrm{d}S \frac{\mathrm{d}H}{\mathrm{d}S} = \frac{1}{2} \chi \mu_0 H^2 A \tag{10}$$

当样品受到磁场作用力时，在天平的另一臂加减砝码使之平衡，设 Δm 为施加磁场前后的质量差，则：

$$F = \frac{1}{2} \chi \mu_0 H^2 A = g \Delta m = g(\Delta m_{空管+样品} - \Delta m_{空管}) \tag{11}$$

由于 $\chi = \chi_m \rho$，$\rho = \dfrac{m}{hA}$，$\chi_M = \chi_m M$，代入式（10）整理得：

$$\chi_M = \frac{2(\Delta m_{空管+样品} - \Delta m_{空管}) \, hgM}{\mu_0 m H^2} \tag{12}$$

式中　h——样品高度；

　　　m——样品质量；

　　　M——样品摩尔质量；

　　　μ_0——真空磁化率。

$$\mu_0 = 4\pi \times 10^{-7} \, \text{N/A}^2 。$$

磁场强度 H 可用特斯拉计测量，或用已知磁化率的标准物质进行间接测量。例如用莫尔氏盐 $[(NH_4)_2SO_4 \cdot FeSO_4 \cdot 6H_2O]$，已知莫尔氏盐的 χ_m 与热力学温度 T 的关系式为：

$$\chi_m = \frac{9500}{T+1} \times 4\pi \times 10^{-9} \quad \text{m}^3/\text{kg} \tag{13}$$

仪器和药品

古埃磁天平；特斯拉计；样品管。

$(NH_4)_2SO_4 \cdot FeSO_4 \cdot 6H_2O$（AR）；$FeSO_4 \cdot 7H_2O$（AR）；$K_4Fe(CN)_6 \cdot 3H_2O$（AR）；$K_3Fe(CN)_6$（AR）。

实验内容

① 将特斯拉计的探头放入磁铁中心架中，套上保护套，调节特斯拉计的数字显示为"0"。

② 除下保护套，把探头平面垂直置于磁场两极中心，打开电源，调节"调压旋钮"，使电流增大至特斯拉计上显示约"0.3T"，调节探头上下、左右位置，观察数字显示值，把探头位置调节至显示值为最大的位置，此乃探头最佳位置。用探头沿此位置的垂直线，测定离磁铁中心的高度 H_0，这也就是样品管内应装样品的高度。关闭电源前，应调节调压旋钮使特斯拉计数字显示为"0"。

③ 取一支清洁的干燥的空样品管悬挂在磁天平的挂钩上，使样品管正好与磁极中心线齐平（样品管不可与磁极接触，并与探头有合适的距离），准确称取空样品管质量（H_0 时），得 $m_1(H_0)$；调节旋钮，使特斯拉计数显为"0.300T"（H_1），迅速称量，得 $m_1(H_1)$；逐渐增大电流，使特斯拉计数显为"0.350T"（H_2），称量得 $m_2(H_2)$；将电流降至数显为"0.300T"（H_1）时，再称量得 $m_2(H_1)$；继续缓慢降至数显为"0.000T"（H_0），又称取空管质量得 $m_2(H_0)$。这样调节电流由小到大再由大到小的测定方法是为了抵消实验时磁场剩磁现象的影响。

$$\Delta m_{空管}(H_1) = \frac{1}{2}[\Delta m_1(H_1) + \Delta m_2(H_1)] \tag{14}$$

$$\Delta m_{空管}(H_2) = \frac{1}{2}[\Delta m_1(H_2) + \Delta m_2(H_2)] \tag{15}$$

式中，$\Delta m_1(H_1) = m_1(H_1) - m_1(H_0)$；$\Delta m_2(H_1) = m_2(H_1) - m_2(H_0)$；$\Delta m_1(H_2) = m_1(H_2) - m_1(H_0)$；$\Delta m_2(H_2) = m_2(H_2) - m_2(H_0)$。

④ 取下样品管，用小漏斗装入事先研细并干燥过的莫尔氏盐，并不断让样品管底部在软垫上轻轻碰击，使样品均匀填实，直至所要求的高度（用尺准确测量）。按前述方法将装有莫尔氏盐的样品管置于磁天平上称量，重复称空管时的步骤，得 $m_{1空管+样品}$（H_0）、$m_{1空管+样品}$（H_1）、$m_{1空管+样品}$（H_2）、$m_{2空管+样品}$（H_2）、$m_{2空管+样品}$（H_1）、$m_{2空管+样品}$

（H_0），求出 $\Delta m_{空管+样品}$（H_1）和 $\Delta m_{空管+样品}$（H_2）。

⑤ 同一样品管中，同法分别测定 $FeSO_4 \cdot 7H_2O$、$K_3Fe(CN)_6$ 和 $K_4(Fe)(CN)_6 \cdot 3H_2O$ 的 $\Delta m_{空管+样品}$（H_1）和 $\Delta m_{空管+样品}$（H_2）。

测定后的样品均要倒回试剂瓶，可重复使用。

数据记录与计算

① 由莫尔氏盐的单位质量磁化率和实验数据计算磁场强度值。

② 计算 $FeSO_4 \cdot 7H_2O$、$K_3Fe(CN)_6$ 和 $K_4Fe(CN)_6 \cdot 3H_2O$ 的 χ_M、μ_m 和未成对电子数。

③ 根据未成对电子数讨论 $FeSO_4 \cdot 7H_2O$ 和 $K_4Fe(CN)_6 \cdot 3H_2O$ 中的 Fe^{2+} 的最外层电子结构以及由此构成的配键类型。

思考题

① 不同励磁电流下测得的样品摩尔磁化率是否相同？

② 用古埃磁天平测定磁化率的精密度与哪些因素有关？

实验 50 四苯乙烯的合成及表征

实验目的

① 学习 McMurry 偶联反应构建碳碳双键的原理和方法。

② 学习萃取、洗涤、干燥、旋转蒸发、色谱柱分离等基本操作技术。

实验原理

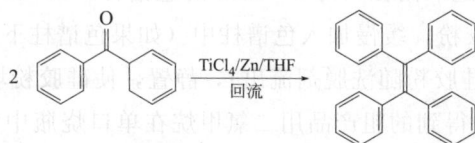

仪器和试剂

单口烧瓶；三口烧瓶；分液漏斗；恒压滴液漏斗；磁力搅拌器；旋转蒸发仪；色谱柱；薄层色谱板。

二苯甲酮（1.5g，0.008mol）；$TiCl_4$（$d = 1.73$，2.2mL，0.02mol）；锌粉（600 目，2.62g，0.04mol）；四氢呋喃（充分干燥）；氢化钙（CaH_2）；氯化钙；碳酸钾；乙酸乙酯；无水硫酸钠；稀盐酸。

实验内容

（1）**四氢呋喃溶剂的干燥** 在干燥的 250mL 单口烧瓶中，加入磁子和少许氢化钙颗粒，同时量取 150mL 经过氯化钙预干燥的四氢呋喃溶液，用漏斗加入单口烧瓶中。在单口烧瓶上接恒压滴液漏斗（100mL），恒压滴液漏斗上口装上球形冷凝管，冷凝管末端用弯管接装有无水氯化钙的干燥管。固定好整个装置后，打开冷凝水，打开恒压漏斗旋塞，升温使四氢呋喃回流，使新蒸的四氢呋喃充分润洗恒压滴液漏斗，并流回单口烧瓶。回流 3～4h 后，将恒压滴液漏斗的旋塞关闭，开始收集四氢呋喃溶液。待收集至约 100mL 四氢呋喃后，关闭加热装置，使体系充分冷却，恒压滴液漏斗中收集的干燥四氢呋喃待下一步反应使用。

（2）**$TiCl_4$ 的还原** 该反应所用溶剂、玻璃仪器均需干燥并且体系需要惰性气体保护，防止氧气以及空气中水分进入！

向干燥的 250mL 三口烧瓶中加入磁子和 2.62g 锌粉，中口用橡胶帽塞住，侧口通惰性气体（N_2 或 Ar），另一侧口插上球形冷凝管，冷凝管上口用玻璃导气弯管连接到油泡通气管。缓慢通入惰性保护气体（流速大约每秒 1～2 个油泡为宜）以置换三口烧瓶中的空气，将新制的干燥四氢呋喃（50mL）加入三口烧瓶中，开动搅拌。将该装置置于冰水浴中冷却，充分冷却后，用注射器抽取约 2.2mL $TiCl_4$ 溶液，迅速扎进橡胶塞，缓慢滴加入体系。在滴加过程中，可发现体系中有淡黄色烟雾出现。滴加完毕后，撤除冰水浴，将体系转置于油浴锅中，升温至四氢呋喃回流。体系逐渐变成棕褐色，回流 2h 后，停止反应，使体系冷却至室温。

（3）McMurry 偶联 将上述体系再次置于冰浴中冷却，用恒压滴液漏斗滴加溶有 1.5g 二苯甲酮的四氢呋喃溶液（约 20mL），滴加完毕后将体系从冰水浴中转至油浴锅中，并升温至体系回流，回流 6h 后停止反应。停止反应后，将体系冷却至室温，撤去气体保护，打开瓶塞，缓慢加入约 100mL 10％的 K_2CO_3 溶液。然后将混合液转移至分液漏斗中，用 100mL 乙酸乙酯萃取两遍。合并有机相，用无水 Na_2SO_4 干燥，过滤除去无水 Na_2SO_4 后，在旋转蒸发仪上浓缩，得白色或淡黄色固体粗产品，待色谱柱分离纯化。

由于目标产物四苯乙烯在 365nm 紫外灯下会出现明显的荧光，因此可以通过薄层色谱法判断产物的生成。

（4）产品的分离与提纯

① 色谱柱分离提纯 选取内径约为 2～3cm 的色谱柱，加入约 150mL 石油醚，再称取约 100g 200～300 目的硅胶粉，缓慢加入色谱柱中（如果色谱柱下面没有砂芯层，应在色谱柱底部塞上脱脂棉，防止硅胶粉随洗脱剂流出），静置，使硅胶粉填实色谱柱。

将上述 McMurry 偶联得到的粗产品用二氯甲烷在单口烧瓶中溶解，然后按照粗产品质量的 2～3 倍加入硅胶粉。轻轻摇晃，拌匀后，在旋转蒸发仪上旋干溶剂，得到吸附有样品的硅胶粉（以硅胶粉不黏结成块为宜）。准备向色谱柱加样。

加样前，先将色谱柱内溶剂排放至稍高于硅胶粉顶部后停止排放，小心加入上述制备的吸附有样品的硅胶粉（注意硅胶粉在色谱柱上需要均匀平铺），再在硅胶粉上面铺一层厚约 1cm 的石英砂。最后用二氯甲烷/石油醚（体积比＝1/10）混合溶剂进行洗脱。收集洗脱液时，采用等份收集法进行收集（试管收集，每份 10～20mL），再用薄层色谱法逐一鉴定。合并含有目标产物的收集液，用旋转蒸发仪蒸除溶剂，即得到目标产物四苯乙烯。

纯四苯乙烯为白色固体，在 365nm 紫外灯下显示强烈的荧光，熔点为 222～224℃。纯四苯乙烯的 ^{1}H NMR（$CDCl_3$，600MHz）数据为：δ 7.10～7.08（m，12H），7.03～7.01（m，8H）。

② 重结晶精制 如果用上述柱色谱的方法得到的产品无法获得纯度符合要求的四苯乙烯，可以通过重结晶的方法进一步精制。建议使用乙酸乙酯/石油醚（体积比＝1/2）进行重结晶。

思考题

① 指出本实验中最需要注意的问题。

② 在 McMurry 偶联反应中，如果原料是等物质的量的二苯甲酮和 4-甲基二苯甲酮，其偶联产物有几种？各产物的理论比例是多少？

③ 用柱色谱方法分离样品的时候，有干法上样和湿法上样两大类上样方法，本实验采用的是干法上样，请查阅相关资料，了解湿法上样方法及其注意事项。

④ 如何处理在制备干燥四氢呋喃步骤中残留的 CaH_2？

实验 51 乙酰基二茂铁的制备

实验目的

① 学习乙酰二茂铁的制备方法。

② 学习色谱分离法中薄层色谱和柱色谱的基本原理。

③ 掌握用色谱分离法从反应混合物中分离提纯化合物的操作方法。

实验原理

二茂铁是一种新型的夹心过渡金属有机配合物。茂环具有芳香性，能进行亲电取代反应，可以制得二茂铁的多种衍生物，例如，二茂铁的乙酰化生成乙酰基二茂铁，根据反应条件，可以生成单乙酰基二茂铁或双乙酰基二茂铁，反应如下：

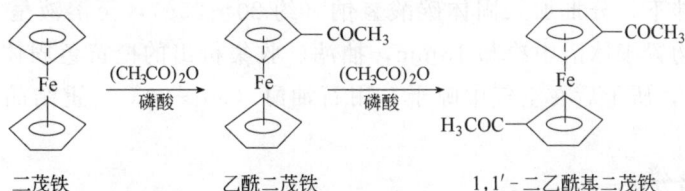

二茂铁　　　　　　乙酰二茂铁　　　　　1,1'-二乙酰基二茂铁

在此反应中，主要生成单乙酰基二茂铁，双乙酰基二茂铁很少，同时，有未反应的二茂铁，利用色谱分离法可以分离这几种配合物。先使用薄层色谱探索分离这些配合物的色谱条件，然后利用这些条件在柱色谱中分离而得到纯的配合物。

薄层色谱是将吸附剂均匀地铺在一块玻璃板表面形成薄层（其厚度一般为 0.1～2mm），在此薄层上进行色谱分离的方法。吸附剂对不同组分的吸附能力不同，对极性大的组分吸附力强，反之，则吸附力弱。因此，通过选择适当溶剂（称为洗脱剂或展开剂），使组分流过吸附剂时在吸附剂和溶剂间发生连续的吸附和解吸，经过一定时间各组分便达到分离的效果。样品中各组分的分离效果可以用它们的比移值 R_f 的差来衡量。R_f 值是某组分的斑点中心到原点的距离与溶剂前沿到原点的比值，R_f 值一般在 0～1 之间，其值大表示该组分的分配比大，易随溶剂流动。两组分的 R_f 值相差越大，则它们的分离效果越好。

薄层色谱所使用的吸附剂和溶剂的性质直接影响样品中各组分的分离效果，应根据样品中各组分的极性大小来选择合适的吸附剂。为了避免样品的组分在吸附剂上吸附过于牢固而不展开，致使保留时间过长、斑点扩散，对极性小的组分可选择吸附活性较大的吸附剂。反之，对极性大的组分可选择吸附活性较小的吸附剂。最常用的吸附剂是硅胶和氧化铝，硅胶略带酸性，适合于分离酸性和中性物质；氧化铝略带碱性，适合于分离碱性和中性物质。吸附剂所吸附样品的组分由洗脱剂在薄层板上展开，当洗脱剂在薄层板上移动时，被溶解的组分也跟着向上移动，若组分上移过快，则应选择极性较小的溶剂；若组分上移过慢，则应选择极性较大的溶剂。通常使用的溶剂有石油醚、四氯化碳、甲苯、苯、二氯甲烷、氯仿、乙醚、乙酸乙酯、丙酮、乙醇、甲醇、水，其极性按序增大。

柱色谱法的分离原理：根据物质在固定相上的吸附能力不同而进行分离。一般情况下极性大的物质易被固定相吸附，极性小的物质不易被固定相吸附。柱色谱过程即是吸附、解吸、再吸附和再解吸的过程。柱色谱的方法是在色谱柱中装入作为固定相的吸附剂，然后利用薄层色谱中探索到的能分离组分的溶剂流经色谱柱，使样品中的各组分在固定相和溶剂间重新分配（分配比大的组分先流出，分配比小的组分后流出）。

仪器和药品

载玻片；展开缸；色谱柱；旋转蒸发仪；低温恒温槽；循环水真空泵；加热磁力搅拌器；搅拌子；圆底烧瓶；铁架台；十字夹；干燥管；塞子；烧杯；抽滤漏斗；表面皿。

二茂铁；乙酸酐；磷酸（85%）；碳酸氢钠；石油醚（60～90℃）；氯甲烷；苯；乙酸乙酯；硅胶（100～200目）；硅胶（300～400目）。

实验内容

（1）乙酰基二茂铁的制备　在 100mL 圆底烧瓶中，放入一枚磁力搅拌子，加入 1.5g（8.05mmol）二茂铁和 5mL（5.25g，87mmol）乙酸酐。在摇荡下，用滴管慢慢加入 2mL 85%磷酸。加完后，用装有氯化钙干燥管的塞子塞住瓶口，在沸水中加热 20min。然后将反应混合物倾入盛有 40g 碎冰的 400mL 的烧杯中，并用 10mL 冷水刷洗烧瓶，将刷洗液并入烧杯。在搅拌下，分批加入固体碳酸氢钠（约 20～25g），至溶液呈中性为止。将中和后的反应混合物置于冰浴中冷却 15min，抽滤、收集析出的橙黄色固体，每次用 50mL 冰水洗涤（两次），压干后在空气中晾干。用石油醚（60～90℃）重结晶，产物约 0.3g，熔点为 84～85℃。

（2）薄层色谱分析

① 薄层色谱板的制备　将洗净烘干的载玻片浸入涂布液（100mL 含 4g 硅胶的 CH_2Cl_2）中，使载玻片表面涂上厚度均匀、完整无损的硅胶层，静置晾干。

② 点样　取少许干燥后的粗产物和二茂铁分别溶于 CH_2Cl_2 中，用细毛细管吸取上述两种溶液分别点在载玻片底边约 1cm 处的硅胶上，点要尽量圆而小，两点的高度要一致。点样时不要破坏硅胶层。晾干，以同样方式在 5 块载玻片进行点样。

③ 薄层色谱分离　在 5 个展开缸中分别装入少量石油醚、甲苯、乙醚、乙酸乙酯、二氯甲烷，溶剂的高度约 0.5cm（不要超过载玻片上的点样高度），将 5 块载玻片分别放入 5 个展开缸中，加盖，待溶剂上升到距上边约 1cm 时，取出载玻片，在空气中晾干。用铅笔记录各载玻片上溶剂到达的位置和各斑点中心的位置。

（3）柱色谱分析

① 装柱　将硅胶（100～200目）与石油醚组成的悬浮液装入色谱柱中，硅胶的高度为 15cm，装柱时不要在柱中留有气泡，以免影响分离效果。

② 柱色谱分离　在色谱柱中加入 3～5mL 约 0.4g 粗产物的二氯甲烷溶液，在加入时不要扰动硅胶。打开色谱柱活塞使柱内液体大约以每秒一滴的速度滴下，使硅胶充分吸附样品。当液面与硅胶相平时，再加入由薄层色谱中确定的洗脱剂，以同样的速度淋洗，直到二茂铁全部洗出。更换接收瓶，再向柱内加入能洗脱乙酰基二茂铁的溶剂进行淋洗，直到乙酰基二茂铁全部洗出。

③ 检测　两份接收液使用旋转蒸发仪除去溶剂，得到二茂铁和乙酰基二茂铁，分别测

定其熔点和^{1}H MNR 谱图。

数据记录与计算

① 由载玻片上混合物的斑点数求样品的组分数。

② 载玻片上各斑点中心的位置到原点的距离，以及各溶剂前沿位置到原点的距离记录于表 4.23 中。

表 4.23　数据记录表

洗脱剂	二茂铁溶液		乙酰基二茂铁溶液	
	斑点中心的位置到原点的距离/cm	溶剂前沿位置到原点的距离/cm	斑点中心的位置到原点的距离/cm	溶剂前沿位置到原点的距离/cm
石油醚				
甲苯				
乙醚				
乙酸乙酯				
二氯甲烷				

③ 计算 R_f 并将数据填入表 4.24。

表 4.24　R_f 数据记录表

溶液	R_f 值				
	石油醚	甲苯	乙醚	乙酸乙酯	二氯甲烷
二茂铁					
乙酰基二茂铁					

由 R_f 值可知，洗脱二茂铁的溶剂为 _____；能快速洗脱乙酰二茂铁的溶剂为 _____。

④ 由测定的熔点与文献值对照，确定分离物；分析^{1}H MNR 谱图，确定分离物。

⑤ 计算生成物的产率和二茂铁的回收率。

思考题

① 淋洗吸附二茂铁和乙酰基二茂铁的硅胶时，哪一个先被洗出？为什么？

② 试用其他方法鉴别二茂铁和乙酰基二茂铁。

实验 52　银基纳米颗粒的制备

实验目的

① 了解制备银基纳米颗粒的制备原理和方法。

② 了解沉淀溶解和转化在纳米材料制备中的应用。

③ 了解现代测试分析及表征手段。

实验原理

沉淀溶解和转化是可控制备纳米材料的重要方法。一些银盐如磷酸银（Ag_3PO_4）和硫化银（Ag_2S）是重要的光催化材料，本实验利用沉淀法先制备出 Ag_3PO_4 纳米颗粒，然后加入不同试剂进行离子交换，可制备 Ag_2S 纳米材料，主要反应如下：

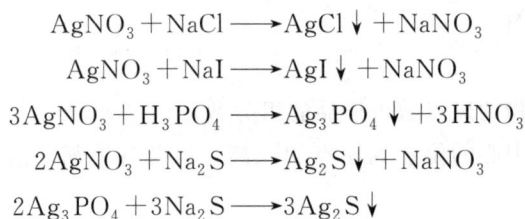

$$AgNO_3 + NaCl \longrightarrow AgCl \downarrow + NaNO_3$$
$$AgNO_3 + NaI \longrightarrow AgI \downarrow + NaNO_3$$
$$3AgNO_3 + H_3PO_4 \longrightarrow Ag_3PO_4 \downarrow + 3HNO_3$$
$$2AgNO_3 + Na_2S \longrightarrow Ag_2S \downarrow + NaNO_3$$
$$2Ag_3PO_4 + 3Na_2S \longrightarrow 3Ag_2S \downarrow$$

仪器和药品

量筒；分析天平；烧杯；搅拌器；离心管；离心机；激光粒度仪；扫描电子显微镜；真空干燥烘箱。

$AgNO_3$（0.1mol/L）；NaAc（0.1mol/L）；NaCl（0.1mol/L）；NaI（0.1mol/L）；$AgNO_3$ 固体；磷酸；硫化钠（0.5mol/L）；乙醇。

实验内容

（1）沉淀的生成 在试管中加 5 滴 0.1mol/L $AgNO_3$、5 滴 0.1mol/L NaAc 溶液，记录现象。取 10 滴 0.1mol/L $AgNO_3$，加入等量 0.1mol/L NaCl 溶液，记录现象。

（2）分步沉淀 已知 $K_{sp,AgCl}=1.8\times10^{-10}$，$K_{sp,AgI}=8.5\times10^{-17}$。向试管中加入 5 滴 0.1mol/L NaCl 溶液和 5 滴 0.1mol/L NaI 溶液，用水稀释至 5mL。然后逐滴加入 0.1mol/L $AgNO_3$ 溶液，观察首先生成沉淀的颜色。待沉淀沉降后，继续向清液中滴加 $AgNO_3$ 溶液，会出现什么颜色的沉淀？根据有关溶度积数据加以说明。

（3）Ag_3PO_4 纳米颗粒的制备 向 50mL 离心管中加入 25mL 的 2.6mg/mL H_3PO_4-乙醇溶液，再加入 200mg $AgNO_3$，避光反应 5min 后，将离心管放入离心机中离心 10min，转速为 10000r/min。离心结束后，取出离心管，倒掉悬浮液，用乙醇溶液洗涤，将离心管进行涡旋以分散纳米颗粒，在相同条件下继续离心，重复 3 次，最后所得产物在 60℃下真空干燥 4h。

（4）Ag_2S 纳米颗粒的制备

① 一步法制备 称取 200mg $AgNO_3$ 于 1.5mL 0.5mol/L 硫化钠溶液中，在磁力搅拌器下避光超声反应 5min，一步生成 Ag_2S 沉淀。反应结束后，在转速为 10000r/min 下离心 10min。离心结束后，取出离心管，倒掉上清液，用乙醇在涡旋辅助下分散纳米颗粒，按前述条件离心分离沉淀。此过程重复 3 次。

② 两步法制备 将 Ag_3PO_4 粉末分别置于 40mL 乙醇中，在磁力搅拌器下分别缓慢滴加 1.5mL 0.5mol/L 硫化钠溶液（过量），避光反应 5min 得到 Ag_2S 沉淀。

（5）纳米颗粒的表征

将离心后得到的纳米颗粒沉淀在乙醇中重新分散，取少量分散液通过激光粒度仪测量粒径，通过扫描电子显微镜观察形貌，比较 Ag_3PO_4 纳米颗粒以及一步和两步法生成 Ag_2S 纳米颗粒的尺寸和形貌。

思考题

① Ag_3PO_4 转化为 Ag_2S 的原理是什么？

② 能否先合成 Ag_2S，再原位转化为 AgBr？

③ 设计制备 $Ag_2C_2O_4$ 并转化为 Ag_2S 的实验方案。

实验 53　共沉淀法制备四氧化三铁纳米颗粒

实验目的

① 了解四氧化三铁纳米颗粒的制备原理和方法。

② 掌握无机纳米颗粒合成的相关操作。

③ 掌握纳米颗粒测试分析及表征手段。

实验原理

共沉淀法是制备 Fe_3O_4 磁性纳米颗粒常用的一种方法，通常采用碱液（如 $NaOH$ 或氨水溶液）与 Fe^{2+} 和 Fe^{3+} 的盐［如 $FeCl_2$、$FeSO_4$、$FeCl_3$、$Fe(NO_3)_3$］混合溶液在一定温度和 pH 值下高速搅拌进行沉淀反应，然后将沉淀洗涤、干燥，制得 Fe_3O_4 纳米颗粒。

发生共沉淀的反应方程式如下：

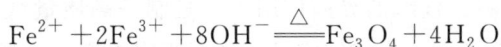

$$Fe^{2+} + 2Fe^{3+} + 8OH^- \xrightarrow{\triangle} Fe_3O_4 + 4H_2O$$

仪器和药品

分析天平；pH 计；离心机；透射电子显微镜；粒径分析仪；真空干燥烘箱；烧杯；三口烧瓶；搅拌桨；油浴锅；磁铁。

六水合三氯化铁；四水合二氯化铁；氢氧化钠；氨水；乙醇。

实验内容

（1）Fe_3O_4 纳米颗粒的制备

① 沉淀剂为氨水　先将 2.919g $FeCl_3 \cdot 6H_2O$（0.0108mol）和 1.073g $FeCl_2 \cdot 4H_2O$（0.0054mol）溶于 50mL 水中，倒入三口烧瓶中，在氮气氛围下，用油浴锅将溶液温度控制在 85℃，同时剧烈搅拌。随后快速加入 5mL $NH_3 \cdot H_2O$，反应持续 30min。待反应冷却至室温后，将沉淀物用去离子水洗涤三次，最终得到产物。

② 沉淀剂为氢氧化钠　先将 2.919g $FeCl_3 \cdot 6H_2O$（0.0108mol）和 1.073g $FeCl_2 \cdot 4H_2O$（0.0054mol）溶于 50mL 水中，倒入三口烧瓶中，加入 $NaOH$ 溶液并将 pH 调整至 10。在 40℃、氮气氛围下剧烈搅拌 30min。待反应冷却至室温后，将沉淀物用去离子水洗涤三次，最终得到产物。

（2）实验条件优化

① 反应温度　按照实验内容（1），分别在 70℃、85℃、100℃的条件下进行反应，得到的产物烘干称重，记录数据。

② 物质的量之比　按照实验内容（1），分别在 Fe^{3+} 与 Fe^{2+} 的物质的量之比为 2：1、2：2、2：4 的条件下进行反应，得到的产物烘干称重，记录数据。

（3）表征测试

使用磁铁观察不同产物的磁响应速率；使用透射电子显微镜观测产物形貌；使用粒径分析仪测试产物尺寸。

思考题

① 目前，制备四氧化三铁的方法有哪些？各有什么优缺点？

② 反应过程中 pH 对产物有什么影响？

③ 通入氮气的作用是什么？

④ 四氧化三铁如何转化成三氧化二铁？

实验 54 宣纸-Ag₂S 复合材料的制备

实验目的

① 了解宣纸-Ag_2S 复合材料的制备方法。

② 了解宣纸基复合材料制备的影响因素。

③ 了解现代测试分析及表征手段。

实验原理

宣纸享有"纸寿千年"的美誉，耐久性出色，是制备纸基复合材料的良好模板。利用配位作用，可以强化功能材料与宣纸的界面作用力，是制备高质量纸基复合材料的重要方法。本实验利用单宁酸（tannic acid）先修饰宣纸，然后吸附银离子，通过与硫化钠（Na_2S）反应制备出宣纸-Ag_2S 复合材料，主要反应如下：

$$2Ag^+ + Na_2S \Longrightarrow Ag_2S\downarrow + 2Na^+$$

仪器和药品

量筒；分析天平；烧杯；移液器；真空干燥箱；紫外-可见分光光度计；扫描电子显微镜。

硝酸银（5mg/mL）；乙醇；单宁酸（2mg/mL）；Tris-HCl 缓冲液；硫代乙酰胺（0.1mol/L）；宣纸。

实验内容

（1）宣纸的表面修饰　取宣纸一张（直径约 1 cm），于 2mg/mL 单宁酸溶液（10mL，以 Tris-HCl 缓冲液为溶剂）中适度振荡，避光静置 20min 后取出，用去离子水润洗，除去过量单宁酸后备用。

（2）宣纸-Ag_2S 复合材料的制备　将单宁酸修饰后的宣纸转移至 10mL 硝酸银水溶液（5mg/mL）中，适当振荡后静置 10min，用去离子水润洗，除去过量银离子。将吸附有银离子的宣纸转移至 10mL 0.1mol/L 硫代乙酰胺的乙醇溶液中，反应 30min 后取出，用乙醇冲洗 3 次，干燥。观察并记录实验现象，用紫外-可见分光光度计进行测试，用扫描电子显微镜观测其表面形貌。

（3）单宁酸界面强化作用的探究　参照实验内容（2），以未经单宁酸修饰的宣纸，制备宣纸-Ag_2S 复合材料，观察并记录实验现象，用紫外-可见分光光度计进行测试，用扫描电子显微镜观测其表面形貌。

比较实验内容（2）和（3）制备的复合材料中硫化银的分布和负载量。

思考题

① 单宁酸修饰宣纸的作用是什么？为何能促进硫化银的负载？

② 已知 Zn^{2+} 与二甲基咪唑水溶液能在室温下反应生成金属有机框架化合物 ZIF-8 纳米颗粒，设计在宣纸上原位合成 ZIF-8 的方案。

实验 55　Fe 基 Al$_2$O$_3$ 弥散型复合微粉的制备

实验目的

① 了解金属基复合微粉的制备方法。

② 了解纳米粒子形成的条件及控制方法。

③ 了解现代测试分析及表征手段。

实验原理

目前，液相化学反应合成高纯纳米粒子的方法主要有溶胶-凝胶法和沉淀法，沉淀法又包括直接沉淀法、共沉淀法和均匀沉淀法，其中共沉淀法是制备含有多种金属元素复合氧化物微粉的重要方法。本实验利用共沉淀法先制备出 Fe$_2$O$_3$-Al$_2$O$_3$ 复合微粉，然后高温下经 H$_2$ 还原，制备出 Fe 基 Al$_2$O$_3$ 弥散型复合微粉，主要反应如下：

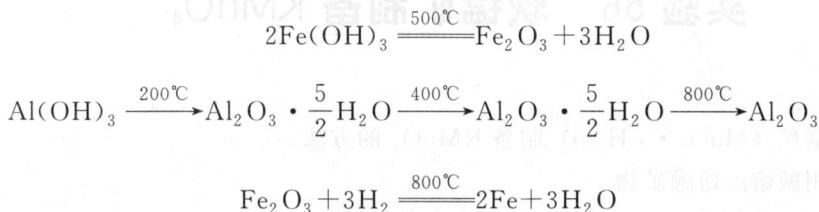

$$2Fe(OH)_3 \xrightarrow{500℃} Fe_2O_3 + 3H_2O$$

$$Al(OH)_3 \xrightarrow{200℃} Al_2O_3 \cdot \frac{5}{2}H_2O \xrightarrow{400℃} Al_2O_3 \cdot \frac{5}{2}H_2O \xrightarrow{800℃} Al_2O_3$$

$$Fe_2O_3 + 3H_2 \xrightarrow{800℃} 2Fe + 3H_2O$$

仪器和药品

量筒；台秤；烧杯；搅拌器；布氏漏斗；振动筛；粒度分析仪；真空泵；烘箱；马弗炉；坩埚；显微镜；X 射线衍射仪。

硝酸铁；硝酸铝；聚乙二醇 400（PEG400）；去离子水；氨水（10％）。

实验内容

（1）复合氢氧化物的制备　取 Fe(NO$_3$)$_3$ · 9H$_2$O 8.1g、Al(NO$_3$)$_3$ · 9H$_2$O 1.9g 溶解于 100mL 去离子水中，配制成原盐混合溶液。加入表面活性剂 PEG400，在快速搅拌的条件下，滴加 10％氨水溶液，生成沉淀。将沉淀转移至布氏漏斗减压抽滤，并用去离子水洗涤 2～3 次，然后将复合氢氧化物放入烘箱内，100℃热处理 4h，得到干燥的复合氢氧化物粉末。

（2）复合氧化物的制备　将复合氢氧化物粉末放入坩埚内，在马弗炉中进行煅烧，200℃煅烧 2h，500℃煅烧 2h，800℃煅烧 1h，然后自然冷却到室温，得到复合氧化物粉末，用振动筛进行分级。

（3）Fe 基 Al$_2$O$_3$ 弥散型复合微粉的制备　将复合氧化物粉末放入还原炉中，用 H$_2$ 还原，温度控制在 800℃，还原时间为 2h。自然冷却到室温，得到 Fe 基 Al$_2$O$_3$ 弥散型复合微粉。用粒度分析仪测定复合微粉的粒径，用 X 射线衍射仪表征其结构，用显微镜观测其表面形貌。

（4）实验条件的优化

① 反应温度　温度对晶粒的生成和长大都有影响。按照上述实验步骤，分别在 20℃、40℃、60℃、80℃的条件下进行反应，测定复合微粉平均粒径，作出平均粒径对反应温度的变化曲线，确定反应的最佳温度。

② 表面活性剂的浓度 在沉淀反应的过程中引入表面活性剂 PEG400，会使溶液的黏度增大，产生位阻效应，有效改善粒子的均匀性和分散性。同时，胶粒表面吸附 PEG400 后，粒子间非架桥羟基和吸附水被"遮蔽"起来，降低粒子表面张力，有效地抑制粒子的团聚。按照上述实验步骤，分别在 PEG400 的浓度为 0.02mol/L、0.04mol/L、0.06mol/L、0.08mol/L、0.10mol/L、0.12mol/L 的条件下进行反应，测定复合微粉平均粒径，作出平均粒径对 PEG400 浓度的变化曲线，确定 PEG400 最佳浓度。

思考题

① 目前，纳米粒子制备的方法有哪些？各有什么优缺点？

② 反应温度如何对粒子粒径产生影响？

③ 在实验过程中，加入表面活性剂的目的是什么？

④ 设计制备 Cu 基 Al_2O_3 弥散型复合微粉的实验方案。

实验56 软锰矿制备 $KMnO_4$

实验目的

① 掌握软锰矿（$MnO_2 \cdot xH_2O$）制备 $KMnO_4$ 的方法。

② 熟练采用碱熔法熔融矿物。

③ 熟练掌握过滤、蒸发和结晶等基本操作。

实验原理

将软锰矿（$MnO_2 \cdot xH_2O$）和 $KClO_3$ 在碱性介质中强热可制得绿色 K_2MnO_4。其反应式为：

$$3MnO_2 + 6KOH + KClO_3 \xrightarrow{\text{熔融}} 3K_2MnO_4 + KCl + 3H_2O$$

当降低 K_2MnO_4 溶液的 pH 时，MnO_4^{2-} 即发生歧化反应，得到紫红色 $KMnO_4$ 溶液，例如在溶液中通入 CO_2 气体时，即可完成此反应。其反应式为：

$$3K_2MnO_4 + 2CO_2 \Longrightarrow 2KMnO_4 + MnO_2 + 2K_2CO_3$$

滤去 MnO_2 固体，溶液蒸发浓缩，即析出 $KMnO_4$ 晶体。

仪器和药品

烧杯；吸滤瓶；4 号砂芯漏斗；蒸发皿；台秤；铁勺；粗铁丝；pH 试纸。

$KClO_3$ 固体；KOH 固体；软锰矿或工业用的 MnO_2；CO_2 气体。

实验内容

（1）熔融、氧化 称取 5g KOH 固体和 2.5g $KClO_3$ 固体，倒入铁勺内，混合均匀，小火加热，并用铁丝搅拌。待 KOH 熔融后，边搅拌边加入 2.5g 软锰矿或工业级 MnO_2 固体，随着反应的进行，熔融物的黏度逐渐增大。此时应用力继续搅拌，待反应物干涸后，加大火焰，强热 5~10min。

（2）浸取 待物料冷却后，用 150~200mL 热的蒸馏水分批浸取物料，浸取时可用铁丝搅拌。浸取液倒入 400mL 烧杯中。

（3）K_2MnO_4 的歧化 在浸取液中通入 CO_2 气体，使 K_2MnO_4 歧化为 $KMnO_4$ 和 MnO_2，用 pH 试纸测定溶液的 pH 值，当溶液的 pH 值在 10~11 之间时，即停止通 CO_2。

然后把溶液加热，趁热用砂芯漏斗滤去 MnO_2 残渣。

（4）结晶　把滤液移至蒸发皿内，用小火加热。当浓缩至液面出现微小晶体时，停止加热，冷却，即有 $KMnO_4$ 晶体析出。最后用砂芯漏斗抽滤，尽可能把 $KMnO_4$ 晶体抽干，称重，计算产率，记录晶体的颜色和形状。

注意事项

① 在 $KMnO_4$ 溶液紫色干扰下，溶液 pH 值可近似测试如下：用洁净玻璃棒蘸取溶液滴到 pH 试纸上，试纸上红棕色的边缘所显示的颜色，即反映溶液的 pH 值。

② CO_2 通得过多，溶液的 pH 值会太低，则溶液中生成大量 $KHCO_3$。

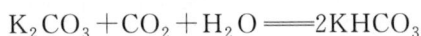

$$CO_2 + 2KOH \Longrightarrow K_2CO_3 + H_2O$$

$$K_2CO_3 + CO_2 + H_2O \Longrightarrow 2KHCO_3$$

由于 $KHCO_3$ 的溶解度比 K_2CO_3 小得多，在溶液浓缩时，$KHCO_3$ 就会和 $KMnO_4$ 一起析出。

思考题

① 如何由软锰矿或工业级 MnO_2 来制备 $KMnO_4$？

② 能否用加盐酸或通氯气的方法代替 K_2MnO_4 溶液中通 CO_2？为什么？

③ 过滤 $KMnO_4$ 溶液，为什么要用砂芯漏斗，而不能用滤纸？

④ 为什么碱熔融时要用铁勺，而不能用瓷坩埚？

⑤ 往 K_2MnO_4 浸取液中通 CO_2 的量是根据什么来控制的？为什么？

附：化合物溶解度表

几种有关化合物的溶解度参考数据见表 4.25。

表 4.25　几种化合物溶解度参考数据　　　　　　　单位：g/100g

化合物	0℃	10℃	20℃	30℃	40℃	50℃	60℃	70℃	80℃	90℃	100℃
KCl	27.6	31.0	34.0	37.0	40.0	42.0	45.5	48.1	51.1	54.0	56.7
$2K_2CO_3 \cdot 3H_2O$	157.6	163.6	167.5	173.7	180.0	188.9	200.2	214.5	228.3	245.9	265.4
$KHCO_3$	22.6	27.7	33.3	39.1	45.3	52.0	60.0				
$KMnO_4$	2.83	4.1	6.4	9.0	12.56	16.89	22.0				

实验 57　^{1}H NMR 核磁共振波谱法测定室温下乙酰乙酸乙酯互变异构体

实验目的

① 了解 ^{1}H NMR 核磁共振波谱法测定物质结构的基本原理。

② 掌握核磁共振波谱仪的基本操作步骤以及数据的处理方法。

③ 初步掌握简单化合物 NMR 图谱的解谱技术。

实验原理

自旋量子数不为 0 的原子核，如 ^{1}H 和 ^{13}C，在磁场中会发生能级裂分，当特定频率的电磁辐射能量与这个能级差相同时，原子核受到辐射就会发生高、低能级之间的跃迁，这就是核磁共振现象。排除外部条件的干扰时，在一定强度的磁场下，同种原子核的核磁共振频率理论上是相同的。但实际分子中由于化学环境的不同，每个原子核附近不同密度的电子云在外磁场作用下会形成环电流，形成的感应磁场对外磁场产生一定的屏蔽作用，因此原子核实际感受到的磁场强度会有不同程度的减弱，核磁共振频率相对于原子核的化学环境发生位移，也就是化学位移。通过核磁共振波谱法可以对分子中各待测原子核所处的的化学环境进行分析，以此得到分子的结构信息。

乙酰乙酸乙酯有着酮式和烯醇式两种互变异构体。

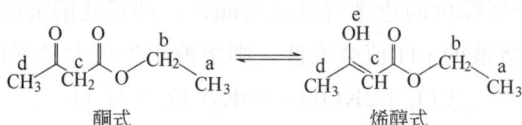

在不同的体系中，两种互变异构体的比例受到温度和溶剂的影响，存在着一定的差别。两者的化学结构不同，可以通过核磁共振波谱法对它们的存在比例进行测定。由于两个结构中部分 H 原子的化学环境完全不同，相应的化学位移也不一样。表 4.26 给出的是乙酰乙酸乙酯酮式和烯醇式中对应的 H 原子的化学位移。

表 4.26 乙酰乙酸乙酯的 ^{1}H NMR 中各个 H 原子的化学位移

互变异构体	δ_a	δ_b	δ_c	δ_d	δ_e
酮式	1.3	4.2	3.3	2.2	
烯醇式	1.3	4.2	4.9	2.0	12.2

通过计算不同 H 原子峰面积的积分，可以确定两种组分各自的相对含量。

仪器和药品

核磁共振波谱仪（Agilent 600M）；核磁共振样品管（5mm，两个）；吸量管（0.5mL，3 支）。

乙酰乙酸乙酯；氘代氯仿（含 TMS 内标）；重水。

实验内容

（1）配制样品　用 0.5mL 吸量管分别取 0.10mL 乙酰乙酸乙酯于两个核磁共振样品管中，编号为 A 和 B；向 A 管中加入 0.5mL 氘代氯仿，向 B 管中加入 0.5mL 重水，分别加盖摇匀。此时核磁共振样品管中的液体样品高度为 2.5～3cm。

（2）乙酰乙酸乙酯 ^{1}H NMR 的测定　按照 Agilent 600M 核磁共振波谱仪的操作规程分别测定 A 管和 B 管的 ^{1}H NMR 数据。

（3）乙酰乙酸乙酯 ^{1}H NMR 的谱图绘制　将得到的 ^{1}H NMR 数据导入 MestReNova 软件中进行谱图的绘制。对谱图进行基线和相位的校正以后，打印谱图，读出各个峰的化学位移、峰面积积分以及裂分情况，并且做好记录。

数据记录与计算

① 对 ^{1}H NMR 谱图中的各个峰进行归属，判断其属于酮式还是烯醇式结构。

② 分别计算 A 管与 B 管两个体系中酮式和烯醇式结构各自的相对含量。

思考题

① A 管、B 管两个体系中相对含量的结果差异如何？为何会是这样的结果？

② 实验中不同溶剂体系标定化学位移的方式各自是怎样的？为什么会有区别？

实验 58　苯系物的高效液相色谱法分析

实验目的

① 学习高效液相色谱仪的基本使用方法。

② 理解和掌握色谱定量校正因子的意义和测定方法。

③ 学习用外标法（或校正归一化法）进行定量分析。

实验原理

采用非极性的十八烷基（ODS）键合相为固定相和极性的甲醇-水溶液为流动相的反相色谱分离模式特别适合同系物如苯系物等的分离。苯系物和稠环芳烃具有共轭双键，但其共轭体系的大小和极性不同，导致它们在固定相和流动相之间的分配系数不同，因此在柱内的移动速率不同而先后流出柱子。苯系物和稠环芳烃在紫外区有明显的吸收，可以利用紫外检测器进行检测。在相同的实验条件下，可以将测得的未知物的保留时间与已知纯物质作对照而进行定性分析。

由于各组分在检测波长下的摩尔吸收系数不同，同样浓度组分的峰面积不相等，因而，在以峰面积或峰高为依据进行归一化定量分析时，需经校正因子校正后方可达到准确定量的要求。但在以外标法进行定量分析时，由于是在相同实验条件下对同一组分进行检测的，因而不需要考虑校正因子，可根据试样和标样中组分的色谱峰面积 A_i 和 A_s（或峰高 h_i 和 h_s）及标样中的质量分数 ω，直接计算出试样中组分的质量分数 ω_i：

$$\omega_i = \frac{\omega_s A_i}{A_s} \times 100\% \text{ 或 } \omega_i = \frac{\omega_s h_i}{h_s} \times 100\%$$

高效液相色谱法是色谱法的一个重要分支。它采用高压输液泵和小颗粒的填料，与经典的液相色谱相比，具有很高的柱效和分离能力。色谱柱是色谱仪的"心脏"，也是需要经常更换和选用的部件，因此，评价色谱柱是十分重要的。此外，通过对色谱柱的评价也可以检查整个色谱仪的工作状况。

评价色谱柱的主要性能参数如下。

① 柱效（理论塔板数）n：

$$n = 5.54 \left(\frac{t_r}{W_{\frac{1}{2}}} \right)^2$$

式中　t_r——测试物的保留时间；

　　　$W_{\frac{1}{2}}$——色谱峰的半峰宽。

② 保留因子 k'：

$$k' = (t_r - t_0)/t_0$$

式中　t_0——死时间，通常用已知在色谱柱上不保留的物质的出峰时间作死时间。

③ 相对保留值（选择因子）α：

$$\alpha = k'_2 / k'_1$$

式中　k'_1，k'_2——相邻两峰的保留因子，而且规定峰 1 的保留时间小于峰 2 的。

④ 分离度 R_s：

$$R_s = 2(t_{r2} - t_{r1})/(W_{b1} + W_{b2})$$

式中　t_{r1}，t_{r2}——相邻两峰的保留因子；

　　W_{b1}，W_{b2}——相邻两峰的底宽。

为达到好的分离，希望 n、α 和 R_s 值尽可能大。一般的分离（如 $\alpha = 1.2$，$R_s = 1.5$），需 n 达到 2000。柱压一般为 104kPa 或更小一些。

仪器和药品

高效液相色谱仪（配紫外检测器，检测波长 254nm；以色谱工作站联机控制仪器、处理实验数据；超声波清洗机（流动相脱气用）；平头微量注射器（50μL）；超滤膜（0.2μL）；针筒（5mL）；过滤头（2cm）。

标准样品［用流动相分别配制含苯、甲苯、二甲苯（均为 AR 级）单组分及三组分混合样品各一份，组分浓度均约 0.05%］；流动相［甲醇（HPLC 级）与水（二次重蒸水）的体积比为 85：15］；试样［苯（色谱纯）、甲苯（色谱纯）、二甲苯（色谱纯）］。

实验内容

① 准备流动相：将色谱纯甲醇和色谱纯水按 85：15 的比例配制 500mL 溶液，混合均匀并经超声波脱气后加入仪器储液瓶中。

② 按仪器的要求打开计算机和液相色谱主机，调整好流动相的流量、检测波长等参数，如：流速为 1.0mL/min，检测波长为 254nm。

③ 用流动相冲洗色谱柱，直至工作站上色谱流出曲线为一平直的基线（建议观察检测器的读数显示），将进样阀手柄拨到"Load"的位置，使用专用的液相色谱微量注射器取苯标准样品 50μL 注入色谱仪进样口，然后将手柄拨到"Inject"位置，记录色谱图。

④ 用同样方法分别取苯、甲苯、二甲苯标准样品 20μL 进样，记录色谱峰的保留时间，确定出峰顺序，重复 2 次。

⑤ 取混合物标准溶液 20μL 进样分析，测得标样中四组分的出峰时间、半峰宽、峰高和峰面积，重复 2 次；取未知试样 20μL 进样，由色谱峰的保留时间进行定性分析，记录各个出峰时间、半峰宽、峰高和峰面积，重复 2 次；最后计算柱效、分离度、相对保留值和进行外标法定量。

⑥ 将流速降为 0，待压力降为 0 后关机。

数据记录与计算

① 参数优化：

标样样品号＿＿＿＿＿＿＿；色谱柱＿＿＿＿＿＿＿＿；紫外检测器的检测波长＿＿＿＿＿＿＿＿ nm。

② 不同比例的色谱图：

标样样品号＿＿＿＿＿＿＿；流动相比例＿＿＿＿＿＿＿；检测波长＿＿＿＿＿＿＿ nm。填写表 4.27。

表 4.27　数据记录 1

组分名称	保留时间	峰面积	峰高

③ 样品测定：

样品号＿＿＿＿＿＿＿；流动相比例＿＿＿＿＿＿＿；检测波长＿＿＿＿＿＿＿＿ nm。填写表 4.28。

表 4.28　数据记录 2

组分名称	保留时间	半峰宽	峰面积	质量分数

④ 计算色谱柱参数 n、k'，以及相邻两峰的 α、R_s。

思考题

① 高效液相色谱分析稠环芳烃有何应用价值？

② 紫外检测器是否适用于检测所有的有机化合物？为什么？

③ 若实验获得的色谱峰面积太小，应如何改善实验条件？

④ 为什么液相色谱多在室温下进行分离检测，而气相色谱法要在相对较高的柱温下操作？

实验 59　四氯化碳的激光拉曼光谱测定

实验目的

① 认识拉曼散射，了解拉曼散射的原理。

② 掌握激光拉曼光谱测定的方法。

③ 了解拉曼光谱图的构成与解析方法，学会利用激光拉曼光谱进行定性分析。

实验原理

光在照射介质时，会发生吸收、反射、透射以及散射等过程。在发生散射时，除了与入射光频率相同的瑞利（Rayleigh）散射以外，还存在一部分波数与入射光有着 $10^2 \sim 10^3\,cm^{-1}$ 范围的差别的散射光，这类散射被称为拉曼（Raman）散射。拉曼散射光与入射光的频率差别来源于分子振动能态间的跃迁，通过对物质的拉曼光谱进行测定，可以得到特定化合物各振动能级的信息，并以此反映出化合物的结构与性质。

典型的拉曼光谱如图 4.21 所示。在拉曼光谱中，设 ν_0 是入射光的波数，ν 是散射光的波数，二者的波数差 $\Delta\nu = \nu - \nu_0$。当 $\Delta\nu < 0$ 时，散射线被称为斯托克斯线（Stokes line）；当 $\Delta\nu > 0$ 时，散射线被称为反斯托克斯线（anti-Stokes line）。拉曼光谱具有以下特征：同一样品的拉曼散射光与入射光的波数差，跟入射光的频率无关；

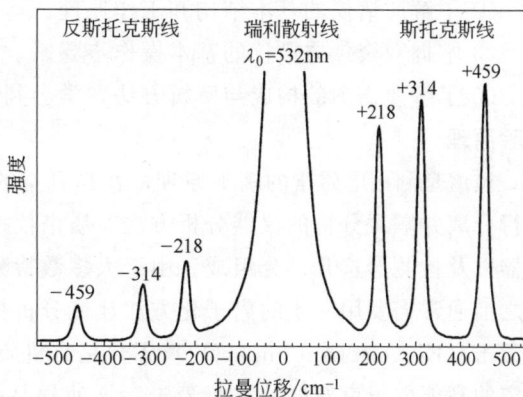

图 4.21　拉曼光谱示意图

以波数为横轴，斯托克斯线与反斯托克斯线对称分布在瑞利散射线的两侧；斯托克斯线的强度明显大于反斯托克斯线。

拉曼光谱仪由光源、外光路、色散系统、检测器这几部分组成，其中光源需要有单色性好、功率足够大的特点，因此拉曼光谱仪中一般选用激光作为光源，所以其又称为激光拉曼光谱。

仪器和药品

LabRAM HR Evolution 激光拉曼光谱仪。

四氯化碳（AR）。

实验内容

① 实验开始前预先打开激光器的电源，预热 30min。

② 在一支液体样品管中倒入四氯化碳样品，将其固定在样品台的样品架上，调节仪器使聚焦后的激光束位于样品管中心。

③ 按照激光拉曼光谱仪的操作规程调节光路，将单色仪设置在 532nm、入射狭缝为 $150\mu m$ 左右。

④ 用专用的测量软件记录光谱，打印谱图，读出各个谱峰的峰位置，并且做好记录。

数据记录与计算

① 在谱图中标注出瑞利散射线、斯托克斯线以及反斯托克斯线。

② 计算每个拉曼峰对应的振动能级的大小，结合红外的知识判断能级对应化合物的结构信息。

③ 比较各条谱线实测的相对强度并作出解释。

思考题

① 用激光作光源测拉曼光谱有哪些优点？在使用激光时需要注意什么？

② 能否通过红外光谱的方法对四氯化碳的振动能级进行测试？为什么？

实验 60　正二十四烷的质谱分析

实验目的

① 了解质谱仪的基本结构和工作原理。

② 掌握双聚焦质谱仪的基本操作步骤。

③ 了解质谱图的构成与解析方法，学会判断碎片离子峰的构成。

实验原理

质谱是利用电磁学的基本原理，在高真空的条件下，将带电的微观粒子按照质荷比 m/z 进行分离并顺次分析的仪器分析方法。质谱仪一般由真空系统、进样系统、离子源、质量分析器以及检测器这几部分组成。由于大多数待分析物质或分子都是中性的，在进行质荷比分析之前通常需要用一定的离子化方法让待分析物质带电荷，以便被质量分析器检测出来。电子轰击（EI，electron impact）离子化是有机质谱分析中一种常用的离子化方式，是用能量一定的高能电子束对样品进行轰击，诱使样品分子发生电离和断裂而离子化。EI 具有电离效率高、稳定、谱图具有特征性且有标准谱图库用于比对的优点，可以用来表征有机物的结构。

饱和脂肪烃在 EI 的作用下会发生断裂，生成一系列 m/z 为 $15+14n$ 的奇数质谱峰，而自身的分子离子峰相对较弱。图 4.22 是正十六烷的质谱图。

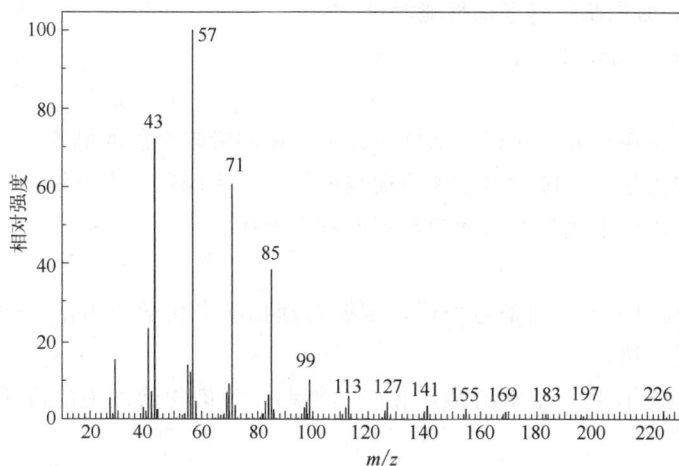

图 4.22　正十六烷质谱图

仪器和药品

配有电子轰击离子源的双聚焦质谱仪。

正二十四烷。

实验内容

① 将 $2 \sim 4\mu g$ 正二十四烷固体样品置于直接进样杆的样品杯中，按照双聚焦质谱仪的操作规程进行进样操作。

② 调节样品加热温度为 250℃，设置 EI 离子源的发射电流为 500A，轰击电子能量为 70eV，离子源温度为 200℃。按照操作规程对检测器进行设置。

③ 打开进样探头的加热开关，待样品蒸发完全后，启动主扫描按钮，记录样品的质谱图。

④ 用谱图处理软件对质谱图进行校正后，打印谱图，读出各个质谱峰的峰位置及相对强度，并且做好记录。

数据记录与计算

① 在质谱图中找出分子离子峰与基峰并标注。

② 给出可以表达这一系列质谱峰的通式。

③ 对基峰的同位素离子峰进行标注与分析。

思考题

① 质谱数据中各碎片离子分别对应着什么结构？它们是正二十四烷发生了怎样的断裂得到的？

② 实验结果中分子离子峰的强度如何？为何会这样？

③ 若是想得到更强的分子离子峰，可以在实验方法上做怎样的调整？

实验 61　基于项目式学习的物理化学综合设计实验
——活性炭的比表面积测定及吸附性能研究

项目任务

① 活性炭的制备及其应用。

② 活性炭比表面积及吸附平衡性能测试。

③ 活性炭吸附动力学测试。

项目意图

了解活性炭的来源与差别；通过活性炭比表面积和吸附性能的测定，掌握并学会应用物理化学中的化学热力学、反应动力学和界面现象知识解决问题，提高综合设计思维能力；同时在实验过程中思考化学化工类人才应承担的社会责任。

项目学习目标

① 基于活性炭的来源、制备与表征，掌握物理化学中化学热力学、化学动力学和界面现象的知识与实验方法。

② 基于活性炭的应用，了解活性炭在产品精制、污染物治理中的应用，培养科学态度和社会责任。

项目导引

活性炭（active charcoal，AC）是具有极大比表面积的一种碳素材料，通过把硬木、果壳、煤炭等在密闭容器中热处理而成。早在 19 世纪，人们就将活性炭用于糖、酒及水等的脱色、去味及净化。第一次世界大战时开始用活性炭制作防毒面具。到 20 世纪 90 年代，活性炭在污水处理、有机溶剂的浓缩回收、空气净化等领域得到广泛的应用。

任务一　活性炭的制备及其应用

活性炭由石墨微晶、单一平面网状碳和无定形碳三部分组成，其中石墨微晶是构成活性炭的主体部分。活性炭的微晶结构不同于石墨的微晶结构，其微晶结构的层间距在 $0.34 \sim 0.35nm$ 之间，间隙大，即使温度高达 2000℃ 以上也难以转化为石墨，这种微晶结构称为非石墨微晶结构，绝大部分活性炭属于非石墨微晶结构。

非石墨微晶结构使活性炭具有发达的孔隙结构，其孔隙结构可由孔径分布表征。活性炭的孔径分布范围很宽，从小于 1nm 到数千 nm。活性炭中的微孔比表面积占活性炭比表面积的 95% 以上，在很大程度上决定了活性炭的吸附容量；中孔比表面积占活性炭比表面积的 5% 左右，是不能进入微孔的较大分子的吸附位，在较高的相对压力下产生毛细管凝聚；大孔比表面积一般不超过 $0.5m^2/g$，仅仅作为吸附质分子到达微孔和中孔的通道，对吸附过程影响不大。

在活性炭制备过程中，炭化阶段形成的芳香片的边缘化学键断裂，形成具有未成对电子的边缘碳原子。这些边缘碳原子具有未饱和的化学键，能与诸如氧、氢、氮和硫等杂环原子反应形成不同的表面基团，这些表面基团的存在毫无疑问地影响活性炭的吸附性能。X 射线研究表明，这些杂环原子与碳原子结合在芳香片的边缘，形成含氧、含氢和含氮表面化合物。当这些边缘成为主要的吸附表面时，这些表面化合物就改变了活性炭的表面特征和表面性质。活性炭表面基团分为酸性、碱性和中性 3 种。酸性表面官能团有羰基、羧基、内酯基、羟基等，可促进活性炭对碱性物质的吸附；碱性表面官能团主要有吡喃酮（环酮）基及其衍生物，可促进活性炭对酸性物质的吸附。

交流研讨

① 查阅文献，探讨活性炭的来源。不同来源制备的活性炭在成分、结构、比表面积方面有什么区别？

② 如何制备活性炭？如何对活性炭表面进行改性？近三年来学者对活性炭的研究集中在哪些方面？

③ 活性炭的应用领域有哪些？简述 1～2 种不同领域的应用。

任务二 活性炭比表面积及吸附平衡的测试

活动 1 比表面积的认识

比表面积指单位质量物质所具有的表面积，是吸附材料和催化剂的重要基础参数之一。一般情况下，吸附材料和催化剂都是多孔材料，其表面分为内表面和外表面，内表面是指材料内部细孔内壁表面，孔径越小，孔越发达，内表面积也越大，此时总表面积主要由细孔内表面积提供。但孔径变小影响反应物在孔内的扩散，对材料的性能有较大影响。因此材料的孔径大小也是衡量材料性能的一个重要指标。活性炭的透射电镜照片见图 4.23。

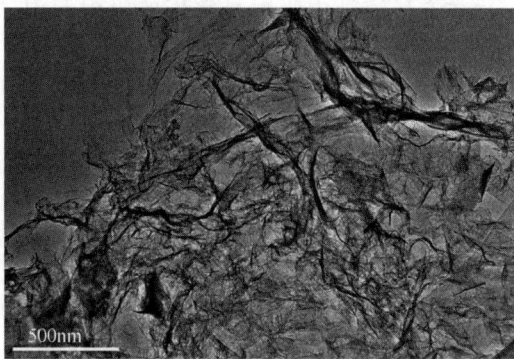

图 4.23 活性炭透射电镜照片

交流研讨

① 哪些材料制备的活性炭比表面积比较大？

② 如何获得大比表面积的活性炭？

活动 2 Langmuir 理论、BET 理论及固体比表面积测定

1918 年 Langmuir 在《JACS》上发表论文，提出气体吸附理论，被称为"Langmuir 单分子层吸附理论"。其假设气体是单分子层吸附且固体表面是均匀的，被吸附气体分子之间没有相互作用力以及吸附和脱附达到动态平衡。在此基础上推导出朗缪尔吸附等温式：

$$\theta = \frac{V^a}{V_m^a} = \frac{bp}{1+bp}$$

但有很多实验结果是朗缪尔吸附等温式所不能解释的，原因是朗缪尔理论的假设与实际情况有出入。但该理论的基本模型为吸附理论的发展起了奠基的作用。

布鲁瑙尔（Brunauer）、埃米特（Emmett）和特勒（Teller）3 人在朗缪尔单分子层吸附理论基础上提出多分子层吸附理论，简称 BET 理论。该理论是在分析大量实验数据的基础上，吸取了前人（Langmuir，Polanyi 等）理论中的合理方面，创造性地发展而成的。其等温吸附式表达如下：

$$\frac{V^a}{V_m^a} = \frac{c(p/p^*)}{(1-p/p^*)[1+(c-1)p/p^*]}$$

BET 公式能较好地表达全部五种类型吸附等温线的中间部分，以 $p/p^* = 0.05～0.35$ 为最佳。其改进还需考虑表面不均匀性、同层吸附分子间的相互作用，以及毛细凝结现象等。

交流研讨

① 请查阅文献资料，了解 Langmuir、Brunauer、Emmett、Teller 的生平事迹。

② Langmuir 理论和 BET 理论在哪些领域应用比较广泛？

实验设计

请查阅文献，设计实验，采用液氮温度下氮气等温吸脱附法测定活性炭比表面积。获得数据后请进行处理，并分别采用 Langmuir 和 BET 理论分析其比表面积（注意两种理论适用的压力范围）。

活动 3　活性炭吸附平衡性能测试

固体在稀溶液中吸附最常用的吸附等温式是朗缪尔（Langmuir）吸附等温式。Langmuir 吸附等温式如下：

$$\frac{c}{q^e} = \frac{c}{q_m^e} + \frac{1}{q_m^e K_a}$$

其中

$$q^e = \frac{V(c_0 - c)}{m}$$

式中　q^e——平衡吸附量，mol/g；

q_m^e——饱和吸附量，mol/g；

K_a——吸附平衡常数，L/mol；

c——吸附平衡时溶液浓度，mol/L；

c_0——溶液起始浓度，mol/L；

V——吸附所用溶液体积，L；

m——吸附所用固体的质量，g。

通过测定吸附平衡时溶液浓度和固体的平衡吸附量，用 c/q^e-c 作图即可求出饱和吸附量和吸附平衡常数。

范特霍夫方程在平衡常数与温度和吸附热之间建立联系，其方程如下：

$$\ln K_a = -\frac{\Delta_a H_m}{RT} + C$$

式中　K_a——吸附平衡常数；

$\Delta_a H_m$——吸附热，J/mol；

T——吸附温度，K；

R——摩尔气体常数，8.3145J/(mol·K)；

C——不定积分常数。

通过测定不同温度下的吸附平衡常数，利用 $\ln K_a$-$1/T$ 作图，可以计算吸附热 $\Delta_a H_m$。

实验设计

活性炭比表面积可采用亚甲基蓝吸附法测定，请讨论此方法的优缺点；通过查阅文献，提出利用 Langmuir 单分子层吸附理论测定亚甲基蓝饱和吸附量并计算活性炭比表面积的改进方案；开展实验获得活性炭比表面积，并与 N_2 吸脱附法测量结果进行对比。同时计算吸附平衡常数，通过测定不同温度下的吸附平衡常数，获得其在一定温度范围内的吸附热。

任务三　活性炭吸附动力学测试

吸附动力学主要研究吸附、脱附速度及各种影响因素。吸附、脱附速度主要由吸附剂与吸附质的相互作用及温度、压力等因素决定。

在等温条件下，吸附速度主要由 3 个基本过程控制：

① 吸附质在吸附剂粒子表面液膜中的移动速度；

② 粒子内的扩散速度；

③ 粒子内细孔表面的吸附速度。

其中，过程③的吸附速度很快，因此总吸附速度取决于过程①和②。一般吸附动力学曲线分为吸附初期的快速吸附和吸附后期的慢速吸附两个阶段，在测定的过程中，前阶段由于体系不稳定，因此常用慢速的动力学方程计算。

固体吸附剂对溶液中溶质的吸附动力学过程可用准一级、准二级、韦伯-莫里斯内扩散模型和班厄姆孔隙扩散模型等来描述。

交流研讨

① 请查阅文献，了解吸附动力学模型的条件、假设和各参数含义。

② 通过查阅文献，归纳不同孔径材料吸附动力学的差异。

实验设计

请查阅文献，设计实验研究不同温度下活性炭吸附亚甲基蓝的吸附动力学，通过不同动力学模型拟合，获得速率常数，探究活性炭吸附亚甲基蓝的吸附动力学模型，计算吸附活化能。

仪器和药品

比表面积分析仪 [3H-2000 PS2 型，贝士德仪器科技（北京）有限公司]；恒温振荡器（SHA-BA 型，常州荣华仪器制造有限公司）；分光光度计（V1000 型，上海佑科仪器仪表有限公司）；碘量瓶；容量瓶；移液管。

亚甲基蓝溶液（1% 和 0.01%）；活性炭。

附　　录

附录 1　物理量的符号与单位

任何一个物理量都是用数值和单位的组合来表示的。

$$物理量＝数值×单位$$

其中"数值"是将某一物理量与该物理量的标准量进行比较所得到的比值，所以测得的物理量必须具有单位，否则就没有意义。在基础学科中一般常用量的名称和符号在我国和国际上都有统一的规定。例如，压力为 p，体积为 V 等。

$$p＝101\text{kPa}, \quad V＝22.4\text{dm}^3$$

现规定物理的符号用斜体字表示，如 p、V、T 等，而单位用正体字表示，如 Pa、m^3、K 等。

我国对于"单位"有明确的法定计量单位的规定，是在国民经济、科学技术、文化教育等一切领域必须执行的强制性的国家标准。我国的法定计量单位等效采用国际标准，它包括国际单位制（SI）的基本单位、辅助单位、导出单位；由以上单位构成的组成形式单位，即由词头和以上单位所构成的十进制倍数和分数单位（见附表 1.1～附表 1.5）。

附表 1.1　国际单位制的基本单位

量的名称	单位名称	单位符号	量的名称	单位名称	单位符号
长度	米	m	热力学温度	开[尔文]	K
质量	千克	kg	物质的量	摩[尔]	mol
时间	秒	s	发光强度	坎[德拉]	cd
电流	安[培]	A			

附表 1.2　国际单位制的辅助单位

量 的 名 称	单 位 名 称	单 位 符 号
平面角	弧度	rad
立体角	球面度	sr

附表 1.3　国际单位制中具有专门名称的导出单位

量 的 名 称	单 位 名 称	单 位 符 号	其他表示示例
频率	赫[兹]	Hz	s^{-1}
力	牛[顿]	N	$\text{kg} \cdot \text{m/s}^2$
压力;压强;应力	帕[斯卡]	Pa	N/m^2
能量;功;热量	焦[耳]	J	$\text{N} \cdot \text{m}$

续表

量 的 名 称	单 位 名 称	单 位 符 号	其 他 表 示 示 例
功率;辐[射能]通量	瓦[特]	W	J/s
电荷[量]	库[仑]	C	A·s
电位;电压;电动势	伏[特]	V	W/A
电容	法[拉]	F	C/V
电阻	欧[姆]	Ω	V/A
电导	西[门子]	S	A/V
磁通[量]	韦[伯]	Wb	V·s
磁通[量]密度;磁感应强度	特[斯拉]	T	Wb/m^2
电感	亨[利]	H	Wb/A
摄氏温度	摄氏度	℃	K
光通量	流[明]	lm	cd·sr
[光]照度	勒[克斯]	lx	lm/m^2
密度	千克每立方米	kg/m^3	kg/m^3
黏度	帕斯卡秒	Pa·s	kg/(m·s)
比热容	焦耳每千克每开尔文	J/(kg·K)	$m^2/(s^2·K)$

附表 1.4　国家选定的非国际单位制单位

量的名称	单位名称	单位符号	换算关系和说明
时间	分	min	1min=60s
	[小]时	h	1h=60min=3600s
	天(日)	d	1d=24h=86400s
平面角	[角]秒	(″)	1″=(π/648000)rad(π 为圆周率)
	[角]分	(′)	1′=60″=(π/10800)rad
	度	(°)	1°=60′=(π/180)rad
旋转速度	转每分	r/min	1r/min=(1/60)r/s
长度	海里	nmile	1nmile=1852m(只用于航程)
速度	节	kn	1kn=1nmile/h=(1852/3600)m/s (只用于航行)
质量	吨 原子质量单位	t u	$1t=10^3 kg$ $1u≈1.6605655×10^{-27} kg$
体积	升	L,(l)	$1L=1dm^3=10^{-3} m^3$
能量	电子伏特	eV	$1eV≈1.6021892×10^{-19} J$
级差	分贝	dB	
线密度	特[克斯]	tex	1tex=1g/km

附表 1.5　用于构成十进倍数和分数单位的词头

量的名称	单位名称	单位符号	量的名称	单位名称	单位符号
10^{18}	艾[可萨]	E	10^{-1}	分	d
10^{15}	拍[它]	P	10^{-2}	厘	c
10^{12}	太[拉]	T	10^{-3}	毫	m
10^{9}	吉[咖]	G	10^{-6}	微	μ
10^{6}	兆	M	10^{-9}	纳[诺]	n
10^{3}	千	k	10^{-12}	皮[可]	p
10^{2}	百	h	10^{-15}	飞[母托]	f
10^{1}	十	da	10^{-18}	阿[托]	a

注：1. 周、月、年（年的符号为 a）为一般常用时间单位。

2. [ ] 内的字，是在不致混淆的情况下，可以省略的字。

3. （ ）内的字为前者的同义语。

4. 角度单位度分秒的符号不处于数字后时，用括弧。

5. 升的符号中，小写字母 l 为备用符号。

6. r 为"转"的符号。

7. 人民生活和贸易中，质量习惯称为重量。

8. 公里为千米的俗称，符号为 km。

9. 10^4 称为万，10^8 称为亿，10^{12} 称为万亿，这类数词的使用不受词头名称的影响，但不应与词头混淆。

国际单位制是在米制基础上发展起来的国际通用单位制，经过几届国际计量大会的修改，已发展成为 7 个基本单位、2 个辅助单位和 19 个具有专门名称的单位制。所有的单位都有一个主单位，利用十进制倍数和分数的 20 个词头，可组成十进倍数单位和分数单位。SI 概括了各门科学技术领域的计量单位，形成有机联系、科学性强、命名方法简单、使用方便的体系，已被许多国家和国际性科学组织所采用。SI 的完整叙述和讨论，可参阅有关书刊以及我国的国家标准 GB 3100—1993、GB/T 3101—1993、GB/T 3102.1—1993 等文件。

在进行物理量的表示及运算时，应注意以下几点。

① 在表示物理量定量关系的代数方程中，只允许量纲相同的一类物理量的项，用加、减或相等号连接。在 SI 中具有相同量纲的物理量，其 SI 单位亦相同。

例 1　求边长为 2m 的正方形面积 A。

解
$$A = 2 \times 2 = 4\text{m}^2 \qquad （错）$$
$$A = 2\text{m} \times 2\text{m} = 4\text{m}^2 \qquad （对）$$
$$A = (2 \times 2)\text{m}^2 = 4\text{m}^2 \qquad （对）$$

例 2　某混合物中物质 B 的物质的量为 n_B，H_2O 的物质的量为 1mol，求该混合物中物质 B 的摩尔分数 x_B。

解
$$x_B = n_B/(1 + n_B) \qquad （错）$$
$$x_B = n_B/(1\text{mol} + n_B) \qquad （对）$$

例 3　某物质的摩尔定压热容与温度的关系不能写成 "$C_{p,m} = (5.8 \times 75.6 \times 10^{-3}T - 17.9 \times 10^{-6}T^2)$ [$J/(\text{mol} \cdot K)$]"，正确的表示方法应为：

$$C_{p,m} = \left[5.8 + 75.6 \times 10^{-3} \left(\frac{T}{K}\right) - 17.9 \times 10^{-6} \left(\frac{T}{K}\right)^2\right] J/(mol \cdot K)$$

② $\ln x$ 与 e^x 中 x 为无量纲的纯数，因此，物理量 z 必须先化为纯数 $z/[z]$ 后才能取对数，其中 $[z]$ 为 z 的单位。例如，压力 p 的确切表示应为 $\ln(p/Pa)$，或 $\ln(p/p^\ominus)$，其中 Pa 为压力的单位，$p^\ominus$ 为标准态压力。若写成 $\ln p$，则只能是一种简化表示。

③ 应该用纯数来作图或列表。将物理量除以相应的单位，即可为纯数。例如 $p/kPa = 101.325$，$V_m/(dm^3/mol) = 22.414$ 等。又如液体的饱和蒸气压 p 与热力学温度 T 的关系符合克劳修斯-克拉佩龙方程：

$$\ln p = -\frac{\Delta_{vap} H_m}{R} \times \frac{1}{T} + C$$

式中　$\Delta_{vap} H_m$——摩尔蒸发焓；

　　　R——摩尔气体常数。

为了强调对数符号后的量为无量纲量，上式可改写为：

$$\ln \frac{p}{[p]} = -\frac{\Delta_{vap} H_m}{R} \times \frac{1}{T} + C$$

式中 $[p]$ 为 p 的单位。因对数无量纲，故 C 无量纲。RT 和 $\Delta_{vap} H_m$ 的量纲相同。

作图时图坐标上标注应为纯数。例如，根据上式将 $\ln(p/[p])$ 对 $1/T$ 作图可得一直线，此时可用 $\ln(p/[p])$ 为纵坐标，以 $[T]/T$ 为横坐标。若蒸气压力 p 与热力学温度 T 的单位分别为 kPa 和 K 时，坐标标注分别为 $\ln(p/kPa)$ 和 K/T。

坐标标注无量纲，直线斜率 m 当然也是无量纲量，故与 m 有关的物理量 $\Delta_{vap} H_m$ 及 R 均须化为纯数，即上述直线方程的斜率。

$$m = -\frac{\Delta_{vap} H_m/[\Delta H]}{R/[R]}$$

则 $\Delta_{vap} H_m = -m(R/[R])[\Delta H]$

若采用 SI 单位，则

$$\Delta_{vap} H_m = -m \times \frac{8.314 J/(mol \cdot K)}{J/(mol \cdot K)} \times J/mol = -8.314 m J/mol$$

④ 国际单位制（SI）是由 SI 单位、SI 词头和 SI 单位的十进倍数与分数单位三部分构成的，SI 单位包括 SI 基本单位、SI 辅助单位和 SI 导出单位。

SI 单位是一贯单位，而由 SI 词头和 SI 单位构成的 SI 单位的十进倍数与分数单位（kg 除外），虽然也是国际单位制的单位，但它不是 SI 单位，因而也不是一贯单位。

因为 SI 单位是一贯单位，所以在进行物理量的运算时，方程中若全部采用 SI 单位，则不需作单位换算，直接即可得出以 SI 单位表示的结果。国家法定计量单位的使用方法中，推荐使用这种方法，否则，若使用非一贯单位，则往往须作单位换算。

单位换算时，可先列出单位间的关系式，例如，压力为：

$$1atm = 101325Pa$$

上式两边各除以 1atm 或 101325Pa，则化为：

$$1 = 101325Pa/atm$$

或　　　　　　　　　　$$1 = (1/101325)\ atm/Pa$$

于是根据所需换算的不同单位而乘以 101325Pa/atm 或 (1/101325) atm/Pa，这等于乘

以 1，故其值不变。如

$$3.00atm \times 101325Pa/atm = 304kPa$$

⑤ 物质的量 n，是化学中定义的一个基本量。物质 B 的物质的量 n_B 是比例于系统中基本单元 B 的数目 N_B 的量，即 $n_B \propto N_B$，或 $n_B = (1/L) N_B$，式中 L 为阿伏伽德罗常数。n 相同则基本单元数目 N 相同。在提到物理量 n 时，基本单元是什么必须指明，如 $n(O_2)$、$n(O)$、$n(1/2O_2)$ 等。

物理量 n 的法定名称只有一个，即"物质的量"，不应将它称为"摩尔数"，这与不应把长度 l 这个物理量称作"米数"的道理是一样的。

物质 B 的物质的量，可以说成"B 的物质的量"，或更简单地说成"B 的量"。

⑥ 对于物理量的数与单位的写法与读法还应注意：

a. 组合单位相乘时应用圆点或空格，不用乘号。如密度单位可写成 $kg \cdot m^{-3}$、$kg\ m^{-3}$ 或 kg/m^3，不可写成 $kg \times m^{-3}$。

b. 组合单位中不能用一条以上的斜线。如 $J/(K \cdot mol)$，不可写成 $J/K/mol$。

c. 对于分子无量纲、分母有量纲的组合单位，一般用负幂形式表示。如 K^{-1}、s^{-1}，不宜写成 $1/K$，$1/s$。

d. 任何物理量的单位符号应放在整个数值的后面。如 $1.25m$，不可写作 $1m52$。

e. 不得使用重叠的冠词。如 nm（纳米）、Mg（兆克），不可写成 $m\mu m$（毫微米）、kkg（千千克）。

f. 数值相乘时，为避免与小数点相混，应采用乘号不用圆点，如 2.58×6.17 不可写作 $2.58 \cdot 6.17$。

g. 组合单位中，中文名称的写法与读法应与单位一致。如比热容单位是 $J/(kg \cdot K)$，即"焦耳每千克开尔文"，不应写或读为"每千克开尔文焦耳"。

附录2　常用实验仪器

一、722 型分光光度计

（1）测量原理　分光光度法测定的理论依据是朗伯-比尔定律：当一束平行单色光通过单一均匀的、非散射的吸光物质溶液时，溶液的吸光度与溶液浓度与液层厚度的乘积成正比。如果固定比色皿厚度测定有色溶液的吸光度，则溶液的吸光度与浓度之间有简单的线性关系，可根据相对测量的原理，用标准曲线法进行定量分析。

722 型分光光度计是一种新型分光光度法通用仪器，能在波长 $180 \sim 860nm$（波长精度：$\pm 2nm$）范围内进行透过率、吸光度和浓度直读测定，广泛应用于医学卫生、临床检验、生物化学、石油化工、环保监测、质量控制等部门做定量分析用。仪器的外形见附图 2.1。722 型分光光度计后视图如附图 2.2 所示。

（2）仪器的安装使用与维护

① 使用仪器时，使用者应该首先了解本仪器的结构和工作原理以及各个操作旋钮的功能。在未接通电源前，应该对仪器的安全性进行检查，如电源线接线应牢固、接地要良好、各个调节旋钮的起始位置应该正确，然后接通电源开关。

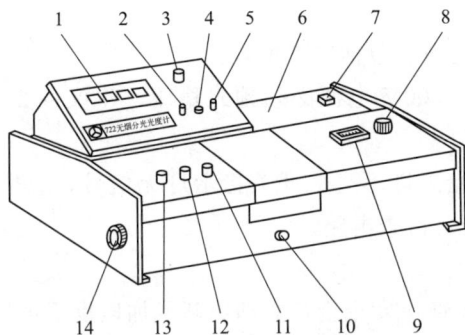

附图 2.1　722 型分光光度计外形

1—数字显示器；2—吸光度调零旋钮；3—选择开关；
4—吸光度调斜率电位器；5—浓度旋钮；6—光源室；
7—电源开关；8—波长手轮；9—波长刻度窗；
10—试样架拉手；11—"100％" 旋钮；12—"0" 旋钮；
13—灵敏度调节旋钮；14—干燥器

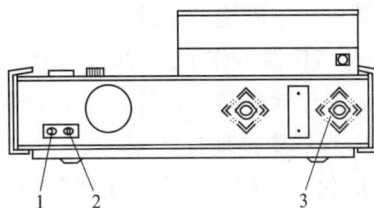

附图 2.2　722 型分光光度计后视图

1—1.5A 保险丝；2—电源插头；3—外接插头

仪器在使用前先检查一下放大器暗盒的硅胶干燥筒（在仪器的左侧），如受潮变色，应更换干燥的蓝色硅胶或者倒出原硅胶，烘干后再用。

仪器经过运输和搬运等，会影响波长精度、吸光度精度，应根据仪器校正步骤进行调整，然后投入使用。

② 将灵敏度旋钮调至 "1" 挡（放大倍率最小）。

③ 开启电源，指示灯亮，选择开关置于 "T"，波长调至测试用波长。仪器预热 20min。

④ 打开试样室盖（光门自动关闭），调节 "0" 旋钮，使数字显示为 "00.0"，盖上试样室盖，将比色皿架置于蒸馏水校正位置，使光电管受光，调节 "100％" 旋钮，使数字显示字 "100.0"（注意：当调节 "100％" 旋钮时，若旋钮到底仍不见显示 "100.0"，可请老师指导）。

⑤ 如果显示不到 "100.0"，则可适当增加微电流放大器的倍率挡数，但尽可能将倍率置低挡使用，这样仪器将有更高的稳定性，但改变倍率后必须按④重新校正 "0" 旋钮和 "100％" 旋钮。

⑥ 预热后，按④连续几次调整 "0" 旋钮和 "100％" 旋钮，仪器才可进行测定工作。

⑦ 吸光度 A 的测量：按④调整仪器到 "0" 旋钮和 "100％" 旋钮后，将选择开关置于 "A"，调节吸光度调零旋钮，使得数字显示为 ".00"，然后将原始稀释溶液和平衡稀释溶液的样品移入光路，显示值即为被测样品的吸光度。

⑧ 浓度的测量：选择开关由 "A" 旋至 "C"，将已标定浓度的样品放入光路，调节浓度旋钮，使得数字显示为标定值，将被测样品放入光路，即可读出被测样品的浓度值（此步骤，学生了解即可，不必做）

⑨ 如果大幅度改变测试波长，在调整 "0" 旋钮和 "100％" 旋钮后稍等片刻（因光能量变化急剧，光电管受光后响应缓慢，需有一段光响应平衡时间），当稳定后，重新调整 "0" 旋钮和 "100％" 旋钮，即可工作。

⑩ 每台仪器所配套的比色皿，不能与其他仪器上的比色皿单个调换。

⑪ 本仪器数字表后盖，有信号输出 0～1000MV，插座 1 脚为正接地线，2 脚为负接

地线。

⑫ 仪器的维护（此步骤学生不做，由工作人员做）包括以下内容：

a. 为确保仪器稳定工作，当电压波动较大时，200V 电源必须预先稳压，建议备 220V 稳压器一台（磁饱和式或电子稳压式）。

b. 当仪器工作不正常时，如数字表无亮光、光源灯不亮、开关指示灯无信号，应检查仪器后盖保险丝是否损坏，然后查电源线是否接通，再查电路。

c. 仪器要接地良好。

d. 仪器左侧下角有一干燥剂筒，应保持其干燥性，发现变色立即更新或加以烘干再用。

e. 另外有两包硅胶放在样品室内，当仪器停止使用后，也应该定期更新烘干。

f. 当仪器停止工作时，切断电源，电源开关同时切断。

g. 为了避免仪器积灰和沾污，在停止工作时间内，用塑料套罩住整个仪器，在套子内应放数袋防潮硅胶，以免灯室受潮。反射镜镜面发霉或沾污会影响仪器质量。

h. 仪器工作数月或搬动后，要检查波长精度和吸光度精度等方面，以确保仪器的使用和测量精度。

⑬ 其他注意事项如下所述：

a. 仪器要安放在稳固的工作台上，避免振动，并避免阳光直射，以及灰尘及腐蚀性气体。

b. 仪器在日常维护中要注意防尘；仪器表面宜用温水擦拭，请勿使用酒精、丙酮等有机溶剂。

c. 比色皿每次使用后应用石油醚清洗，并用擦镜纸轻拭干净，存于比色皿盒中备用。

二、阿贝折射仪

（1）折射率测定的基本原理　当一束光从一种介质 A 进入另一种介质 B 时，在界面上会发生折射现象，如附图 2.3 所示。根据斯涅尔（Snell）定律，波长一定的单色光在温度、压力不变的条件下，其入射角 i 和折射角 γ 与这两种介质的折射率 $n(A)$、$n(B)$ 有下列关系

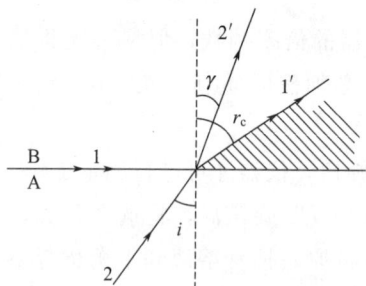

$$\frac{\sin i(A)}{\sin \gamma(B)} = \frac{n(B)}{n(A)}$$

如果介质 A 是真空，因规定 $n($真空$)=1$，则有：

$$n(B) = \frac{\sin i(真空)}{\sin \gamma(B)}$$

附图 2.3　光在不同介质中的折射

$n(B)$ 称为介质 B 的绝对折射率。如果介质 A 为空气，$n($空气$)=1.00027$（空气的绝对折射率），则：

$$\frac{\sin i(空气)}{\sin \gamma(B)} = \frac{n(B)}{n(空气)} = \frac{n(B)}{1.0027} = n'(B)$$

$n'(B)$ 称为介质 B 对空气的相对折射率，又称常用折射率。因 n 与 n' 相差很小，通常就把常用折射率替代绝对折射率。

折射率以 n 表示，由于 n 与波长有关，因此在其右下角注以字母表示测定时所用的单

色光的波长，D、F、G、C⋯分别表示钠的 D（黄）线、氢的 F（蓝）线、G（紫）线、氢的 C（红）线等；另外折射率又与介质的温度有关，因而在 n 的右上角注明测量时介质的温度。例如，n_D^{20} 表示 20℃时该介质对钠光 D 线的折射率。大气压对折射率的影响极小，可不考虑。

阿贝折射仪是根据临界折射现象设计的。在附图 2.3 中，若 B 为棱镜，A 为样品，棱镜折射率大于样品折射率：$n(B)>n(A)$。若入射光 1 正好沿着棱镜与试样的界面射入，其折射光为 $1'$，入射角 $i_1=90°$，折射角为 r_c，此即为临界角，因为再没有比 r_c 更大的折射角了。大于临界角处构成暗区，小于 r_c 处构成亮区。因此 r_c 具有特征意义，而且有

$$n(A)=n(B)\frac{\sin r_c}{\sin 90°}=n(B)\sin r_c$$

显然，如果已知棱镜 B 的折射率 $n(B)$，测定临界角 r_c 就能算出被测试样的折射率。

（2）阿贝折射仪的结构　附图 2.4 为阿贝折射仪的光程和外形示意。仪器的中心部件是由两块直角棱镜组成的棱镜组，下面一块是可以启闭的辅助棱镜 Q，且其斜面是磨砂的，液体试样夹在辅助棱镜 Q 与测量棱镜 P 之间，展开成一薄层。光由光源经反射镜 M 反射到辅助棱镜，在磨砂的斜面发生漫散射，因此，从液体试样层进入测量棱镜 P 的光线各个方向都有，从 P 直角边上方可观察到临界折射现象。转动棱镜组转轴 A 的手柄 R，调整棱镜组的角度，使临界线对准测量望远镜视野 V 中的 X 形准线的交点。由于刻度盘 Sc 与棱镜组同轴，因此试样的折射率可通过临界角在刻度盘上反映出来。刻度盘上的示值有两行，右边一行是折射率 n_D（1.3000～1.7000），左边另一行是 0～95%，专门测定蔗糖水溶液中蔗糖的质量分数。

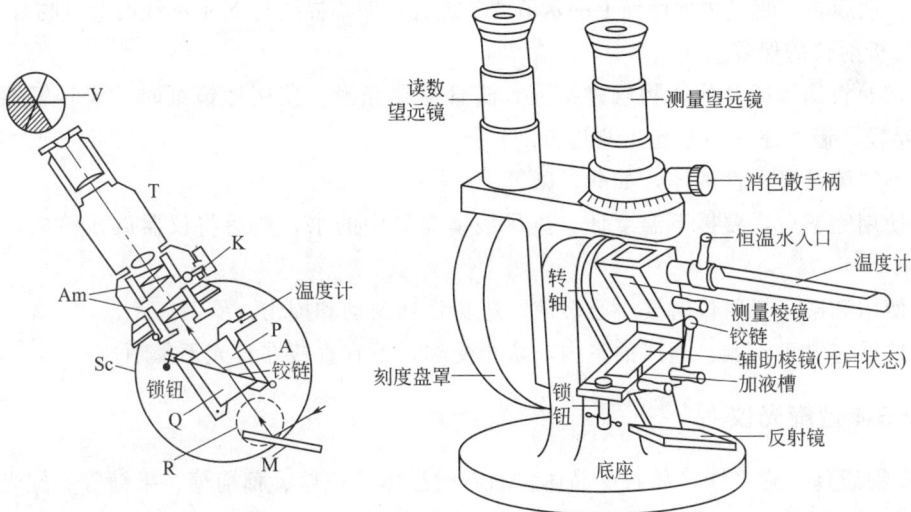

附图 2.4　阿贝折射仪的构造及外形

V—测量望远镜视野；T—测量望远镜筒；M—反射镜；Sc—刻度盘；
Am—消色散棱镜；R—手柄；Q—辅助棱镜；A—棱镜组转轴；K—消色散手柄；P—测量棱镜

为了方便，阿贝折射仪的光源采用日光，而不是单色光，日光通过棱镜时产生色散，使临界线模糊，因而在测量望远镜的镜筒下面设计了一套消色散棱镜 Am（amici 棱镜），旋转消色散手柄 K，就可消除色散现象。

（3）折射仪的使用方法

① 安装　将折射仪置于靠窗的桌上或普通白炽灯前；将温度计拧入棱镜外套上的温度插座内。用橡胶管将棱镜套的进、出水口与超级恒温槽串接起来，恒温温度以折射仪上的温度计读数为准，一般选用20℃±0.1℃或25℃±0.1℃。

② 加样　松开锁钮，开启辅助棱镜，使其磨砂的斜面处于水平位置，用滴管加少量丙酮清洗镜面，促使难挥发的污物逸走，用滴管时注意勿使管口碰触镜面。必要时可用擦镜纸轻轻揩拭镜面，但切勿使用滤纸。待镜面干燥后滴加数滴试样于辅助棱镜的毛镜面上，闭合辅助棱镜，旋紧锁钮。

③ 对光　转动手柄R，使刻度盘标尺上的示值为最小。调节反射镜，使反射光进入棱镜组，从测量望远镜中观察使视场最亮。调节目镜，使视场准线最清晰。

④ 粗调　转动手柄R，使刻度盘标尺上的示值逐渐增大，直到视场中出现彩色光带或黑白临界线。

⑤ 消色散　转动消色散手柄K，使视场内出现一清晰的明暗临界线。

⑥ 精调　转动手柄R，使临界线正好在X形准线交点。若此时又呈现微色散，必须重调色散手柄K，使临界线明暗清晰。

⑦ 读数　打开刻度盘罩壳上的小窗，调节小窗角度使光线射入，然后从读数望远镜中读出标尺上相应的示值。转动手柄R，连续读数3次，相差小于0.0002，然后取其平均值。同一试样应重复测量一次。

⑧ 校正（学生不作）　折射仪刻盘上的零点读数有时会发生移动，须加以校正。一般使用二次蒸馏水，转动手柄R使读数等于实验温度时水的折射率［可查表得到，例如n_D^{20}（水）＝1.3325］。然后转动测量望远镜筒上的示值调节螺钉，使临界线与X形准线的交点吻合即可。

（4）折射仪的保养

① 切勿将滴管或其他硬物触碰镜面，滴管嘴须光滑。使用擦镜纸时，要轻轻擦拭。转动棱镜要轻、慢，注意不要超出测量范围。

② 不得测试腐蚀性液体，如酸、碱等。

③ 使用完毕后，要拆下温度计，流尽棱镜夹套中的水，然后将仪器放入箱内，箱内应有干燥剂。

④ 使用和搬运折射仪时要小心轻放，避免强烈振动和撞击。

⑤ 仪器应置于干燥、通风的室内，防止受潮，不宜直接在日光下暴晒。

三、WXG-4 型旋光仪

许多物质具有旋光性，如石英晶体、酒石酸晶体、蔗糖、葡萄糖、果糖等。旋光性是指当一束平面偏振光通过某一物质时，其偏振光平面会转过一个角度的性质。这个旋转的角度即旋光度。通过对某些物质旋光性的研究，可以帮助了解该物质的立体结构。旋光度的大小和方向与物质内分子的立体结构有关，在溶液状态时，旋光度还与溶液的浓度、温度、样品管长度、光源波长及物质本性有关。

（1）旋光仪的构造与工作原理　旋光仪的光学系统以倾斜20°的角度安装在基座上，以便于操作。光源采用20W钠光灯（波长589nm）。其光路示意图如附图2.5所示。

光路中有两块尼科尔（Nicol）棱镜，其中起偏镜用来产生偏振光，即只在垂直于传播

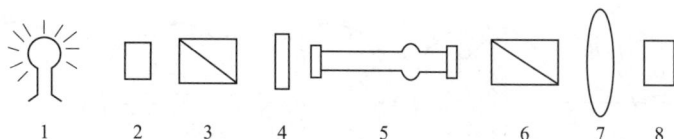

附图 2.5 旋光仪路示意

1—钠光灯；2—透镜；3—起偏镜；4—石英片；5—样品管；6—检偏镜；7—刻度盘；8—目镜

方向的某一方向上振动的光。一束自然光当以一定角度进入尼科尔棱镜（由两块直角棱镜组成）后，分解成两束与振动面相互垂直的偏振光（附图 2.6）。由于折射率不同，两束光经过第一块棱镜到达该棱镜与加拿大树胶层的界面时，折射率大的一束光被全反射，并被棱镜

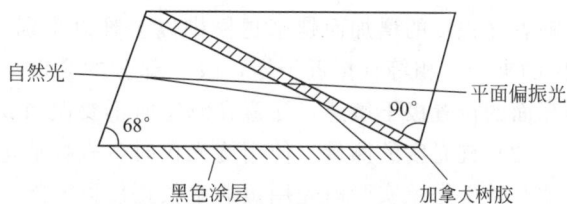

附图 2.6 尼科尔棱镜起偏振原理

框上的黑色涂层吸收。另一束光可以透过第二块直棱镜，从而得到一束单一的平面偏振光。

另一块尼科尔棱镜是可旋转的，叫作检偏镜。当一束平面偏振光射到该棱镜上时，若棱镜的主截面与光的偏振面平行，即可全通过；若两者垂直，光波全反射；当两者的角从 0°转到 90°，则透过棱镜的光强度发生衰减。因此，检偏镜可以检测偏振光的偏振面方向。

在不放样品的条件下，将检偏镜转到其主截面与起偏镜主截面垂直的位置，偏振光被全反射，在目镜中观察到的视野是最暗的。此时若在两棱镜之间放入装有旋光性物质的样品管，则偏振光经过样品管时，偏振面被旋转了一个角度，光的偏振面不再与检偏镜的主截面垂直，这样目镜中的视野不再是最暗的。欲使其恢复最暗，必须将检偏镜旋转与光偏振面转过的同样角度，这个角度可以在与检偏镜同轴旋转的刻度盘上读出。这个值就是样品的旋光度。

但是，判断视野是否最暗是困难的。为提高测量的准确度，旋光仪中设计了一种三分视野：在起偏镜后的光路正中装一具有旋光性的狭长石英片（其宽度约占圆形视野直径的 1/3），使透过它的偏振光的偏振面旋转一小角度 φ（约为 2°~3°），于是，视野被石英片隔成三部分，中间部分的偏振光与两侧偏振光的偏振面相差一个角度 φ。在附图 2.7 中，光传播方向垂直纸面，以 AA 和 BB 分别表示两侧和中间部分偏振光的偏振面，NN 表示检偏镜的主截面，虚线 CC、DD 是 AA 和 BB 两交面的两个角平分面。当调节 NN 到 CC 的位置时，与 AA、BB 的夹角相等且接近 90°，所以视野中三部分亮度相同且较暗，成为较暗的均匀视野，称等暗面，如附图 2.7（c）所示。当 NN 顺时针偏离 CC 一个极小角度 $\varphi/2$（1°~1.5°），NN 便与 BB 垂直，同时与 AA 的锐夹角略有减小，使得中间部分光线全被反射而两侧光线有所增强，出现附图 2.7（a）所示的三分视野。同理，当 NN 逆时针稍稍偏离 CC 时，两侧光线将全被反射而中间光线有所增强，视野如附图 2.7（b）所示。由于 CC 这个位置相当敏感，所以可以在视野中找到等暗面为标准，来检测偏振面的旋转角度：在旋光管中放蒸馏水时调出等暗面，刻度盘上的值定为零；在旋光管中放入待测样品后再调等暗面，刻度盘上的值即为样品旋光度。

当检偏镜主截面 NN 逐渐远离 CC 位置时，NN 与 AA 和 BB 的锐夹角都变小，使得视野中三部分都变得明亮起来；同时，由于这两个锐夹角只相差 2°~3°，故这三部分的明暗差

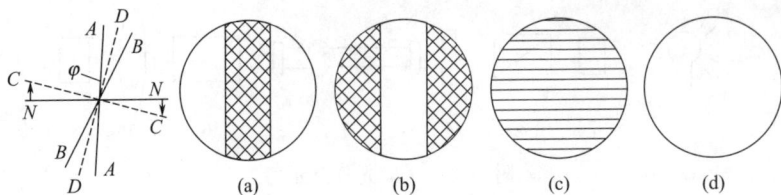

附图 2.7　旋光仪的典型视野

异随着光强度的增加而越来越模糊以至难以辨别。当 NN 达到 DD 位置时，NN 与 AA 和 BB 的夹角又相等且接近于零，故三部分的亮度又相同且相当明亮，这时的视野称等亮面。等亮面的位置极不敏感，注意在测定时不要误当成等暗面。

（2）旋光度的测量　使用旋光仪时，先接通电源，开启开关，约 5min 后钠光灯发光正常才开始工作。实验前先用蒸馏水校正仪器零点；然后按实验要求装好样品，样品管表面擦净后放入旋光仪。先调目镜焦距使视野清晰，再调节刻度盘手轮使检偏镜旋转，找到等暗面，读取的刻度值即样品的旋光度。

为提高读数精度，仪器装有左、右两个游标读数窗口，分别读数后取平均值以消除刻度盘偏心差。读数窗口上装有 4 倍放大镜。读数时先找出游标零刻度对着的刻度盘读数（刻度盘上每格为 $1.0°$），再找出游标刻线与刻度盘刻线对齐的位置，读游标读数（游标上每格 $0.05°$），两数合在一起就是旋光度值。

旋光仪连续使用不得超过 4h。

四、DDS-11 型电导仪

（1）工作原理　测量原理基于附图 2.8 所示的电阻分压法，R_x 与 R_m 组成分压电路

电导等于电阻的倒数，即 $G=1/R$，以 S 或 Ω^{-1} 为单位。

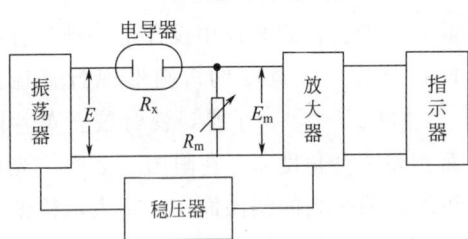

附图 2.8　电导测量原理

$$G=k\frac{A}{l}$$

式中　A——电极的截面积；

　　　l——电极间距离；

　　　k——电导率。

l/A 又称为电导池常数。

由附图 2.8 可知：

$$E_m=\frac{R_m}{R_m+R_x}E=\frac{R_m}{R_m+\dfrac{1}{G_x}}E$$

式中　R_x——电解质溶液的电阻；

　　　R_m——分压电阻。

当 E、R_m 均为常数，且电导 G_x 改变时，必将引起 E_m 的相应变化。因此，通过测量 E_m 的大小，即可得到电导 G_x 的高低。

电导随温度升高而增大，通常每升高 1℃，电导约增加 2%。因此，在测定过程中，必须恒温。

（2）仪器的外部结构　见附图 2.9、附图 2.10。

（3）使用方法

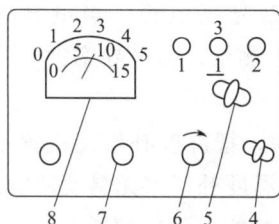

附图 2.9　DDS-11 型电导仪主机正面图

1，2，3—电极接线柱；4—校正、测量开关；

5—量程选择器；6—校正调节器；7—电源开关；8—指示表

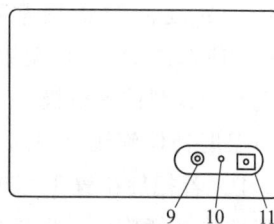

附图 2.10　DDS-11 型电导仪主机背面图

9—三芯插孔；10—熔丝；11—电源插孔

① 未开电源开关前，观察表针是否指零，若不指零，可调整表头上的螺丝，使表针指零。

② 插接电源线，打开电源开关，指示灯即亮，预热 10min 左右。

③ 将选择器扳到所需要的测量范围。如不知被测液电导的大小，应先把它放在最大测量挡，然后逐挡下降，以防表针打弯。

④ 用 $1.5\mu\Omega^{-1}$、$15\mu\Omega^{-1}$、$150\mu\Omega^{-1}$、$1.5m\Omega^{-1}$、$15m\Omega^{-1}$、$150m\Omega^{-1}$ 各挡时，看表面下行刻度（0～15）；用 $5\mu\Omega^{-1}$、$50\mu\Omega^{-1}$、$500\mu\Omega^{-1}$、$5m\Omega^{-1}$、及 $50m\Omega^{-1}$ 各挡时，看表面上行刻度（0～5）。

⑤ 校正、测量开关 4 扳向"校正"，调节校正调节器 6 使指针停在红色标志处。注意：必须在电导池接好且电导电极放在待测体系中的情况下进行校正。

⑥ 将校正、测量开关 4 扳向"测量"，这时指针所指即为被测溶液的电导值。例如，在 $50\mu\Omega^{-1}$ 挡，指标为 3.5，看上行刻度（0～5），因 50 是 5 的 10 倍，被测量值是 $3.5\times10=35\mu\Omega^{-1}$。又如，在 $1.5\mu\Omega^{-1}$ 挡，指标为 12，看下行刻度（0～15），因 1.5 是 15 的 10^{-1}，被测值是 $12\times10^{-1}=1.2\mu\Omega^{-1}$。

⑦ 为保证精度，应尽可能使表针近于满刻度。

⑧ 测量完毕，取出电极用蒸馏水洗净，并将电极浸泡在蒸馏水中。

五、DDS-11D 型电导率仪

DDS-11D 型电导率仪的外观与各调节器功能如附图 2.11 所示。

（1）DDS-11D 型电导率仪使用方法

仪器外露各器件及各旋钮功能　如附图 2.11 所示。

① 电极的使用　按被测介质电阻率（电导率）的高低，选用不同常数的电极，并且测试方法也不同。一般当待测溶液的电阻率大于 $10M\Omega/cm$（大于 $0.1\mu S/cm$）时选用 $0.01cm^{-1}$ 常数的电极，且应将电极装在管道内流动测量。当电阻率大于 $1M\Omega/cm$（小于 $1\mu S/cm$）而小于 $10M\Omega/cm$（大于 $0.1\mu S/cm$）时选用 $0.1cm^{-1}$ 常数的电极，且在任意状态下测量。当电导率

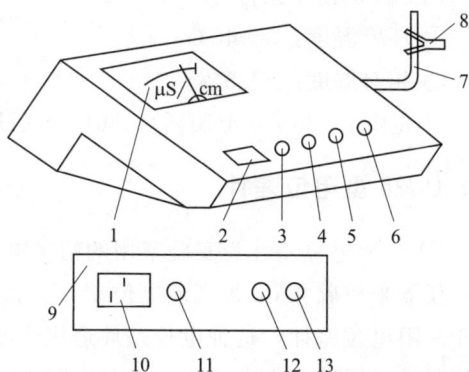

附图 2.11　DDS-11D 型电导率仪面板

1—表头；2—电源开关；3—温度补偿旋钮；

4—常数补偿旋钮；5—校正旋钮；6—量程开关；

7—电极支架；8—电极夹；9—后面板；10—电源插座；

11—保险丝座；12—输出插口；13—电极插座

在 $1 \sim 100 \mu S/cm$ 之间时选用常数为 $1 cm^{-1}$ 的 DJS-1C 型光亮电极。当电导率为 $100 \sim$ $1000 \mu S/cm$ 时应选用 DJS-1C 型铂黑电极，且在任意状态下测量。当电导率大于 $1000 \mu S/cm$ 时应选用 DJS-10C 型铂黑电极。

② 调节温度补偿旋钮　用温度计测出被测溶液温度后，把温度补偿旋钮置于相应温度的刻度上。注：若把旋钮置于 25℃ 线上，仪器就不能进行温度补偿（无温度补偿方式）。

③ 调节常数补偿旋钮　即把旋钮置于与使用电极的常数相一致的位置上。

a. 对 DJS-1C 型电极，若常数 0.95，则调在 0.95 位置上。

b. 对 DJS-10C 型电极，若常数为 9.5，则调在 0.95 位置上。

c. 对 DJS-0.1C 型电极，若常数为 0.095，则调在 0.95 位置上。

d. 对 DJS-0.01C 型电极，若常数为 0.0095，则调在 0.95 位置上。

④ 把量程开关扳在"检查"位置，调节校正旋钮使电表指示满度。

⑤ 把量程开关扳在所需的测量挡。如预先不知被测溶液电导率的大小，应先将其扳在最大电导率挡，然后逐挡下降，以防表针打坏。

⑥ 把电极插头插入插座：使插头凹槽对准插座凸槽，然后用食指按一下插头的顶部，即可插入（拔出时捏住插头的下部，往上一拨即可），然后把电极浸入被测溶液中。

⑦ 将量程开关扳在黑点的挡，读表面上行刻度（0~1）；扳在红点的挡，读表面下行刻度（0~3）。

（2）测量注意事项

① 在测量高纯水时应避免污染。

② 若需要保证高纯水测量精度应采用不同补偿方式测量，利用查表而得。

③ 温度补偿采用固定的 2% 温度系数补偿。

④ 为确保测量精度，电极使用前应用小于 $0.5 \mu g/cm$ 的蒸馏水（或去离子水）冲洗 2 次，然后用被测试样冲洗 3 次后方可测量。

⑤ 电极插座绝对禁止沾上水，以免造成不必要的测量误差。

⑥ 电极应定期标定常数。

（3）仪器使用条件

① 环境温度：5~40℃。

② 相对湿度：≤85%。

③ 电源：220V（±10%）；50Hz±1Hz。

六、UJ25 型电位差计

UJ25 型电位差计为实验室用的精密电位差计，它可直接用来测量直流电势，也可作为标准仪器来校验 0.02 级直流电位差计、检验功率表及测量直流电源和电阻。由于 UJ25 型属于高阻电位差计，这种电位差计适用于测量内阻较大的电源电动势，以及较大的电阻上的电压降等。因其工作电流小，线路电阻大，故在测量过程中工作电流变化很小，需要高灵敏度的检流计。

（1）UJ25 型电位差计的工作原理　电位差计采用补偿法原理，使待测电动势与标准电动势相比较，其原理线路如附图 2.12 所示。

选定标准电池补偿电阻 $R_N = E_N / I_0$，I_0 为标准电流，工作电流调节变阻器 R_0 使检流计

G 无电流通过，此时通过 R_N 的电流必为 I_0。再将选择开关与待测电池接通，调节 R 中的 R_X 使检流计指示零，显然有

$$E_X = I_0 R_X = E_N R_X / R_N$$

测量结果准确性依赖 E_N、R_X 和 R_N 的准确性，由于上述三值准确度均高，应用高灵敏度检流计，使测量结果极为准确。

补偿法测量电动势有下述优点：无须直接测量电流，只要测出 R_X 与 R_N 的比值；完全补偿时，测量回路与被测回路间无电流通过，故被测电动势不因接入电位差计而有变化。

测量电动势时，将工作电池、标准电池、待测电池、检流计，分别接在 UJ25 型电位差计的对应接线柱上，并注意接线柱上的正负号。

（2）UJ25 型电位差计的使用方法 UJ25 型电位差计面板如附图 2.13 所示。面板上有 13 个端钮，供接"待测电池""标准电池""检流计""工作电池""屏蔽"之用；左下方为转换开关 K ["标准"（N）、"未知"（X_1、X_2）、"断"] 和 3 个电位计按钮（"粗""细""短路"）；右下方是"粗""中""细""微"四个调节工作电流的旋钮，其上方是两个标准电池电动势温度补偿旋钮（A、B）；左面上 6 个大旋钮（Ⅰ～Ⅵ），它们都有一个小窗孔，被测电动势值由此示出。

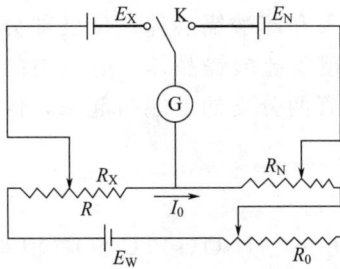

附图 2.12 补偿法测电动势原理线路

E_W—工作电池；E_N—标准电池；E_X—待测电池；

G—检流计；R_N—标准电池补偿电阻；R_X—待测电池

补偿电阻；R_0—工作电流调节变阻器；K—选择开关

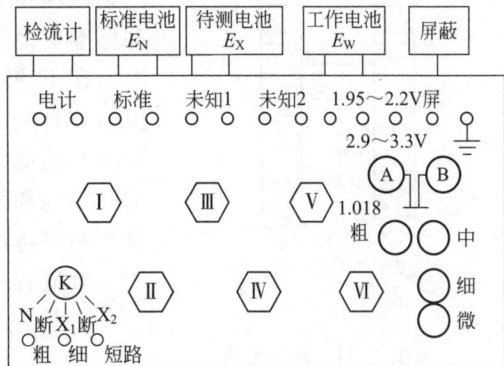

附图 2.13 UJ25 型电位差计面板图

① 在使用前，应将转换开关 K 放在"断"的位置，并将下方 3 个电位计按钮全部松开，然后依次接上工作电池、标准电池、检流计以及待测电池。

② 对标准电池电动势进行温度校正。韦斯顿标准电池温度校正公式为：

$$E_t / V = E_0 / V - 40.6 \times 10^{-6} (t/\text{℃} - 20) - 0.95 \times 10^{-6} (t/\text{℃} - 20)^2$$

式中　E_t——t℃时标准电池电动势；

　　　t——环境温度，℃；

　　　E_0——标准电池在 20℃时的电动势，其值为 1.018646V。

调节标准电池电动势温度补偿旋钮（A、B），使数值为校正后环境温度下的标准电池电动势值。

③ 将转换开关 K 放在"N"（标准）位置上，按"粗"按钮，旋转"粗""中""细""微"旋钮，调节工作电流，使检流计示零，然后按"细"按钮，重复上述操作。注意按电

位差计按钮时，不能长时间按住不放，需即按即松交替进行，防止标准电池长时间有电流通过引起极化。

④ 将转换开关 K 放在"X_1"或"X_2"（未知）的位置，调节Ⅰ～Ⅵ各大旋钮，使电位差计在按"粗"按钮时检流计示零。再按"细"按钮，直至调节至检流计示零。读出大旋钮下方小窗孔示数，即为被测电池电动势值。注意电位计按钮必须即按即松。

（3）UJ25 型电位差计使用注意事项

① 工作电池要足够容量，以保证工作电流恒定不变。

② 接线时应注意极性与所标符号一致，不可接错，否则在测量时，会使标准电池和检流计受到损坏。

③ 对被测电池应先确定极性并估计其电势的大约数值，才可用电位差计进行测量。

④ 变动调节旋钮时，应在断开按钮的前提下进行。按电位差计上"粗""细"按钮时须即按即松，不可一直按下或锁定，否则会使标准电池或待测电池损坏，影响测量结果的准确性。

七、标准电池

实验室常用的标准电池是韦斯顿饱和标准电池，这种电池具有高度可逆性，电动势在长时期内保持恒定，而且电动势的温度系数很小。韦斯顿饱和标准电池构造如附图 2.14 所示。

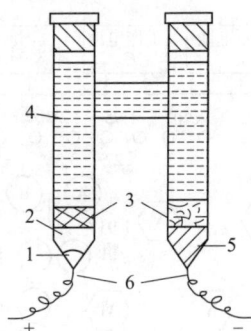

附图 2.14　标准电池

1—汞；2—硫酸亚汞和汞的糊状物；3—硫酸镉晶体；4—硫酸镉饱和溶液；5—镉汞齐；6—铂丝

在 H 形管两分支的底部封有两铂丝作电极。电池的正极部分是纯汞、硫酸亚汞和硫酸镉晶体；负极部分是含镉 12.5% 的镉汞齐，上面覆盖硫酸镉晶体。电池内的液体是硫酸镉饱和溶液，H 形管两分支的上端封起来，但留有少量空间以防热膨胀。

电池表示式：

$$(-)\,Cd(Hg)\,\Big|\,CdSO_4 \cdot \frac{8}{3}H_2O(s)\,\Big|\,CdSO_4\,（饱和溶液）$$

$$\Big|\,CdSO_4 \cdot \frac{8}{3}H_2O(s)\,\Big|\,Hg_2SO_4(s)\,\Big|\,Hg(+)$$

电极反应如下。

负极（阳极）：

$$Cd(Hg) + SO_4^{2-} + \frac{8}{3}H_2O(l) \longrightarrow CdSO_4 \cdot \frac{8}{3}H_2O(s) + 2e^-$$

正极（阴极）：

$$Hg_2SO_4(s) + 2e^- \longrightarrow 2Hg(l) + SO_4^{2-}$$

电池反应：

$$Cd(Hg) + Hg_2SO_4(s) + \frac{8}{3}H_2O(l) \longrightarrow CdSO_4 \cdot \frac{8}{3}H_2O(s) + 2Hg(l)$$

使用标准电池时应注意：①避免振动，严防倒置；②使用时温度不能超过 4～40℃ 范围；③不能骤然改变温度，且电池各部分温度应相同；④通过电池的电流不能大于 $1\mu A$，使用时要极短暂、间歇地使用，严防电池正、负极短路连接，不能用任何电表（如电压表、万用电表）直接测量电池的电动势或电阻等；⑤每隔 1～2 年应校正一次电池的电动势，其方法仍用补偿法，或用电子管电压表测量。

八、检流计

（1）检流计简介　检流计可作为示零仪，供直流电流电位差计测定电动势和直流电桥测量电阻用，用于检查电路是否通过电流；也用于测量小电流和小电压。

常用的检流计是圈转式的，检流计中有一矩形圈置于一永久磁场中，通过电流后，线圈产生的偏转，可由固定于线圈的指针在刻度尺上的转动显示出来，或由连接在线圈的小镜所反射的光线在标尺上的移动而显示出来，前者称为指针式检流计，后者称光点反射检流计，后者的灵敏度比前者高。指针式检流计的灵敏度一般为 10^{-6} A/分度；单程光点反射检流计灵敏度一般为 $10^{-7} \sim 10^{-8}$ A/分度；复射式光点反射检流计的灵敏度为 $10^{-8} \sim 10^{-10}$ A/分度。

检流计的灵敏度（分度值）、临界电阻、内阻和临界阻尼时间（或摆动周期）等常数，标明检流计的特性，实际使用中根据这些特性来选择检流计的类型。

一般说来，对高阻电位差计要选用高内阻的检流计；对低电阻的电位差计则要选用低内阻的检流计，在具体选择时，必须使检流计的灵敏度与电位差计的精密度相适应，或者与实验所要求的精密度相适应。设 ΔV 为电位差计的最小读数或实验所要求的精密度、R_p 为电位差计测量盘的电阻、R 为未知电池内阻、R_1 为检流计内阻，那么检流计的灵敏度应与下式相适应：

$$检流计灵敏度 \geqslant \frac{\Delta V}{R_p + R_1 + R}$$

例如：低电阻电位差计一般用于测定内阻较小的电动势或电位差，设电位差计测量盘电阻为 R_p、检流计内电阻为 R_1、未知电池内阻为 R，且三者总和为 100Ω，若电位差计最小分度为 1×10^{-4} V，则电流为 1×10^{-4} V/$100\Omega = 10^{-6}$ A，因此只要检流计灵敏度达到 10^{-6} A/分度，就能检出此电流，用这种灵敏度的指针式检流计就可使测量精度达到 ± 0.0001 V。再如用 UJI 低阻直流电位差计，在使用"×1"孔时的最小分度为 1×10^{-5} V（0.01mV），当该电位差计测量盘的电阻 R_p 为 90Ω、检流计的内阻 $R_1 = 30\Omega$ 时，若待测电池内阻较小可忽略不计，则通过此内阻产生 1×10^{-5} V 的电位降时，所流过的电流为 1×10^{-5} V/$(90+30)$ $\Omega \approx 8.3 \times 10^{-8}$ A，这时就需要用灵敏度为 10^{-8} A/分度的光点反射检流计；但使用 UJI 型电位计的 ×0.1 孔时，最小分度为 0.001mV，则通过此内阻产生 1×10^{-6} V 电位降时所流过的电流为 1×10^{-6} V/$(90+30)\Omega = 8.3 \times 10^{-9}$ A，若检流计灵敏度为最小刻度 1/5 值，即 $1/5 \times 10^{-8}$ A/分度 $= 2 \times 10^{-9}$ A/分度，则此时仍勉强可以选用灵敏度为 1×10^{-8} A/分度的检流计。当用玻璃电极时，其内阻达 $5 \times 10^{8}\Omega$，即测量精度为 0.001V，则要求检流计能检出 1×10^{-3} V/$5 \times 10^{8}\Omega = 2 \times 10^{-12}$ A 的电流，此时只好使用电子管式pH 计。

检流计的铭牌上通常标明有临界电阻 R 值，它是指包括检流计内阻在内的流量回路较合适的总阻 $R_回$。当回路总阻与临界电阻值相近时，检流计光点能较快达到新的平衡位置；若 $R_回 \ll R_临$，则光点移动缓慢；若 $R_回 \gg R_临$，则光点振动不已，读数困难。因此，在选用检流计时，除考虑灵敏度外，还必须通过测量回路电阻来选择检流计的临界电阻，例如，使用低阻直流电位差计、对低阻电桥进行检零、测量热电偶的微小热电势时，应用低临界电阻检流计；使用高阻电位差计、对高阻电桥进行检零、测量内阻很高的光电池的电势时，则应选临界电阻高的检流计。

（2）AC15 型直流检流计

① 工作原理　检流计中有一活动线圈放置在软铁所制成的铁心及永久磁铁中间，当有电流通过导电游丝、拉丝而经过线圈时，检流计活动部分产生转矩而转动。检流计活动部分偏转的角度由通过线圈的电流值、拉丝及导电游丝的反作用力矩所决定。

检流计磁系统由永久磁铁、磁轭、铁心组成。

为了提高检流计灵敏度，在检流计活动部分上装有小平面镜，利用小平面镜、球面反射镜及反射镜进行反射，可制成高灵敏度的携带型检流计。检流计照明系统有变压器、电源标志片、电源开关等，可直接应用电压为 6.3V 的螺口灯泡，当 220V 电源插口接上 220V 电压时，电源开关应置于 220V 处；当 6V 电源插口接上 6V 电压时，电源开关应置于 6V 处。

检流计装有零点调节器及标盘活动调节器（零点调节器用于粗调，标盘活动调节器用于细调），用于保证检流计在水平位置向任何方向倾斜 5°时，能将指示器调整在标度尺零位上。

检流计上有一个用来接屏蔽的接线柱，能很有效地消除寄生电动势和漏电对测量结果的影响。

检流计配有分流器，测量时，应从检流计最低灵敏度开始，如偏转不大，则可逐步地转动高灵敏度测量。0.01 挡为最低灵敏度挡。

为防止检流计活动部分、拉丝、导电游丝等受到机械振动而遭到损坏，检流计采用短路阻尼的方法，分流器开关具有短路挡。

AC15/1～5 型检流计有两个用来接通电路表示极性"＋"和"－"的接线柱。当输入信号正极接"＋"、负极接"－"时，检流计光点往右偏转。AC15/6 型有 3 个接线柱，为高低阻两用检流计，"－1"为低检流计、"－2"为高阻检流计，当输入信号负极接"－"、正极接"－1"或"－2"时，检流计光点应往左偏转。

AC15/1～6 型直流复射式检流计的主要技术数据列于附表 2.1 中。

附表 2.1　AC15 型直流复射式检流计的技术数据

检流计型号		内阻/Ω	外临界电阻/Ω	分度值/(A/分度)	临界阻尼时间/s
AC15/1		≤1.5k	100k	3×10^{-10}	
AC15/2		≤500	10k	1.5×10^{-9}	
AC15/3		≤100	1k	3×10^{-9}	
AC15/4		≤50	500	5×10^{-9}	4
AC15/5		≤30	40	1×10^{-8}	
AC15/6	－1	≤50	500	5×10^{-9}	
	－2	≤500	10k	1.5×10^{-9}	

由附表 2.1 所列的特性可以看出，若选用 AC15/5 型直流复射式检流计，则 UJI 型电位差计使用"×1"孔。

② 使用注意事项　检流计是精密的电学仪器，所以使用时应注意：严防剧烈振动；防止酸、碱等腐蚀，并保持干燥，以免线圈腐蚀。

a. 按照附表 2.1 的指示及下列所示的具体测量条件来选择检流计。

（ⅰ）检流计的分度值不应高于实际需要太多。

（ⅱ）检流计测量线路电阻应接近检流计的外临界电阻，若外电路电阻与外临界电阻相差甚大，则将电阻箱接入检流计线路中调节。

b. 当检流计指示器摇晃不停时，可用短路电键使检流计受到阻尼。在改变电路时也必须使检流计处于短路状态，在使用结束或移动时，均须将检流计处于短路状态（分流器开关应放短路挡）。

c. 在接通电流时，应使电源开关所指示的位置与所使用的电源电压一致（特别注意：不要将 220V 电源插入 6V 插座内），同时防止流过太大电流而烧坏线圈。不能用万用电表测量检流计的电阻或检查线圈是否导电。

d. 防止过高的电压烧坏指示灯，如发现标度尺上找不到光点影像，可将检流计轻微摆动，如果有光点影像扫掠，可调节零点调节器，将光点调至标度尺上；如无光点影像扫掠，则检查灯泡是否烧坏。

e. 检流计都是经过对光调整好的，更换灯泡之后需进行对光，对光的方法如下：首先将有散热槽的盖板取下，用旋凿松动固定在照明灯座圆筒上的螺钉，将灯座拔出，更换新的照明灯后，再进行调整，直到标尺上获得最清晰光点为止，最后将灯座固定、盖板装好。

f. 在测量中，如需要屏蔽，可用绝缘物（有机玻璃、硬橡胶板）将检流计垫起，并将检流计外壳上专用的屏蔽端钮接以屏蔽。

g. 检流计应保存在周围气温 $10\sim35℃$、相对湿度在 80% 以下的环境中，在保存的地方不应有强磁场及空气中不应有可致腐蚀的有害杂质。

九、常用气体钢瓶

（1）高压气体钢瓶的漆色与标志　实验室使用的许多气体，如氧、氮、氢、空气、氩、氦、氨、氯、二氧化硫、乙炔、甲烷等，都是由气体工厂生产经压缩储存于专用气体钢瓶中的，国家对高压气体钢瓶的漆色与标志有统一规定，气瓶的漆色、标志示意见附图 2.15。附表 2.2 列出我国部分高压气体钢瓶的漆色与标志。

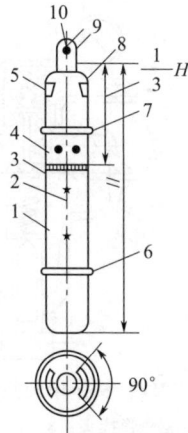

附图 2.15　气体钢瓶的漆色、标志示意
1—整体漆色（包括瓶帽）；2—所属单位名称；
3—色环；4—全体名称；5—制造钢印（涂清漆）；
6，7—防震圈；8—检验钢印（涂清漆）；
9—安全帽；10—泄气孔

附表 2.2　高压气体钢瓶的漆色与标志

气体类别	瓶身颜色	标字颜色	色环
空气	黑色	白色	$P=20$MPa，白色单环
氮	黑色	白色	$P\geqslant30$MPa，白色双环
氧	淡（酞）蓝色	黑色	
氢	淡绿色	大红色	$P=20$MPa，大红单环
			$P\geqslant30$MPa，大红双环
二氧化碳	铝白色	黑色	$P=20$MPa，黑色单环
氨	淡黄色	黑色	
氯	深绿色	白色	
乙炔	白色	大红色	

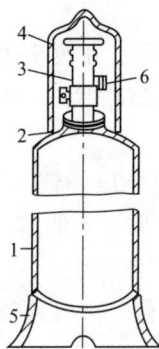

附图 2.16　气体钢瓶的部视图

1—瓶体；2—瓶口；3—启闭气门；

4—瓶帽；5—瓶座；6—气门侧面接头

（2）气瓶和减压器的结构　气瓶是由无缝合金或碳素钢管制成的圆柱形容器，一般壁厚为 5～8cm，容积为 12～55L。为使气瓶可以竖放，底部装有钢质平底座。气瓶顶部装有开关阀，钢瓶剖视图如附图 2.16 所示。

气门侧面的接头螺纹，若是可燃气体则为左旋，若是非可燃气体则为右旋。

气瓶内压力很高，在使用时为降低压力并保持压力稳定，需要装上减压器，减压器有杠杆式和弹簧式两类，目前大都使用弹簧式。弹簧式减压器又分为反作用和正作用两种，其结构如附图 2.17 与附图 2.18 所示。

减压器上的高压压力表指示钢瓶中的气体压力，低压压力表指示出口气体压力，出口压力由调节螺杆调节。

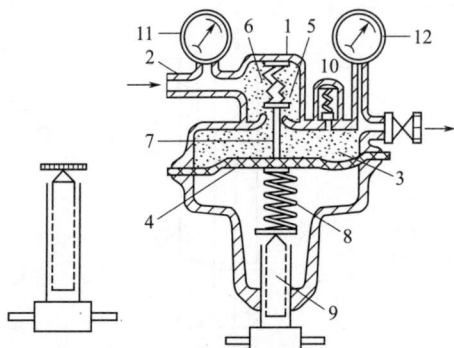

附图 2.17　反作用弹簧式减压器

1—高压气室；2—管接头；3—低压气室；4—薄膜；

5—减压活门；6—回动弹簧；7—支杆；8—调节弹簧；

9—调节螺杆；10—安全活门；11—高压压力表；12—低压压力表

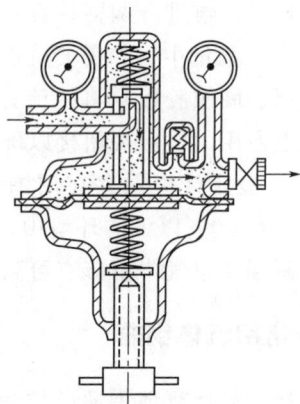

附图 2.18　正作用弹簧式减压器

不同的气体钢瓶要配备不同的减压器，通常减压器的外部漆色和其配用的钢瓶的漆色是相同的，如用于氧气钢瓶的为淡蓝色，用于氢气钢瓶的为淡绿色等。减压器一般不能混用，但用于氧的减压器可用于氮或空气的气瓶上，而用于氮的减压器只有充分洗除油脂后才可用于氧气瓶上。

（3）高压气瓶使用方法和规则　在使用高压气瓶时，首先要装上配套的减压器，安装时应先将气瓶气门连接口的灰尘、脏物等吹除（可稍开气瓶开关阀），然后将减压器的管接头与气门侧面接头连接，并拧紧，检查丝扣是否滑牙，在确保安装牢固后才能打开气瓶开关阀。安装好减压器后先开气瓶开关阀，并注意高压压力表的指示压力。然后将减压器调节螺杆慢慢旋紧，此时减压阀座开启，气体由此经过低压气室通向使用部分，在低压压力表上读取出口气体压力，并转动调节螺杆直至所需压力为止。当气体流入低压气室时要注意有无漏气现象。使用完毕后，先关闭气瓶开关阀，放尽减压器进、出口的气体，然后将调节螺杆松开。

在使用高压气瓶时，要遵守以下规则，以免发生事故。

① 钢瓶放于阴凉、通风、远离火源和振动的地方，氧气瓶和可燃性气瓶不能放于同一室，室内存放钢瓶不宜过多，气瓶应可靠地固定在支架上。

② 搬运时，钢瓶的安全帽要拧紧以保护开关阀。最好使用专用小车搬运，要避免坠地、碰撞。

③ 减压器要专用，安装时螺扣要拧紧。开启高压气瓶时，人应站在出气口的侧面，以防气流射出而对人造成伤害。

④ 气瓶内气体不能用尽，其剩余压力应不小于 $9.8 \times 10^5 Pa$，以防空气倒灌，在下次充气时发生危险。

⑤ 氧气钢瓶严禁与油类接触，氢气钢瓶要经常检查是否有泄漏，装有易燃、易爆、有毒物质的气瓶要按其特殊性质加以保管和处理。

⑥ 各种气瓶必须定期进行技术检验，一般每 3 年检验一次，腐蚀性气体气瓶每 2 年检验一次。

十、恒电位仪

恒电位仪是从事电化学研究的基本仪器，它主要用于电极过程动力学方面的基础研究，在电镀、电解、电冶金、金属腐蚀、化学电源等方面研究均有广泛应用。电化学中常用的稳态研究法和暂态研究法，均可借助于此仪器进行。下面简要介绍该仪器的工作原理和使用方法。

(1) 恒电位仪的工作原理　8511B 型电位仪主要包括工作电极、工作控制电路、恒电流/恒电位转换电路、过载保护与过载指示电路、扫描发生器、电位电流信号检测电路、阻抗转换器及电源等。

① 恒电位工作方式　如附图 2.19 所示。

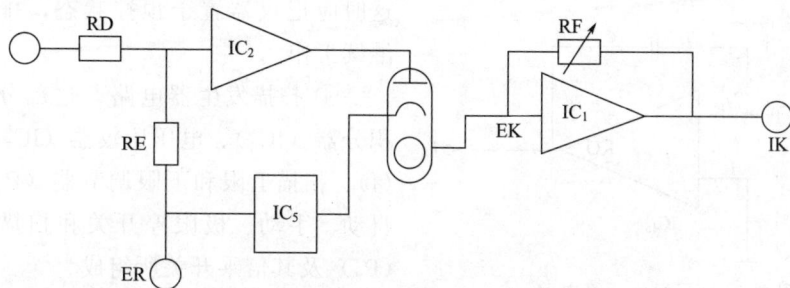

附图 2.19　恒电位工作方式

8511B 型恒电位仪采用工作电极接"虚地"的恒电位控制原理。

这部分电路主要是由直流给定电位 E、控制放大器及功率放大器 IC_2、阻抗转换器 IC_5、电流/电压转换器 IC_1 及反馈回路 RF 所构成。电流/电压转换器 IC_1 保持工作电极处于"虚地"电位，控制放大器及功率放大器 IC_2 保持工作电极的电位 EK 和参比电极的电位 ER 之间的差等于控制信号 E，即：

$$EK - ER = E$$

流过工作电极的电流，通过电流/电压转换器的输出端（IK）测得，通过改变电流反馈电阻（RF）来改变电流量程。

即

$$I = \frac{IK}{RF}$$

② 恒电流工作方式　如附图2.20所示。

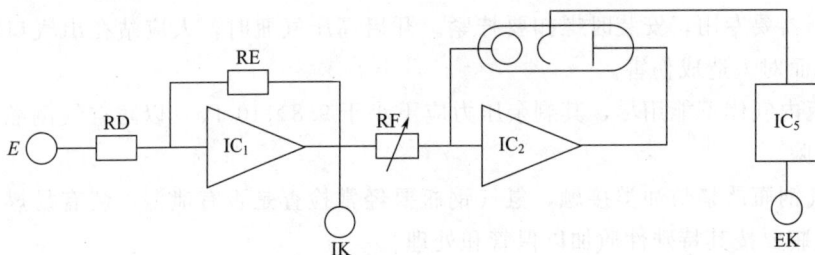

附图 2.20　恒电流工作方式

这部分电路是由反相加法器（IC_1）、电流放大器（IC_2）、阻抗转换器（IC_5）所组成。工作电极电位由阻抗转换器（IC_5）输出端 EK 测得，恒电流工作时流过电解池的电流（I）为一恒定电流，I 的大小由 E/RF 确定。

$$I = E \times \frac{RE}{RD} / RF$$

因为 $RE = RD$，所以 $E = IK$，$I = \frac{IK}{RF}$。

如 E 为一定值，改变 RF 大小可改变流过电解池的电流大小。

③ 过载指示电路　这部分电路由隔离二极管（2AK）、同相放大器（IC_8）、反相放大器（IC_9）、时基电路（IC_{10}，IC_{11}）、指示灯（IC_{17}）、迅响器（FM）所组成。当仪器出现错误操作，槽压超过 $\pm 25V$，电流超过 1.0A 时，过载指示电路发出报警信号，过载指示灯亮，这时应把仪器置于预控状态，排除故障后再继续工作。

④ 扫描发生器电路　这部分电路主要由积分器（IC_6）、电压比较器（IC_7）、开关电路（J）、扫描上限和下限调节器（P_3，P_4），以及自动、手动、极限停开关和扫描速率调节器（P_2）及其倍乘开关所组成。

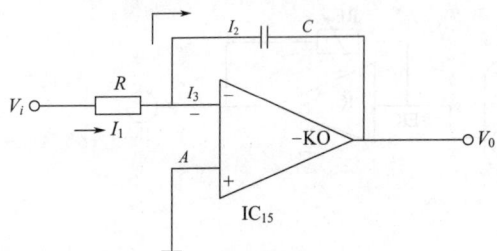

附图 2.21　积分运算电路

a. 积分运算电路　如附图 2.21 所示。

由于 "A" 点为 "虚地"，$I_3 \approx 0$，所以 $I_2 = I_1 - I_3 \approx I_1 = \frac{V_i}{R}$，而输出电压为 $V_0 = -\int \frac{1}{R_c} V_i \mathrm{d}t$。

当输入为定值时，$V_0 = -\frac{1}{C} \int I \mathrm{d}t = -\frac{V_i}{R_c}$，即输出信号对时间 t 为线性。改变输入电压 V_i，以及充、放电电阻 R_1 和积分电容 C 的值，皆可改变扫描速率。

b. 电压比较器　运算放大器工作在开环状态，当输入信号 V_i 高于或低于参考电压 V_R 时，放大器输出端电压就有明显的变化，利用它的高增益提高了电路翻转灵敏度。电压比较器电路如附图 2.22 所示。

当 $V_i = -V_R$ 时，$V_0 = 0$；当 $V_i < V_R$ 时，V_0 为正向饱和输出电压；当 $V_i > V_R$ 时，V_0

为负向饱和输出电压。因此 V_R 决定了比较器的触发电平。在自动扫描时，通过调节扫描上、下限的值和选择相应的极性开关，便可方便地选择参考电压大小和极性，也就是扫描电压的上、下限值。

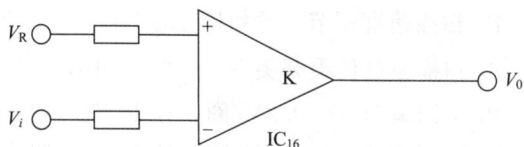

附图 2.22　电压比较器电路

c. 稳压电源　工作电源有 ±15V 两组、+5V 一组，分别采用三端集成稳压器。

（2）面板说明及使用方法

① 恒电位仪面板开关作用说明（附图 2.23）

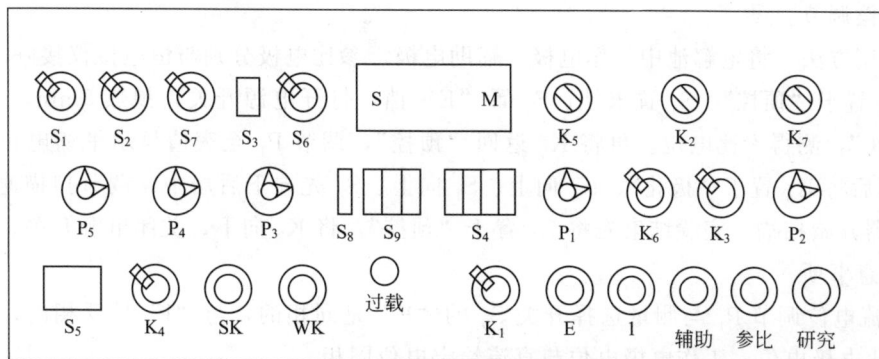

附图 2.23　恒电位仪面板图

K_1 电源开关——向上/开，向下/关。

K_2 恒电位/恒电流方式开关——右/恒电流，左/恒电位。

K_5 参比/预控/极化开关——参比/电压表指示开路电位，预控/做极化前的准备工作，极化/接通电解池。

S_4 电流量程开关——200μA/V～200mA/V，分 4 挡。

S_8 电压表倍乘开关——不按下/表头指示×1，按下/表头指示×3。

S_9 测量选择开关——扫/为扫描输出电压，E/为工作电极相对参比电极电位，I/为工作电极电流。

P_1 直流电位调节——10 圈指针式电位器，每圈 0.3V，调节电极起始电位大小。

K_6 直流电位极性开关——左/正电位，右/负电位，中间/直流电位调节不起作用。

K_3 扫描信号通断开关——向上/接通本仪器扫描信号到电极，向下/不接通扫描信号到电极。

SK 扫描输出插口——可将本仪器扫描信号供外设备使用。

WK 外输入插口——可将其他外设信号接入本仪器。

扫描信号发生器部分如下所述。

S_1 "手动"方式开关——向上/正方向扫描，居中/对扫描输出不起作用，向下/负方向扫描。

S_2 "自动"方式开关——向上/自动扫描，居中/扫描保持转换时的数值，向下/扫描输出为零。

S_3 "极限停"——向上/扫描到上限电压值并保持，居中/此时如"自动"开关打到"扫"则扫描电压在上、下限之间循环扫描，向下/扫描到下限电压值并保持。

P_5 扫描速度调节——每圈 1mV/s，计 10 圈。

S_5 扫描速度倍乘开关——×1，×10，×10^2，×10^3。

P_4 上限调节——0.2V/圈，计 10 圈。调节扫描上限电压大小。

P_3 下限调节——0.2V/圈，计 10 圈。调节扫描下限电压大小。

S_7 上限电压极性开关——向上/正，向下/负，改变扫描上限电压极性。

S_6 下限电压极性开关——向上/正，向下/负，改变扫描下限电压极性。

K_4 三角波/方波转换开关——向上/方波输出，向下/三角波输出。

K_7 补偿选择开关——向左/恒电位补偿，居中/补偿不起作用，向右/恒电流补偿。

P_2 补偿调节。

② 使用方法 将电解池中工作电极、辅助电极、参比电极分别与恒电位仪接好。

将 K_5 置于"顶控"、S_4 置末挡、S_9 置"E"挡，打开电源开关，预热 5min。先将 K_5 置于"参比"，测得参比电位。再将 K_5 返回"预控"，调节 P_1 至表值显示平衡电位（参比电位），然后将 K_5 置于"极化"、K_3 向上、S_1 向上、S_2 先向下后居中，调节扫描速度至所需值，仪器开始扫描。实验结束先将 K_5 置于"预控"，将 K_3 向下，关闭电源开关。

③ 注意事项

a. 直流电位调节 P_1 与测量选择开关 S_9 的"E"是同相的，与"I"是反相的，但实际上相对参比电极电位，工作电极电位与直流给定电位同相。

b. 电流量程开关 S_4 在开机后必须保持有一挡处于按下状态，否则仪器发出警报，过载灯亮，仪器处于保护状态。

c. K_5 置于"参比"，S_9 测量"E"，这时"E"的指示为工作电极的开路电位。

d. 仪器在实验过程中，电流量程开关"S_4"应尽量与流过电极的电流相匹配，否则仪器会发出报警进入保护状态。

e. 所有输出电缆线黑色鳄鱼夹与红色鳄鱼夹不得短接。

f. 当测量选择开关"S_9"位于测量电流"I"时，数字表显示的是电压值，电流大小为电压值与电流量程相应挡的乘积。如量程挡为 10mA/V，而显示的电压为 1.500V，那么电流大小为：

$$I = 1.5V \times \frac{10mA}{1V} = 15mA$$

g. 扫描上限电位必须比下限电位更正。

h. "手动"方式开关 S_1 向上或向下时，注意扫描幅度不得超过 ±6V，否则仪器会处于饱和状态。

i. 仪器周围不得有强磁场干扰。

十一、3H-2000PS2 型比表面及孔径分析仪使用说明

（1）工作原理 比表面及孔径分析仪基于静态体积原理，利用固体对气体进行物理吸附和化学吸附，测定固体对气体的等温吸脱附曲线；利用 Langmuir 或 BET 理论，计算固体比表面积；利用 BJH 或 NLDFT 等理论计算孔径分布。

（2）仪器流程示意图（附图 2.24）

（3）比表面积测试步骤

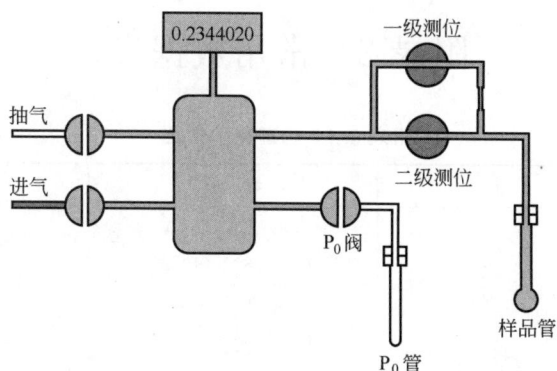

附图 2.24　比表面及孔径分析仪气路流程示意图

① 样品管检查　装样前应检查样品管是否有裂纹、缺口，确认无损后进行下一步实验。

② 空样品管称重　在万分之一天平中放入固定样品管的量筒，天平清零。平稳地将空样品管放入量筒中，称量空样品管质量并记录。

③ 装样　采用天平粗称 100mg 样品，使用装样漏斗将样品倒入称完质量的空样品管中。

④ 粗称样品质量　在万分之一天平中放入固定样品管的量筒，天平清零。平稳地将装有样品的样品管放入量筒中，称量总重（样品管＋样品）并记录。样品净重＝总重－空样品管重。样品脱气后还需再次称量，以获得精确净重。

⑤ 样品脱气处理　由于固体样品表面吸附有杂质和气体，因此需要对表面进行清理。在真空条件下加热脱附，获得洁净表面。将样品管装入脱气位、加热套套入样品管，选择脱气程序，设定脱气温度和时间，进行脱气处理。

⑥ 再次称量样品质量　将脱气后的样品管再次称重，获得总重，计算样品净重（总重－空样品管重）。此步骤需要快速完成，避免样品重新吸收空气中的水蒸气等杂质，影响测试结果。

⑦ 样品测试　将称重后的样品管装入比表面及孔径分析仪的测试位，将液氮装至杜瓦瓶中，放置在样品管下方升降台上。在软件中输入样品信息，选择测试程序，点击"开始测试"。测试结束后，将数据报告导出；取出杜瓦瓶并盖好保温盖；拆卸样品管，将样品回收，清洗样品管并放入烘箱烘干；将样品管位固定堵头。

（4）注意事项

① 由于样品测试在高真空条件下完成，测试前要保证样品管的完好无损。

② 液氮为低温物质，填充液氮时，必须佩戴防护眼镜，戴橡胶手套，禁止穿凉鞋、拖鞋，建议穿雨靴；禁止将液氮罐压在杜瓦瓶上倒液氮，防止内胆破裂。

③ 新杜瓦瓶或处于干燥状态的杜瓦瓶应缓慢填充少量后并进行预冷，爆沸停止后再次填充，以防降温太快损坏内胆，减少使用年限。

④ 样品测试需要使用氮气和氦气，开启钢瓶前应先保证减压阀处于放松状态（逆时针旋松），开启钢瓶总阀（逆时针开）后，缓慢增加减压阀出口压力（顺时针旋转减压阀手柄）至所需压力。实验结束后需要将钢瓶总阀关闭，排空气路中残余气体，并将减压阀逆时针旋松。钢瓶内气体压力低于 1MPa 时需要更换气体。

附录 3　常用数据表

附表 3.1　物理化学常数

常 数 名 称	符号	数 值	单位（SI）
真空光速	c	2.99792458×10^8	m/s
基本电荷	e	$1.6021892 \times 10^{-19}$	C
阿伏伽德罗常数	N_A	6.022045×10^{23}	mol^{-1}
原子质量单位	u	$1.6605655 \times 10^{-27}$	kg
电子静质量	m_e	9.109534×10^{-31}	kg
质子静质量	m_p	$1.6726485 \times 10^{-27}$	kg
法拉第常数	F	9.648485×10^4	C/mol
普朗克常数	h	6.626176×10^{-34}	J·s
电子质荷比	e/m_e	1.7588047×10^{11}	C/kg
里德堡常数	R^{∞}	1.097373177×10^7	m^{-1}
玻尔磁子	μ_B	9.274078×10^{-24}	J/T
摩尔气体常数	R	8.31441	J/(K·mol)
玻尔兹曼常数	k	1.380662×10^{-23}	J/K
万有引力常数	G	6.6720×10^{-11}	$N·m^2/kg^2$
重力加速度	g	9.80665	m/s^2

附表 3.2　不同温度下水的表面张力

$t/℃$	$\sigma \times 10^3/(N/m)$	$t/℃$	$\sigma \times 10^3/(N/m)$	$t/℃$	$\sigma \times 10^3/(N/m)$	$t/℃$	$\sigma \times 10^3/(N/m)$
0	75.64	17	73.19	26	71.82	60	66.18
5	74.92	18	73.05	27	71.66	70	64.42
10	74.22	19	72.90	28	71.50	80	62.61
11	74.07	20	72.75	29	71.35	90	60.75
12	73.93	21	72.59	30	71.18	100	58.85
13	73.78	22	72.44	35	70.38	110	56.89
14	73.64	23	72.28	40	69.56	120	54.89
15	73.59	24	72.13	45	68.74	130	52.84
16	73.34	25	71.97	50	67.91		

附表 3.3　不同温度下水的密度

$t/℃$	$\rho/(g/mL)$	$t/℃$	$\rho/(g/mL)$
0	0.99987	45	0.99205
3	0.99997	50	0.98807
5	0.99999	55	0.98573
10	0.99973	60	0.98324
15	0.99913	65	0.98059
18	0.99862	70	0.97781
20	0.99823	75	0.97489
25	0.99707	80	0.97183
30	0.99567	85	0.96865
35	0.99406	90	0.96534
38	0.99299	95	0.96192
40	0.99224	100	0.95838

附表 3.4　液体的折射率（25℃）

名　称	n_{D}^{25}	名　称	n_{D}^{25}
甲醇	1.326	氯仿	1.444
水	1.33252	四氯化碳	1.459
乙醚	1.352	乙苯	1.493
丙酮	1.357	甲苯	1.494
乙醇	1.359	苯	1.498
醋酸	1.370	苯乙烯	1.545
乙酸乙酯	1.370	溴苯	1.557
正己烷	1.372	苯胺	1.583
正丁醇	1.397	溴仿	1.587

下列几种有机化合物的密度可用下列方程式计算：

$$\rho/(\mathrm{g/mL})=\rho_0/(\mathrm{g/mL})+10^{-3}\alpha\left(\frac{t-t_0}{℃}\right)+10^{-6}\beta\left(\frac{t-t_0}{℃}\right)^2+10^{-9}r\left(\frac{t-t_0}{℃}\right)^3$$

式中 ρ_0 为 0℃时的密度。

附表 3.5　有机化合物的密度

名　称	$\rho_0/(\mathrm{g/mL})$	α	β	γ	温度范围
四氯化碳	1.63255	−1.9110	−0.690	−8.81	0～40
氯仿	1.52643	−1.8563	−0.5309		−53～+55
乙醚	0.73629	1.1138	−1.237	−5	0～70
乙醇	0.78506	0.8591	0.56		
	$(t_0=25℃)$				
醋酸	1.0724	−1.1229	0.0058	−2.0	9～100
丙酮	0.81248	−1.100	−0.858		0～50
乙酸乙酯	0.92454	−1.168	−1.95	+20	0～40
环己烷	0.79707	−0.8879	−0.972	1.55	0～60

附表 3.6　常用酸碱指示剂

名　称	变色 pH 范围	颜色变化	配　制　方　法
百里酚蓝(0.1%)(第一次变色)	1.2～2.8	红→黄	0.1g 百里酚蓝溶于 20mL 乙醇中,加水至 100mL
甲基橙(0.1%)	3.1～4.4	红→黄	0.1g 甲基橙溶于 100mL 热水中
溴酚蓝(0.1%)	3.0～4.6	黄→紫蓝	0.1g 溴酚蓝溶于 20mL 乙醇中,加水至 100mL
溴甲酚绿(0.1%)	4.0～5.4	黄→蓝	0.1g 溴甲酚绿溶于 20mL 乙醇中,加水至 100mL
甲基红(0.1%)	4.4～6.2	红→黄	0.1g 甲基红溶于 60mL 乙醇中,加水至 100mL
溴百里酚蓝(0.1%)	6.0～7.6	黄→蓝	0.1g 溴百里酚蓝溶于 20mL 乙醇中,加水至 100mL
中性红(0.1%)	6.8～8.0	红→黄橙	0.1g 中性红溶于 60mL 乙醇中,加水至 100mL
酚酞(0.1%)	8.0～9.6	无色→红	0.1g 酚酞溶于 90mL 乙醇中,加水至 100mL
百里酚蓝(0.1%)(第二次变色)	8.0～9.6	黄→蓝	0.1g 百里酚蓝溶于 20mL 乙醇中,加水至 100mL
百里酚酞(0.1%)	9.4～10.6	无色→蓝	0.1g 百里酚酞溶于 90mL 乙醇中,加水至 100mL
茜素黄(0.1%)	10.1～12.1	黄→紫	0.1g 茜素黄溶于 100mL 水中

附表 3.7　常用酸碱混合指示剂

指示剂溶液的组成	变色时 pH 值	颜 色		备 注
		酸式色	碱式色	
一份 0.1％甲基黄乙醇溶液 一份 0.1％亚甲基蓝乙醇溶液	3.25	蓝紫	绿	pH＝3.2 蓝紫色 pH＝3.4 绿色
一份 0.1％甲基橙水溶液 一份 0.25％靛蓝二磺酸钠水溶液	4.1	紫	黄绿	
一份 0.1％溴甲酚绿钠盐水溶液 一份 0.2％甲基橙水溶液	4.3	橙	蓝绿	pH＝3.5 黄色 pH＝4.05 绿色 pH＝4.3 浅绿色
三份 0.1％溴甲酚绿乙醇溶液 一份 0.2％甲基红乙醇溶液	5.1	酒红	绿	
一份 0.1％溴甲酚绿钠盐水溶液 一份 0.1％氯酚红钠盐水溶液	6.1	黄绿	蓝紫	pH＝5.4 蓝绿色 pH＝5.8 黄色 pH＝6.0 蓝带紫 pH＝6.2 蓝紫色
一份 0.1％中性红乙醇溶液 一份 0.1％亚甲基蓝乙醇溶液	7.0	蓝紫	绿	pH＝7.0 紫蓝
一份 0.1％甲酚红钠盐水溶液 三份 0.1％百里酚蓝钠盐水溶液	8.3	黄	紫	pH＝8.2 玫瑰红 pH＝8.4 清晰的紫色
一份 0.1％百里酚蓝 50％乙醇溶液 三份 0.1％酚酞 50％乙醇溶液	9.0	黄	紫	从黄到绿,再到紫
一份 0.1％酚酞乙醇溶液 一份 0.1％百里酚酞乙醇溶液	9.9	无色	紫	pH＝9.6 玫瑰红 pH＝10 紫红
二份 0.1％百里酚酞乙醇溶液 一份 0.1％茜素黄乙醇溶液	10.2	黄	紫	

附表 3.8　元素的原子量

原子序数	名称	符号	原子量	原子序数	名称	符号	原子量
1	氢	H	1.008	16	硫	S	32.07
2	氦	He	4.003	17	氯	Cl	35.45
3	锂	Li	6.941	18	氩	Ar	39.95
4	铍	Be	9.012	19	钾	K	39.10
5	硼	B	10.81	20	钙	Ca	40.08
6	碳	C	12.01	21	钪	Sc	44.96
7	氮	N	14.01	22	钛	Ti	47.88
8	氧	O	16.00	23	钒	V	50.94
9	氟	F	19.00	24	铬	Cr	52.00
10	氖	Ne	20.18	25	锰	Mn	54.94
11	钠	Na	22.99	26	铁	Fe	55.85
12	镁	Mg	24.31	27	钴	Co	58.93
13	铝	Al	26.98	28	镍	Ni	58.69
14	硅	Si	28.09	29	铜	Cu	63.55
15	磷	P	30.97	30	锌	Zn	65.39

续表

原子序数	名称	符号	原子量	原子序数	名称	符号	原子量
31	镓	Ga	69.72	71	镥	Lu	175.0
32	锗	Ge	72.61	72	铪	Hf	178.5
33	砷	As	74.92	73	钽	Ta	180.9
34	硒	Se	78.96	74	钨	W	183.8
35	溴	Br	79.90	75	铼	Re	186.2
36	氪	Kr	83.80	76	锇	Os	190.2
37	铷	Rb	85.47	77	铱	Ir	192.2
38	锶	Sr	87.62	78	铂	Pt	195.1
39	钇	Y	88.91	79	金	Au	197.0
40	锆	Zr	91.22	80	汞	Hg	200.6
41	铌	Nb	92.91	81	铊	Tl	204.4
42	钼	Mo	95.94	82	铅	Pb	207.2
43	锝	Te	[97.97]	83	铋	Bi	209.9
44	钌	Ru	101.1	84	钋	Po	[209.0]
45	铑	Rh	102.9	85	砹	At	[210.0]
46	钯	Pd	106.4	86	氡	Rn	[222.0]
47	银	Ag	107.9	87	钫	Fr	[223.0]
48	镉	Cd	112.4	88	镭	Ra	[226.0]
49	铟	In	114.8	89	锕	Ac	[227.0]
50	锡	Sn	118.7	90	钍	Th	[232.0]
51	锑	Sb	121.8	91	镤	Pa	[231.0]
52	碲	Te	127.6	92	铀	U	[238.0]
53	碘	I	126.9	93	镎	Np	[237.1]
54	氙	Xe	131.3	94	钚	Pu	[244.1]
55	铯	Cs	132.9	95	镅 *	Am	[243.1]
56	钡	Ba	137.3	96	锔 *	Cm	[247.1]
57	镧	La	138.9	97	锫 *	Bk	[247.1]
58	铈	Ce	140.1	98	锎 *	Cf	[251.1]
59	镨	Pr	140.9	99	锿 *	Es	[252.1]
60	钕	Nd	144.2	100	镄 *	Fm	[257.1]
61	钷	Pm	[144.9]	101	钔 *	Md	[258.1]
62	钐	Sm	150.4	102	锘 *	No	[259.1]
63	铕	Eu	152.0	103	铹 *	Lr	[262.1]
64	钆	Gd	157.3	104	Ung *	Lf	[261.1]
65	铽	Tb	158.9	105	Unp *	Db	[262.1]
66	镝	Dy	162.5	106	Unh *	Sg	[263.1]
67	钬	Ho	164.9	107	Uns *	Bh	[264.1]
68	铒	Er	167.3	108	Uno *	Hs	[265.1]
69	铥	Tm	168.9	109	Une *	Mt	[268]
70	镱	Yb	173.0				

注：1. 根据 IUPAC1995 年提供的五位有效数字原子量数据截取。

2. 原子量加 [ ] 为放射性元素半衰期最长同位素的质量数。

3. 元素名称注有 * 的为人造元素。

附表 3.9 常见共沸混合物的性质

组分 名称	组分沸点/℃	共沸物 沸点/℃	共沸物 组成/%	组分 名称	组分沸点 /℃	共沸物 沸点/℃	共沸物 组成/%
甲苯 水	110.8 100	84.1	80.84 19.16	苯 水	80.2 100	69.3	91.1 8.9
苄醇 水	205.2 100	99.9	9.0 91.0	氯仿 丙酮	61.2 56.5	65.5	80.0 20.0
正丁醇 水	117.8 100	92.4	62.0 38.0	叔丁醇 水	82.8 100	79.9	88.3 11.7
乙醚 水	34.5 100	34.2	98.7 1.3	乙醇 水	78.4 100	78.1	95.5 4.5
乙酸乙酯 水	77.1 100	70.4	91.8 8.2	乙酸乙酯 二硫化碳	77.1 46.3	46.1	92.7 7.3
甲酸 水	100.8 100	107.3 （最高）	77.5 22.5	氯仿 水	61.2 100	56.3	97.0 3.0
苯甲酸乙酯 水	212.4 100	99.4	16.0 84.0	乙酸丁酯 水	126.5 100	90.7	72.9 27.1
氢碘酸 水	−34.0 100	127.0 （最高）	57.0 43.0	氢氯酸 水	−84.0 100	110.0 （最高）	20.24 79.76
硝酸 水	86.0 100	120.5 （最高）	68.0 32.0	氢溴酸 水	−67.0 100	126.0 （最高）	47.5 52.5
环己烷 苯	80.8 80.2	77.8	45.0 55.0	乙酸乙酯 四氯化碳	77.1 76.8	74.8	43.0 57.0
丙酮 二硫化碳 水	56.5 46.3 100	38.0	23.98 75.21 0.81	乙酸丁酯 正丁醇 水	126.5 117.8 100	90.7	63.0 8.0 29.0
环己烷 乙醇 水	80.8 78.4 100	62.1	76.0 17.0 7.0	氯仿 乙醇 水	61.2 78.4 100	55.5	92.5 4.0 3.5
乙酸乙酯 乙醇 水	77.1 78.4 100	70.0	83.2 9.0 7.8	四氯化碳 乙醇 水	76.8 78.4 100	61.8	86.0 9.7 4.3
苯 乙醇 水	80.2 78.4 100	64.9	74.1 18.5 7.4	苯 异丙醇 水	80.2 82.4 100	66.5	73.8 18.7 7.5

附录 4 物理化学综合设计实验报告格式（以实验 61 为例）

实验名称

　　学生 A（学号），学生 B（学号），学生 C（学号），学生 D（学号），学生 E（学号），学生 F（学号）

专业班级：

摘要：简明、确切地阐述综合实验的主要内容及结果。摘要中尽量不使用复杂化学结构式、图片和公式（中文用五号宋体，英文用五号 Arial 字体。摘要字数限制为 300～500 字）。

关键词：关键词 1；关键词 2；关键词 3；关键词 4；关键词 5（3～5 个，五号宋体）

Title（Arial 加粗）

Author A，Author B⋯

Abstract：A single paragraph of about 300-500 words（英文摘要的含义应与中文摘要一致，但不应逐字翻译中文摘要；英文摘要尽量使用简单句，避免使用复句套复句的超长语句；使用五号 Arial 字体）

Keywords：Keyword 1；Keyword 2；Keyword 3；Keyword 4（3～5 个，中、英文关键词一一对应，五号 Arial 字体）

1. 引言

引言应开门见山、切入正题。内容包含：关于活性炭等材料的来源、制备和应用等方面的认识；围绕活性炭开展的实验及解决的问题。

2. 实验部分

2.1　实验原理

包括开展了的物理化学实验内容、实验的基本原理。相关公式请采用 word 插入公式形式编辑，不允许截图。

2.2　试剂或材料

列出试剂纯度、制造商等基本信息，必要时列出关键溶液的配制和保存方法及注意事项。

2.3　仪器和表征方法

列出仪器型号、制造商等基本信息，正确表述分析测试方法（如制样方法、测试条件等）。

2.4　实验步骤/方法

给出详细的实验步骤/方法（按此实验步骤能够得到可重复的结果）。

3. 结果与讨论

3.1　比表面积测试

3.2　吸附热力学实验

3.3　吸附动力学实验

各个论点应围绕实验结论按照一定逻辑顺序和关系逐次论述。对每个论点，要求论据表述清楚、数据翔实、运用论据支持论点的依据要充分、结果令人信服。必要时，应该通过展开讨论，实事求是、客观科学地评价所得实验结果；图表结合，表达直观，文句简练，逻辑清楚，具有一定的独立的思想性。另外还要求有效数字准确，图、表规范、美观。文中涉及的物理量、公式、图表，请参照附件写作说明进行编辑。

4. 结语

结论部分给出实验取得的结论，但不应简单重复摘要和前言中的内容。

5. 实验心得

每位同学给出综合创新实验中的得与失，并对综合实验不足的地方提出改进建议。

6. 参考文献

[1] 作者1，作者2. 题名期刊名称，年，卷（期）：首页页码.（中文期刊）

[2] Author 1，Author 2 Title. Abbreviated Journal Name，Year，Volume：Page.（英文期刊）

[3] 作者1，作者2. 书名. 出版社地址：出版社名称，年.（中文专著）

[4] 作者1，作者2. 书名. 译者1，译者2. 译. 出版社地址：出版社名称，年.（有译者的中文专著）

[5] Author 1，Author 2. Book Title. Publisher：Location，Year.（英文专著）

[6] 作者1，作者2. 专利名称：专利号 [P]. 公告日期或公开日期 [引用日期]. 获取和访问路径. 数字对象唯一标识符.（中文专利/英文专利）

[7] 作者. 论文标题. 学校所在地：大学名称，年.（学位论文）

[8] 主要责任人. 标题：其他题名信息. 出版地：出版者，出版年：引文页码（更换或修改日期)[引用日期] 获取和访问路径. 数字对象唯一标识符.（电子资源）

7. 实验原始数据

请设计表格，并将实验原始数据填入。

附：写作说明

推荐文稿采用 Word 进行编辑，作图拟合请用 Origin 软件。

（1）物理量　文稿中的物理量（量符号需用斜体）与单位推荐按照中华人民共和国国家标准 GB 3100—93 的规定表述。出现组合单位时，请在单位与单位之间加点乘符号，如 $J \cdot K^{-1} \cdot mol^{-1}$。物理量如需加注上、下角标说明时，其字符位置高低应区别明显，如：S_{BET}、r^n 等。

（2）公式　文内较长或需突出的公式，推荐单独占一行并居中，序号居右。行文内书写含分数式的公式时，请用斜分数线，如 $\Delta S = Q_r / T$，$\theta = b / (1 + b)$。带根号的公式，请用幂的形式表示，如 $F(\alpha) = 1 - (1 - \alpha)^{-1/2}$。较复杂的以 e 为底的指数，以 exp 形式表示，如 $\exp(-E_a / RT)^3$。

（3）图表　图、表按在文中出现的先后顺序，分别用阿拉伯数字编号（如：图1、图2、图3…；表1、表2、表3…），并且所有图、表均应在正文中被提及。图、表应具有自明性，并配有图题、表题；图题、表题应尽量简短，说明性文字以及对图表中使用的符号的解释说明应放在图注、表注中。文中图、表应是表达文章主题所必需的，同一批实验数据不应重复表述于图、表中，更不能为增加篇幅，而将与文章主题无关的图、表放在文章中。图的坐标及表头栏目，使用该物理量的符号（勿使用复杂的英文全称）与其单位符号的比值，如 $\Delta G / (kJ \cdot mol^{-1})$、$T / K$、$t / s$，图的坐标分度及表内只列数值。

线条图坐标轴的刻度线朝内，图内曲线宽度为坐标轴宽度的2倍，图中曲线达两条以上而需加以区别，尽量不要仅用颜色区分，而应用不同形状的线或加箭头指示加以区分（若用 Origin 软件作图，则坐标轴宽度为1.5磅，曲线宽度为3磅，坐标轴及图内字符尺寸为28磅，线条说明的字符尺寸为26磅），如附图4.1所示。

对于结构式，在保证版面美观的前提下，各结构式中的苯环等环状结构大小要一致。推

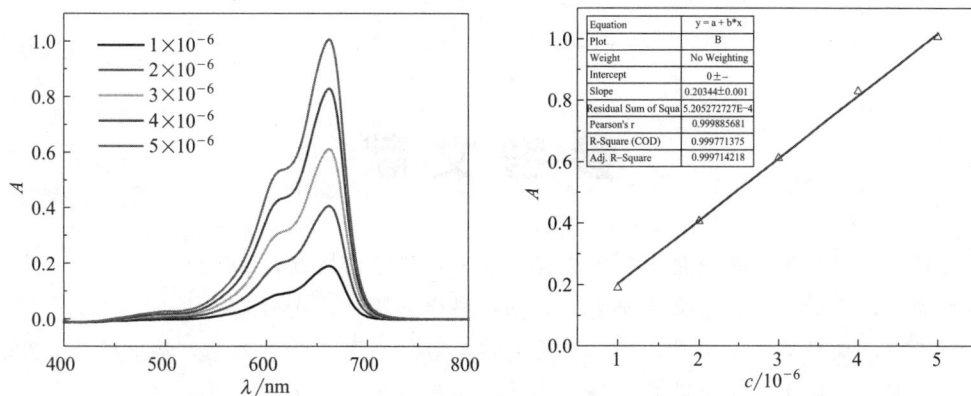

附图 4.1　亚甲基蓝溶液标准曲线测定及绘制

荐采用 ChemDraw 软件绘制，图内英文字母及数字为 Arial 字体，中文为黑体，大小均为 8 磅。图中若有反应式，则反应箭头上下的反应条件字号为 7.5 磅。

　　表格一律采用三线表，表格栏目要配置适当，注意有效数字选取（见附表 4.1）。

附表 4.1　**表题**（居中，中文为五号宋体加粗，英文及数字为五号 Time News Roman 加粗）

Title 1	Title 2	物理量/单位
1	33.25	46
2	52.34	86

表注：字体为中文宋体、英文 Time New Raman 字体，小五号字。

参 考 文 献

[1] 古凤才，肖衍繁. 基础化学实验教程. 北京：科学出版社，2000.

[2] 蔡炳新，陈贻文. 基础化学实验. 北京：科学出版社，2001.

[3] 杨善中，柴多里，王文平，等. 有机化学实验. 合肥：合肥工业大学出版社，2002.

[4] 胡满成，张昕主. 化学基础实验. 北京：科学出版社，2002.

[5] 罗志刚. 基础化学实验技术. 广州：华南理工大学出版社，2002.

[6] 四川大学化工学院、浙江大学化学系. 分析化学实验. 3 版. 北京：高等教育出版社，2003.

[7] 王华林，翟林峰. 无机化学实验. 合肥：合肥工业大学出版社，2004.

[8] 高丽华. 基础化学实验. 北京：化学工业出版社，2004.

[9] 鲁道荣. 物理化学实验. 修订版. 合肥：合肥工业大学出版社，2006.

[10] 杜登学，马万勇. 基础化学实验简明教程. 北京：化学工业出版社，2007.

[11] 刘汉标，石建新，邹小勇. 基础化学实验. 北京：科学出版社，2008.